本书受到国家重点研发计划"绿色宜居村镇技术创新"重点专项项目"村镇聚落空间重构数字化模拟及评价模型"（2018YFD1100300）支持

村镇聚落空间重构规律与设计优化研究丛书

乡村聚落功能转型与空间重构：以成渝地区为例

李和平　付　鹏　著

科学出版社

北　京

内 容 简 介

面对乡村地区需要科学转型与重构的迫切需求，本书以乡村多功能理论为基础，重点解决成渝地区乡村聚落转型重构的类型划分、机制解析、模式提取与规划优化等任务，探索多源数据挖掘的转型重构分析技术与规划优化方法，为成渝地区不同类型乡村聚落提供可持续发展模式与路径支撑。

本书可以为城乡规划、乡村地理、村镇治理等研究领域的科研人员、设计人员、管理者、硕博士研究生以及对城乡融合发展和村镇聚落规划感兴趣的读者提供理论、方法和实践参考。

审图号：GS 京（2024）2098 号

图书在版编目（CIP）数据

乡村聚落功能转型与空间重构：以成渝地区为例／李和平，付鹏著．
北京：科学出版社，2024.9.（村镇聚落空间重构规律与设计优化研究丛书）.
ISBN 978-7-03-079500-7

Ⅰ．TU982.29

中国国家版本馆 CIP 数据核字第 2024US8725 号

责任编辑：李晓娟／责任校对：樊雅琼
责任印制：徐晓晨／封面设计：美 光

科学出版社 出版
北京东黄城根北街 16 号
邮政编码：100717
http://www.sciencep.com
北京建宏印刷有限公司印刷
科学出版社发行 各地新华书店经销
*
2024 年 9 月第 一 版 开本：787×1092 1/16
2025 年 1 月第二次印刷 印张：16 1/4
字数：380 000
定价：188.00 元
（如有印装质量问题，我社负责调换）

总　序

村镇聚落是兼具生产、生活、生态、文化等多重功能，由空间、经济、社会及自然要素相互作用的复杂系统。村镇聚落及乡村与城市空间互促共生，共同构成人类活动的空间系统。在工业化、信息化和快速城镇化的背景下，我国乡村地区普遍面临资源环境约束、区域发展不平衡、人口流失、地域文化衰微等突出问题，迫切需要科学转型与重构。由于特有的地理环境、资源条件与发展特点，我国乡村地区的发展不能简单套用国外的经验和模式，这就需要我们深入研究村镇聚落发展衍化的规律与机制，探索适应我国村镇聚落空间重构特征的本土化理论和方法。

国家"十三五"重点研发计划"绿色宜居村镇技术创新"重点专项项目"村镇聚落空间重构数字化模拟及评价模型"，聚焦研究中国特色村镇聚落空间转型重构机制与路径方法，突破村镇聚落空间发展全过程数字模拟与全息展示技术，以科学指导乡村地区的经济社会发展和空间规划建设，为乡村地区的政策制定、规划建设管理提供理论指导与技术支持，从而服务于国家乡村振兴战略。在项目负责人重庆大学李和平教授的带领和组织下，由19家全国重点高校、科研院所与设计机构科研人员组成的研发团队，经过四年努力，基于村镇聚落发展"过去、现在、未来重构"的时间逻辑，遵循"历时性规律总结—共时性类型特征—实时性评价监测—现时性规划干预"的研究思路，针对我国村镇聚落数量多且区域差异大的特点，建构"国家—区域—县域—镇村"尺度的多层级样本系统，选择剧烈重构的典型地文区的典型县域村镇聚落作为研究样本，按照理论建构、样本分析、总结提炼、案例实证、理论修正、示范展示的技术路线，探索建构了我国村镇聚落空间重构的分析理论与技术方法，并将部分理论与技术成果结集出版，形成了这套"村镇聚落空间重构规律与设计优化研究丛书"。

本丛书分别从村镇聚落衍化规律、谱系识别、评价检测、重构优化等角度，提出了适用于我国村镇聚落动力转型重构的可持续发展实践指导方法与技术指引，对完善我国村镇发展的理论体系具有重要学术价值。同时，对促进乡村地区经济社会发展，助力国家的乡村振兴战略实施具有重要的专业指导意义，也有助于提高国土空间规划工作的效率和相关政策实施的精准性。

当前，我国乡村振兴正迈向全面发展的新阶段，未来乡村地区的空间、社会、经济发展与治理将逐渐向智能化、信息化方向发展，积极运用大数据、人工智能等新技术新方法，深入研究乡村人居环境建设规律，揭示我国不同地区、不同类型乡村人居环境发展的地域差异性及其深层影响因素，以分区、分类指导乡村地区的科学发展具有十分重要的意义。本丛书在这方面进行了卓有成效的探索，希望宜居村镇技术创新领域不断推出新的成果。

2022 年 11 月

前　言

　　1978 年以来，我国城乡地区实现了大规模人口、土地、资金等要素流动；2017 年之后，国家层面不断强化乡村振兴战略，表明了我国乡村发展仍然面临严峻的工作任务，迫切需要科学转型与重构。从国际经验来看，西方国家乡村在 20 世纪 80 年代由"生产主义"逐步转向"后生产主义"，解决了乡村发展的诸多问题，多功能理论为突破乡村升级瓶颈提供了有效途径。我国从 21 世纪初开始重视乡村发展，并逐渐意识到乡村的经济、消费、生态等非农功能的重要性。由于我国的地理环境、资源条件与发展特征具有独特性，不能简单套用国外乡村地区的发展经验与模式。因此，本土化的乡村功能转型与空间重构研究可以为我国乡村地区可持续发展提供可借鉴的思路。

　　2021 年，《成渝地区双城经济圈建设规划纲要》确立了成渝地区在国家发展大局中独特而重要的战略地位，其中占比高达 96% 的乡村地区转型发展成为了成渝地区实施国家战略的重要环节。因此，深入研究成渝地区乡村聚落发展演化过程，有助于深化乡村聚落功能转型与空间重构的科学认识，可以为我国乡村振兴战略实施提供理论和技术支持。

　　本书是国家"十三五"重点研发计划"绿色宜居村镇技术创新"重点专项项目"村镇聚落空间重构数字化模拟及评价模型"（2018YFD1100300）的研究成果之一，主要围绕"乡村聚落空间重构规律与机制"的科学问题，围绕乡村多功能的理论视角，通过成渝乡村地区的深入研究，剖析乡村功能转型与空间重构的理论内涵与作用机理，探索适应我国乡村转型发展的理论，创新适应性规划优化方法。

　　本书围绕乡村功能转型与空间重构的理论内涵与作用机理、乡村转型发展的类型特征及动力机制、适应不同转型功能的空间重构规律及规划优化方法等 3 个研究重点，遵循"阶段分析—转型类型—动力机制—模式提取—规划优化"的研究思路，内容分为 5 个部分：第一，建构成渝地区乡村聚落经济、社会、空间多源数据库，对 1980 年以来成渝地区的整体重构特征进行分析；第二，建立不同类型的优势功能评价模型，识别各区县的主导功能；第三，建构 795 个乡村聚落个体样本库，对乡村类型和动力进行机器学习分类，剖析动力因素的作用强度差异及其动力机制；第四，针对重构前后的三生空间及聚落形态空间要素进行分析提取，总结形成农业升级、产品加工与旅游发展三种类型的空间重构响应模式；第五，以类型划分、动力机制、空间规律模式为基础，探索乡村聚落转型的可持续发展路径以及规划优化方法，提炼适应不同功能类型的差异化发展策略。

　　本书以成渝地区为例探索我国乡村聚落功能转型与空间重构的特征与内涵，并提出适宜于我国乡村可持续发展的规划优化思路。但全国不同地区因经济、文化、地理等差异化所呈现的重构特征具有其自身的特点，因此本书的探索存在一定的局限性，难免存在不足之处，敬请读者批评指正。

李和平

2024 年 8 月于山城重庆

目　录

第1章 绪 论

1.1 研究背景

改革开放以来，我国经济社会的快速发展致使城乡格局发生了巨大转变。1978年我国城镇常住人口为1.72亿，到2021年增至9.14亿，城镇化率也由17.9%升至64.7%。在2003年、2011年和2017年，我国分别实现了城镇化率40%、50%和60%的历史性跨越。与大规模"进城"运动相对应的是乡村人口剧烈减少，从2002年的7.82亿减少到2021年的4.98亿，平均每年减少约1400万人（图1.1）。

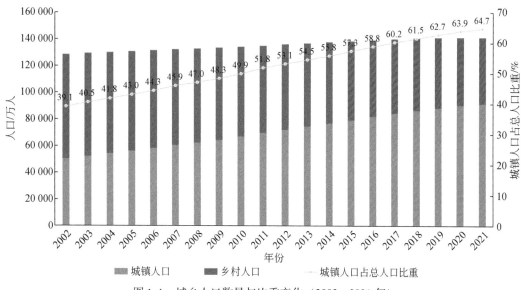

图1.1 城乡人口数量与比重变化（2002～2021年）

资料来源：《中国统计年鉴》

我国的快速城镇化推动了城市与乡村的人口、经济、社会、土地等要素交流与重组，致使乡村空间产生了生产空间低效与荒废、生活空间老龄化与空心化、生态空间破碎化与污染严重等问题。为了解决乡村地区面临的严峻问题，顶层设计不断深化调整，探索乡村多功能发展的战略转型。中央一号文件连续19年（2004～2022年）关注"三农"问题，并对乡村多功能发展提出引导[1]：在2004年，政策主要关注"建设粮食主产区"；2007年，首次提出农业的多功能作用，明确指出其在食品保障功能基础上兼具了保护生态、休闲观光、就业增收等重要功能，开发农业多种功能是农业农村发展的关键；2015年，政策细化了多功能发展的举措，提出发展特色种养业、乡村休闲产品，同时要打造知名品牌；

至 2022 年，多功能发展的乡村产业体系逐渐明晰，将农产品加工、乡村休闲旅游、农村电商等多种产业列入重要发展方向，并大力实施乡村休闲旅游提升计划（表 1.1）。同时，乡村振兴与现代化转型成为我国新时代发展的重要主题，2017 年党的十九大报告提出实施乡村振兴战略，正式将乡村的转型发展工作提升到国家战略位置；随即，2018 年国务院印发《乡村振兴战略规划（2018～2022 年)》，细化了乡村振兴的一系列目标与举措；2022 年党的二十大报告"全面推进乡村振兴"，进一步明确乡村发展在我国的重要地位。从这一系列举措可以看出，国家将解决乡村转型发展的任务摆在了国家现代化进程的重要位置。

表 1.1　2004～2022 年中央一号文件及多功能发展引导历程

年份	农业农村多功能发展的主要措施
2004	增加农业投入，扩大农民就业，提高农民收入，重点建设粮食主产区，继续优化农业结构和市场，改善农民职业技能
2005	严格保护耕地，落实农村土地承包政策；把传统生产方式与现代技术相结合，提升特色农产品的品质和生产水平；建立多元化农业科研投入体系
2006	解决"三农"问题，推进社会主义新农村建设，提升农业转化能力，建设标准农田，提升农作物良种覆盖率，设置农业科研中心，完善农产品流通渠道，提升农村公共服务水平
2007	开发农业多种功能，健全发展现代农业的产业体系。农业不仅具有食品保障功能，而且具有原料供给、就业增收、生态保护、观光休闲、文化传承等功能。建设现代农业，必须注重开发农业的多种功能，向农业的广度和深度进军，促进农业结构不断优化升级
2008	保障农产品供给，农民持续增收，城乡基础设施、产业发展、公共服务一体化布局，加强农业标准化工作，支持规模养殖
2009	围绕稳粮、增收、强基础、重民生，进一步强化惠农政策，增强科技支撑，加大投入力度，优化产业结构，推进改革创新，千方百计保证国家粮食安全和主要农产品有效供给
2010	农村民生改善，需求扩大，优化粮食品种结构，800 个产粮大县建成商品粮基地，完善农村水电路气设施，建设林农合作社
2011	水利信息化、现代化，基本建成水资源保护体系，加强设施建设，提升水源水质，新建农田灌溉区，治理重点旱涝区，防治水土流失，保护重要生态区
2012	继续提升农业科技水平，农业稳定发展，粮食稳定增产，整体推进示范县、示范产业园建设，新增补贴适当向规模农业地区倾斜，基本明晰产权，农技推广，增加供销网点
2013	构建新型农业经营模式，四化（促进工业化、信息化、城镇化、农业现代化同步发展）同步，发展远洋渔业，优化农业物质装备，打造农产品地理标志和商标，提升农产品质量安全，发展集约化、组织化经济，合作组织多样化，推进三资（农村集体经济组织依法所有的资金、资产、资源）管理
2014	农业经营技术多样化，传统与现代农业相结合，资源保护与市场经济相结合，可持续发展，严守耕地保护红线，增加"三农"投入，继续开展分子育种等新兴科技研发，优化物流体系，改革农村宅基地制度、征地制度、土地经营权流转制度
2015	突破农业发展方式，开展全国高标准农田建设总体规划，发展特色种养业、规模化养殖业，打造知名品牌，发展乡村休闲产品
2016	发扬农业优势，优化农产品供给体系，建设美丽宜居乡村，发展"互联网+"现代农业及休闲农业，建设国家农业科技园，完善农田配套设施，提升农业企业集团的国际竞争力
2017	深化供给侧结构性改革，推动农村全面小康建设，构建三元种植结构，发展适度规模的家庭牧场、现代化海洋牧场、农产品优势区，发展绿色产业，培育宜居宜业特色村镇

年份	农业农村多功能发展的主要措施
2018	实施乡村振兴战略；提升农业发展质量，培育乡村发展新动能；构建农村一二三产业融合发展体系。大力开发农业多种功能、延长产业链、提升价值链、完善利益链
2019	全面推进乡村振兴，发展壮大乡村产业，拓宽农民增收渠道；因地制宜发展多样性特色农业，倡导"一村一品""一县一业"。大力发展现代农产品加工业。发展乡村新型服务业
2020	支持各地立足资源优势打造各具特色的农业全产业链，建立健全农民分享产业链增值收益机制，形成有竞争力的产业集群，推动农村一二三产业融合发展
2021	构建现代乡村产业体系。依托乡村特色优势资源，打造农业全产业链。立足县域布局特色农产品产地初加工和精深加工。开发休闲农业和乡村旅游精品线路，完善配套设施。推进农村一二三产业融合发展示范园和科技示范园区建设
2022	聚焦产业促进乡村发展。持续推进农村一二三产业融合发展。拓展农业多种功能、挖掘乡村多元价值，重点发展农产品加工、乡村休闲旅游、农村电商等产业

资料来源：根据中央一号文件（2004~2022 年）整理。

　　此外，2021 年 11 月农业农村部出台了第一部重点关注农业多功能和产业高质量发展的指导政策——《关于拓展农业多种功能 促进乡村产业高质量发展的指导意见》，明确了"多功能"在我国乡村地区发展的重要作用：在新发展阶段、新发展理念、新发展格局下，首先，确保粮食安全和保障重要农产品有效供给，促进食品保障功能坚实稳固；其次，贯通产加销、融合农文旅，加快转化生态涵养功能、高端拓展休闲体验功能、有形延伸文化传承功能；并提出到 2025 年，以打造融合农文旅的现代乡村产业体系为目标，充分发掘农业多种功能，多向彰显乡村多元价值，有效保障粮食等农产品供给，提升农业质量效益和竞争力，同时要以农产品加工业为"干"，以乡村休闲旅游业为"径"，实现产业增值收益。可见，乡村地区作为我国实现现代化的重要载体，面临着多功能转型和空间重构的重要任务。

1.2　乡村聚落多功能转型与空间重构认知

1.2.1　乡村聚落的基本概念

　　聚落是人们生产和生活的场所，是居住、生活、休憩等各种社会活动的载体，一般而言，聚落主要分为乡村（农村）聚落与城市聚落两类[2]。相对于城市聚落而言，乡村聚落是一种依托自然特性和乡土特征的聚落[3]。因此，乡村聚落可理解为乡村居民与周边自然、社会、经济和文化环境交互作用形成的生产生活场所[4]。同时，按照金其铭[5]的观点，从城市聚落到乡村聚落是一个连续体，其间没有明显的断裂点，因此城乡聚落的划分具有较强的主观属性。

　　按照地理学的观点，乡村聚落空间包括物质空间和非物质空间[6]。其中，物质空间即实体的地理空间，是我们通常能直观感受与认识的空间[7]；在此基础上，张小林[8]在定义乡村聚落空间时，将乡村社会空间、经济空间纳入该范畴，认为乡村空间系统由经济、社会、聚落三大空间结构组成；李红波等[6]基于乡村地域系统理论，将乡村聚落空间划分为物质空间、社会空间和文化空间。

在城乡规划学视角下，扈万泰等[9]从物质空间角度将乡村聚落空间概括为乡村的生态空间、生产空间和生活空间，三者构成了完整的乡村人居环境，是城乡空间发展的基础[10]。因此，本书立足于城乡规划学的研究视角，将乡村聚落空间研究聚焦于"物质空间"，主要涉及乡村聚落的空间格局、规模结构、空间形态等，是经济空间、社会空间、文化空间发展过程的载体和物质形态外显[11]。

从空间尺度上，乡村聚落空间涵盖了宏观的全国尺度、区域尺度，以及中微观的县域尺度到聚落个体[12-15]尺度。从研究对象来看，其一般分为两种：一种是以省、市、县、镇、村等行政单元为对象[16-19]，便于与经济社会等统计数据相关联；另一种则是以土地要素为对象[12,20-22]，弱化了行政区的界线划分。

因此，乡村聚落空间重构主要包含两个层次：一是宏观层面，研究成渝地区城乡整体空间格局演变特征、转型发展阶段划分以及主导功能类型，以此作为微观层面研究的基础；二是微观层面，研究成渝地区乡村聚落个体的功能转型类型、空间重构规律及其动力机制。在此基础上，对乡村聚落个体的概念进一步界定，以便于研究的开展与阐述。已有研究中，关于乡村聚落个体一般有两种理解：一种是狭义的以居住功能为主的村庄个体或农村居民点[23]；另一种则是广义上涵盖的村民生产、生活的空间环境，即一个相对完整的地域单元，常采用行政村作为基本研究单元[24]。本书从规划学视角出发，结合当前全域、全要素的乡村规划编制体系变革的背景，采用更为完整的地域单元作为聚落个体对象。在研究单元范围的界定上，综合考虑乡村聚落多功能转型研究依赖于行政区的经济社会数据统计分析，以及空间规划以行政区为基本编制单元两项因素，确定以行政区为基本单元来界定乡村聚落的空间边界：区域层面以县（市、区）为单元，个体层面则是以行政村为单元。

1.2.2 乡村多功能转型

"乡村多功能"概念是在"农业多功能"概念基础之上进行演化的[25]。农业多功能是指除了能够提供基本食物以外，还能够提供资源可再生的生态服务、美丽宜人的田园环境，以及保护文化和生物多样性等多元功能[26]。乡村多功能在农业多功能基础上，将对象拓展到整个乡村地域，是指乡村对人类社会或自然界的良性发展发挥促进作用的综合特性[27]；房艳刚和刘继生[28]认为，乡村地域除了作为农产品生产空间提供食品保障外，还可以作为生态空间提供生态安全、生态产品和生态服务，以及作为生活空间提供交往活动的场所。

"乡村多功能转型"的实质就是改变和整合传统的乡村农业生产和管理方式，采用提升既有功能、植入新功能、优化功能结构等手段，对乡村聚落的规模、布局、形态、景观等进行更新或重塑，使乡村生产、生活和生态功能不断分化与重新整合，进而推进乡村多功能演化的过程，其最终目标是促使乡村聚落转向良性发展[29]。

1.2.3 乡村聚落空间重构

"重构"源自系统科学的方法论，即系统结构的重新构架和要素的重组优化，促使整体系统向良性状态转型和可持续发展[30]。按照地理学的观点，乡村聚落空间重构主要表现在物质空间、经济形态与社会结构的转变，因此乡村聚落空间重构包括乡村的空间重构、社会重构、经济重构等方面[7]。

从城乡规划学视角来看，乡村聚落空间重构主要是研究物质空间受经济、社会、文化的影响而产生的空间形态重构，即乡村聚落空间要素（生产空间、生活空间和生态空间）的调整与重新布局，以实现聚落功能上的升级与重塑[31]。重构的最终结果是实现生产、生活、生态空间相互协调，使乡村地域系统内部结构优化、功能提升，以及城乡地域系统之间结构协调、功能互补[32]。

对于乡村聚落的"演化""重构""规划"等不同概念而言，在乡村地理学中，乡村聚落空间重构是描述乡村地域系统演化的重要概念，因此可以将"空间重构"作为"空间演化"的重要组成部分，其不同点在于"重构"的空间要素格局关系与利用方式发生的改变程度会比"演化"更加剧烈[33]。相较于"规划"而言，"重构"不仅是一个推进乡村振兴战略、实现城乡融合发展的重要手段，同时也是一个历史的阶段和持续、动态的过程[9]，可以通过定性、定量等不同方法对其进行描述和分析。

1.3　乡村聚落多功能转型与空间重构研究概述

1.3.1　乡村多功能转型研究进展

1）国外研究进展

国外的城镇化进程较早，20 世纪 70 年代随着西方国家人民对生活品质要求不断提高，乡村成为上层社会和中产阶层理想的度假和居住场所，但传统农业功能难以满足城市居民的生产、生活和环境需求，多功能农业与多功能乡村的发展思路随之兴起。同时，在全球化进程加速、全球气候变化和环境问题日益严重的背景下，农村经济结构发生变化，面临着发展困境和社会问题。因此，相关学者开始关注乡村的多功能转型研究[34,35]（表 1.2）。

国外研究关于乡村多功能转型的一个重要成果，便是提出了"生产主义"与"后生产主义"概念[34]。从乡村功能视角，西方国家经历了从 1945 年到 20 世纪 70 年代后期的生产主义时代和 20 世纪 80 年代开始的后生产主义时代，受此影响，相关研究从发展理念层面提出乡村后生产主义的发展模式、乡村的多功能性等区别于传统生产主义的发展路径[35]。针对乡村多功能转型，不同学者从自身视角以及地域情况进行了探讨和延伸。Cloke 等[36]认为，后生产主义是通向乡村可持续发展的必要阶段，乡村发展应该发挥乡村的"多功能性"，同时兼顾"生产主义"与"后生产主义"。Wilson 和 Rigg[37]对后生产主义乡村与多功能乡村的概念进行辨析，认为后生产主义侧重于描述乡村变化的过渡阶段，多功能乡村更适合描述乡村变化的终点。从乡村多功能发展特征来看，Potter 和 Burney[38]认为，现代乡村包含多种功能，其不仅能够提供粮食生产功能，还能够提供乡村独特景观，

表 1.2　国外关于乡村多功能转型研究的相关学者及主要观点

学者	年份	探讨层面	主要观点
Potter 和 Burney	2002	乡村多功能发展特征	认为乡村是多功能的，不仅能生产粮食，还能维持乡村景观，保护生物多样性，创造就业机会
Wilson 和 Rigg	2003	多功能乡村的概念与理论	后生产主义乡村只能用于描述乡村变化的一个特定（或相对）的过渡阶段，多功能乡村的概念与理论可能更适合描述当代乡村变化的可能的"终点"
Wilson	2004	多功能性在不同乡村的表现	引入多功能路径依赖和决策廊道的概念，说明西方国家乡村在多功能乡村框架下不同乡村多功能性的强弱程度是有差异的
McCarthy	2005	乡村重构与多功能转型的关联	西方国家乡村重构到深化阶段外显出来的转型结果是多功能乡村的产生，而与多功能相对应的是乡村越来越多元化主体的多样需求驱动乡村呈现多种功能
Cloke 等	2006	多功能乡村的阶段及应用	倾向于将后生产主义理解为通向乡村可持续发展的过渡阶段，乡村的转型发展应当倡导"多功能"理论，兼顾"生产主义"与"后生产主义"
Holmes	2006	乡村多功能转型的驱动机制	农业冗余、市场驱动的乡村多用途出现和乡村社会价值的不断变化，驱使乡村从消费性向多功能性转型

资料来源：根据相关文献[36-41]整理。

保护生物多样性，创造多样化的就业机会；Holmes[39]论述了西方乡村多功能转型的驱动机制，发现农业过剩、市场驱动的乡村功能转型和价值变化驱使乡村从生产性转向消费性，再转向多功能性。Wilson[40]针对不同乡村的多功能性表现，引入多功能路径依赖和决策廊道的概念，揭示了多功能性在不同乡村的强弱差异化表现。McCarthy[41]将乡村多功能转型与空间重构相关联，认为西方国家乡村主体多元化发展是源头，其多样需求驱动乡村呈现多种功能，而多功能的产生导致乡村重构的结果。

近年来，世界各地关于各地区的乡村多功能发展的实证研究逐渐丰富。例如，Floor 和 Martijn[42]对部分欧洲、北美洲和发展中国家的农业农村地区的自然资源多种功能以及土地利用的多功能性进行了研究；Hibbard 等[43]对美国俄勒冈州约翰戴流域的乡村多功能发展进行了研究与评价；Fagerholm 等[44]评价了非洲的坦桑尼亚南部高地多功能乡村景观，认为非洲的生态系统/景观服务的地方规模不足，并在此基础上分析了景观服务和参与性空间规划的潜力。

2）国内研究进展

国内关于乡村多功能的理论研究起步相对较晚。21 世纪初，随着乡村问题不断显现，乡村地理学者、农业学者相继开展了关于我国乡村多功能转型的探讨，主要包括乡村多功能的理论内涵、演变规律、空间格局、分类评价和发展模式等。

刘玉等[45]聚焦乡村地域多功能的理论内涵,认为乡村地域功能位是特定地域单元在宏观格局中所处的地位、影响和作用的综合反映,包含"态"和"势"两个基本属性,并根据两者的不同表现,将我国乡村地域演进过程进行了划分,包含成长—兴盛—稳定—衰退四个阶段;李平星等[46]以江苏省乡村地域为研究对象,建立了农业生产、工业发展、生态保育、社会保障功能及其综合价值的测度方法,计算了1990~2010年的五个时期后发现:工业发展功能在江苏省增速最快且一直处于主导地位,从发展机制来看,政策导向、经济社会发展是影响各类功能时间变化和空间差异的主要原因;徐凯和房艳刚[47]以辽宁省78个区县为例,构建乡村地域多功能评价指标体系来分析农业生产、非农生产、居住生活和生态保障四类功能的空间格局特征,将辽宁省划分为农业生产、非农生产、居住生活、生态保障四种基本功能类型,以及农业生产-非农生产、非农生产-居住生活、非农生产-生态保障、弱综合型四种拓展类型;汪勇政等[48]以潜山市为研究对象,进行乡村功能类型划分与评价,将乡村分为农业生产、社会保障、工业发展、旅游文化、生态保育五类主要功能,并识别出镇域尺度的乡村发展主导功能;刘自强等[49]根据乡村空间地域系统职能提出城郊型、农产品基地型、特色产业型、文化价值型、生态保育型五种乡村发展模式。

周国华等[25]系统研究了我国乡村多功能演化与乡村聚落转型的双向耦合过程,并将我国乡村多功能发展划分为五个阶段(图1.2):① 1949~1958年,乡村发展速度缓慢的

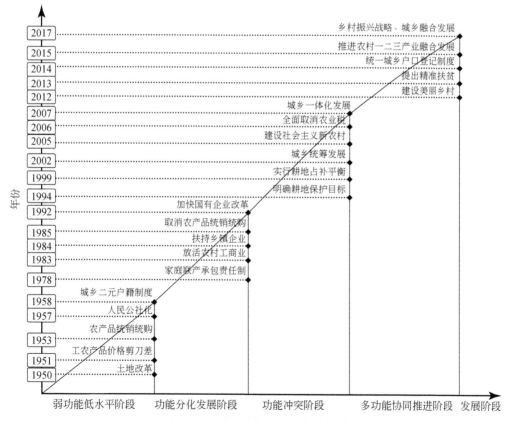

图 1.2 中国乡村多功能演化历程[25]

弱功能低水平阶段；② 1958 年到 20 世纪 90 年代初期，市场化为导向的农村改革促使休闲农业、乡村旅游得到发展，乡村水利、道路等设施建设逐步完善的功能分化发展阶段；③ 20 世纪 90 年代初期以后到 2007 年左右，国内以城市为经济发展重心转至使土地、资金、人口等要素向城市转移，乡村老龄化、空心化及环境恶化等问题凸显的功能冲突阶段；④ 2007 年以后，在土地与户籍制度改革、城乡统筹、美丽乡村、精准扶贫、乡村振兴等政策背景下，乡村非农功能快速增强，生活保障功能改善，乡村价值受到重视，乡村生态环境质量得到显著提高的多功能协同推进阶段。

在研究方法上，最常用的是运用综合指标评价法对指标数据进行量化处理，然后运用神经网络模型、灰色关联法、基尼系数等方法对乡村功能划分以及演化规律进行深入研究[36,50]。在研究尺度上，主要以县域、镇域为基本研究单元，我国农村主要的经济活动是以村镇为基础单位，但相关研究较为缺乏，难以有效地对村庄内部结构进行结构优化[51]。研究区域多集中在长江三角洲（简称长三角）、珠江三角洲（简称珠三角）等城镇化水平较高的区域，对社会经济发展相对落后的乡村地域多功能关注较少[48]。

1.3.2 乡村聚落空间重构研究进展

1）国外研究进展

国外对乡村聚落地理的研究起步较早，研究也较为系统，李红波和张小林[52]将国外乡村聚落地理的研究划分为四个阶段（表 1.3）：萌芽起步阶段（19 ~ 20 世纪 20 年代）、初步发展阶段（20 世纪 20 ~ 60 年代）、拓展变革阶段（20 世纪 60 ~ 80 年代）、转型重构阶段（1980 年以来）。1990 年以来，国外乡村聚落研究开始了后现代转向，开始出现"社会化转向"的趋势，研究内容涉及农村结构微观调整[53]、农业劳动力市场动态变化[54]、日常生活圈[55]等多样化问题。

表 1.3　国外乡村聚落研究阶段划分[52]

阶段划分	阶段类型	研究内容	研究方法
19 ~ 20 世纪 20 年代	萌芽起步阶段	主要侧重于聚落与地理环境（尤其是自然环境）方面	以描述说明为主
20 世纪 20 ~ 60 年代	初步发展阶段	主要侧重于乡村聚落的形成发展、区位分布、类型、职能等方面	小区域的实地考察
20 世纪 60 ~ 80 年代	拓展变革阶段	定量研究乡村聚落的形成和发展过程；研究人类决策行为对改变聚落分布、形态和结构的作用以及乡村地理学的"再生"现象	计量革命、行为革命，研究开始趋向定量与定性相结合
1980 年以来	转型重构阶段	研究内容日益多元化，涉及乡村聚落模式的演变、乡村人口与就业、地方政府和乡村话语权、乡村社区类型与居住区域的关系、乡村重构、乡村聚落的人口结构、城郊乡村变迁中的社区、乡村社会组织等	从空间分析向社会和人文方向转型与多学科综合研究

整体而言，国外乡村聚落重构特征与规律的研究维度更加多元化，注重不同学科的交叉融合，如从融合社会学、经济学、环境学、行为科学的研究视角，除了研究乡村聚落的分布、结构、规模变迁外，还侧重于研究微观的乡村人口就业、社会问题、政府与组织等人群行为，以及剖析在乡村发展和农业转型、城乡关系等方面出现的新问题。方法上除了传统的空间统计与分析外，还采用社会调查、政治经济学与景观生态学等领域的方法对乡村问题进行解析，侧重于定性剖析，定量评价相对较少，这一点与国内研究存在很大差异[56]。

2）国内研究进展

首先，对国内乡村聚落空间重构的研究进展进行整体分析。通过 CNKI 数据库检索，设定主题词为"聚落"和"重构"，共检索出 234 篇期刊（图 1.3）。可以看出，国内关注乡村聚落重构起步时间较晚，这与我国经济发展、社会发展和城镇化发展进程密切相关。从研究趋势来看，"重构"作为聚落研究的新方向，整体可以划分为三个阶段：起始于 2004～2005 年，研究从传统的"演变"逐渐过渡到"重构"[57]，比较具有代表性的是 2007 年雷振东和刘加平[58]立足中国乡村转型视角，运用整合与重构的系统方法论，剖析关中地区乡村聚落的空间形态结构异化现象，揭示乡村聚落由传统型向现代型转变的特征、本质和规律；随后在 2012～2017 年，以龙花楼、杨忍、屠爽爽、刘彦随团队为主，基于地理学视角，进行聚落空间重构的理论建构、进展综述、热点分析等，开始系统性建构我国的聚落重构研究体系[7,59]，此外以李红波团队为主，研究苏南先发地区聚落转型与重构而得到了较大关注[13,60]；2018 年乡村振兴战略提出后，聚落重构的研究呈现多元化发展趋势，不再局限于乡村地理学研究，而是逐步转向地理学[61]、规划学[62]、建筑学[63]等多学科综合的研究领域。

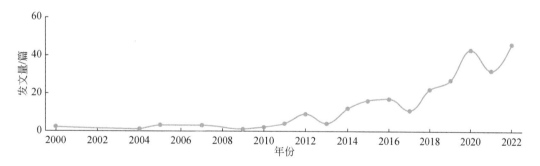

图 1.3　国内乡村聚落重构文献发表趋势
资料来源：中国知网（https://www.cnki.net/）

聚落空间重构规律的分析手段与描述方法也逐渐从定性归纳转向定量解析。郭晓东等[64]利用 GIS 平台提取 1998～2008 年甘肃省秦安县乡村聚落斑块及河流、道路等要素，研究其聚落密度、聚落规模的重构演变特征；屠爽爽等[65]引入乡村发展指数、乡村重构强度指数和乡村重构贡献率，对乡村重构过程的定量研究和驱动因素进行对比分析；席建超等[22]采取参与式乡村评估（participatory rural appraisal，PRA）、GIS 空间分析技术和高清遥感影像等空间分析方法，研究典型旅游村落苟各庄村的"三生"空间的重构过程。此外，还有学者采用聚落规模时空演化[66]、景观格局变化[67]、土地利用转换[68]、空间重构指数[12]等方式对空间重构的特征进行量化描述。近年来，随着人工智能技术的发展，刘瑜等[69]还将地理规律与地理空间人工智能相结合来进行研究。

进一步分析当前研究方向和发展态势，基于 CiteSpace 软件分析获取关键词突现图，以判断研究热点和前沿（图 1.4）。通过检索关键词"聚落"和"特征"，筛选出北大核心、CSSCI、CSCD 等影响因子较高的期刊，共计 319 篇。整体来看，研究成果从以前的以研究要素（黄土丘陵、格局特征、景观格局等）为主，逐渐转向驱动因素、主控因子、地域文化等特征背后的影响因素与作用机制。

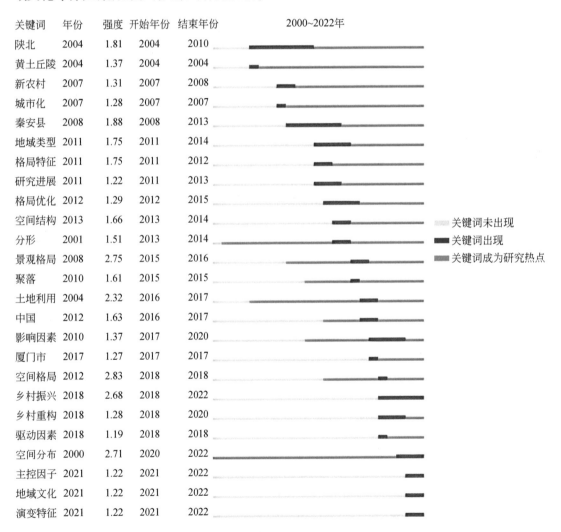

关键词	年份	强度	开始年份	结束年份
陕北	2004	1.81	2004	2010
黄土丘陵	2004	1.37	2004	2004
新农村	2007	1.31	2007	2008
城市化	2007	1.28	2007	2007
秦安县	2008	1.88	2008	2013
地域类型	2011	1.75	2011	2014
格局特征	2011	1.75	2011	2012
研究进展	2011	1.22	2011	2013
格局优化	2012	1.29	2012	2015
空间结构	2013	1.66	2013	2014
分形	2001	1.51	2013	2014
景观格局	2008	2.75	2015	2016
聚落	2010	1.61	2015	2015
土地利用	2004	2.32	2016	2017
中国	2012	1.63	2016	2017
影响因素	2010	1.37	2017	2020
厦门市	2017	1.27	2017	2017
空间格局	2012	2.83	2018	2018
乡村振兴	2018	2.68	2018	2022
乡村重构	2018	1.28	2018	2020
驱动因素	2018	1.19	2018	2018
空间分布	2000	2.71	2020	2022
主控因子	2021	1.22	2021	2022
地域文化	2021	1.22	2021	2022
演变特征	2021	1.22	2021	2022

图例：
关键词未出现
关键词出现
关键词成为研究热点

图 1.4　乡村聚落空间重构规律研究关键词突现图

1.4　研究内容与研究框架

本书围绕"功能转型导向下的乡村聚落空间重构规律与机制"的科学问题，按照递进式的研究逻辑，将研究分解为发展阶段分析—功能类型划分—分化机制剖析—响应模式探寻—空间规划优化五个方面的实证内容（图1.5）。

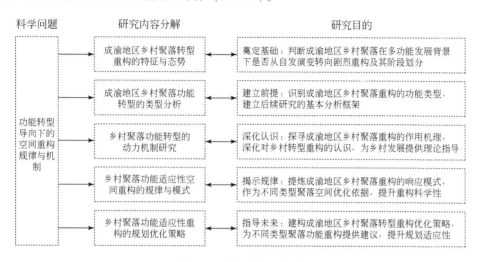

图 1.5　研究的主要内容

（1）厘清成渝地区乡村聚落转型重构的特征态势。针对成渝地区乡村地域发展的现实情况复杂、传统认知局限、以该地区为对象的研究匮乏等问题，以成渝地区乡村聚落为对象，认识乡村聚落发展演变的阶段特征，建构该地区乡村聚落发展的基本演进历程轮廓认知，建立本书研究的前提。

（2）识别成渝地区乡村聚落功能转型的类型特征。针对成渝地区乡村聚落区域发展不平衡、资源禀赋差与发展潜力差异大等问题，以及乡村多功能转型与空间重构存在类型差异的客观现状，探索聚落空间在宏观层面的主导功能类型与聚落个体的功能类型划分，建立动力机制解析与重构规律挖掘的基础。

（3）剖析成渝地区乡村聚落功能转型的动力机制。针对当前成渝地区乡村转型发展研究存在缺乏时间与空间差异比较的局限，探寻成渝地区乡村聚落类型分化的动力作用机制。从宏观和微观两个尺度研究成渝地区聚落发展的"重构特征—影响因素—动力机制"过程，解析乡村聚落发展的内生性与外源性影响因素及其动力作用机制等，揭示影响乡村聚落类型分化的关键动力因素及其交互作用机理，建立能够科学解释乡村空间转型发展的基本依据，为乡村聚落空间的可持续发展和规划优化奠定基础。

（4）揭示成渝地区乡村聚落空间重构的响应模式。针对成渝地区不同功能类型的乡村聚落存在普遍区域差异性的问题，从历时性层面分析乡村聚落的演化与重构过程。确定典型案例的样本系统，从"三生"空间与聚落形态两个维度进行分析，揭示成渝地区不同类型聚落个体空间重构规律，总结空间响应模式，从而把握成渝地区乡村聚落多功能转型发展的基本规律和方向，形成聚落空间重构的基本原理，为科学的规划提供理论指导。

（5）探索成渝地区乡村聚落空间的规划优化方式。针对现有乡村规划设计方法动力适应性不足、难以满足乡村聚落多功能发展与空间重构的现实问题，以乡村重构规律与动力机制研究为基础，探索成渝地区乡村空间规划优化，以及流程化的乡村聚落动力类型划分与识别技术方法，形成不同类型聚落空间发展的响应模式与路径以及可持续发展策略，为分区、分类的乡村聚落优化提供理论指导。

第 2 章 | 乡村聚落空间转型重构的理论建构

2.1 成渝地区概况认知

成渝地区是我国乡村地区中在自然地理、社会经济、历史文化等方面最具特点且重要的地理文化区之一。由于四川盆地的地形限制，成渝地区汇集了包括巴渝山地、盆中丘陵、成都平原等不同的地形地貌条件；在自然地理因素限制下，该地区形成了乡村文化、习俗、营建方式等具有一定相似性的广袤的乡村地域和数量庞大的乡村人口；从历史贡献来看，成渝地区长久以来担负了我国"粮猪安天下"的重要使命，是西南地区重要的乡村人口承载地和农产品重要产出地，在农业方面对全国人民的贡献突出[70]。此外，就我国西部而言，成渝地区是内陆人口最密集、产业基础最雄厚、市场空间最广阔的区域。因此，研究该地区乡村聚落的空间格局、转型发展、规划优化等具有重要意义，对全国乡村聚落的转型升级具有重要借鉴价值。

本书以"成渝地区双城经济圈"所涵盖的空间区域为研究范围。从行政划分来看，其范围包括四川成都、德阳、绵阳、眉山等 15 个市和重庆渝中、大渡口、江北、沙坪坝等 29 个区县的部分范围，共计 18.5 万 km²，详见图 2.1。

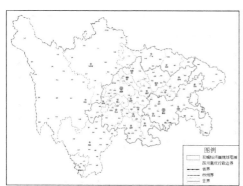

(a)成渝地区双城经济圈国土空间规划范围　　　　　　(b)本书研究范围

图 2.1　研究范围图示

资料来源：（a）重庆市规划和自然资源局；（b）作者自绘

2.1.1 地形地貌概况

成渝地区是我国第二级地势阶梯中光热和水土条件匹配最好、最适宜人类生产和居住的地区，气候环境优越（图 2.2）。成渝地区的自然资源丰富，平均降水量常年在 1000mm

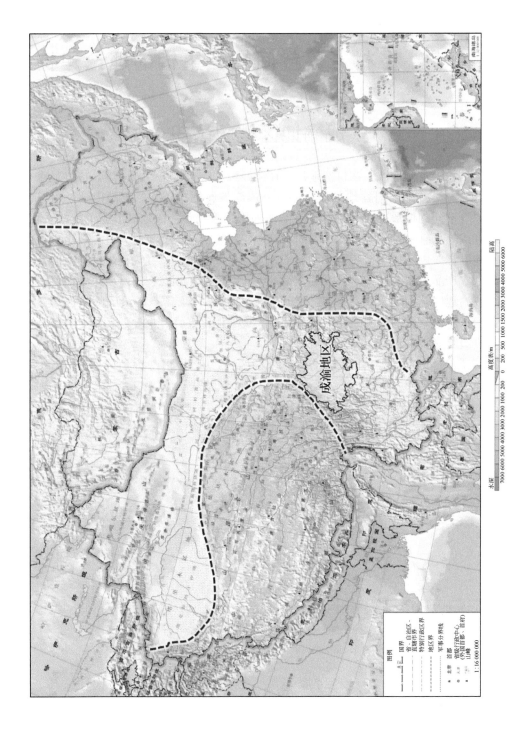

图2.2　成渝地区所处的位置及地势条件

资料来源：底图来源于国家自然资源部标准地图服务（http://bzdt.ch.mnr.gov.cn）

以上，涪江、沱江、嘉陵江等重要河流均属长江水系，年径流量超过 4200 亿 m³，是我国水资源最为丰富的地区之一，同时也是我国生物多样性保护的热点地区，生态地位十分重要。

四川盆地经历了"海盆—陆盆"地理格局的交替演变，造就了高山环伺，汇集了平原、丘陵、岭谷兼有的地形地貌，并孕育了丰沃的土地（图 2.3）。从空间分布来看，其地形可以大致分为盆周和盆底两大部分，盆周以横断山脉、武陵山脉、巫山山脉、大巴山脉为生态屏障，盆底由西向东则形成了川西成都平原、川中低山浅丘、川东平行岭谷的典型横断面特征。

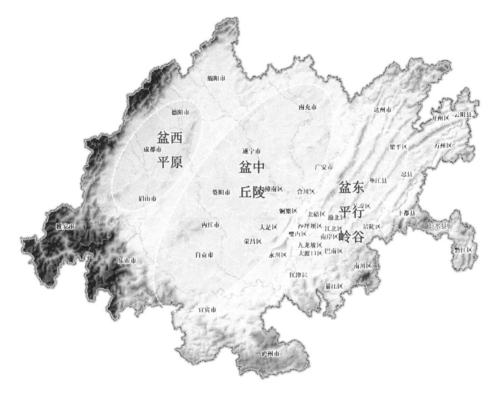

图 2.3　成渝地区的地形地貌特征

彭水县全称为彭水苗族土家族自治县

2.1.2　国土空间概况

针对"三生"空间现状整体数据进行分析。成渝地区总面积 18.5 万 km²，以生态空间和农业空间占主导。据《成渝地区双城经济圈国土空间规划（2020—2035 年）》统计，现状生态空间面积为 6.4 万 km²，占比为 34.5%；农业空间面积为 11.4 万 km²，占比为 61.6%；城镇空间面积约 7000km²，占比为 3.8%；未利用空间 0.02 万 km²，占比为 0.1%（图 2.4）。从耕地特征来看，得益于都江堰水利工程，由岷江水系、沱江水系共同形成的成都平原是成渝地区耕作条件最好的农业种植区，其空间主要分布于龙泉山西侧，而川中则以浅丘台地为主，川东地区则坡地、林地较多[71]。

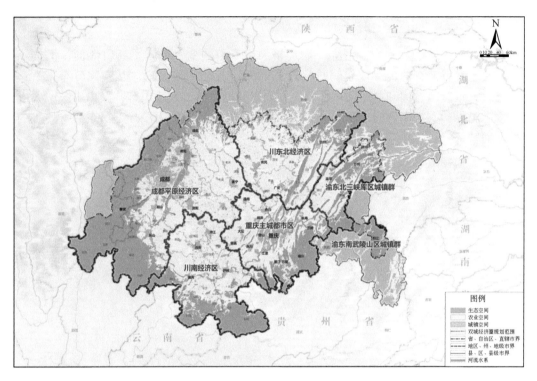

图 2.4 成渝地区的国土空间利用现状
资料来源：《成渝地区双城经济圈国土空间规划（2020—2035 年）》

2.1.3 社会人口概况

成渝地区是我国西部内陆少有的资源环境承载力较高、人居环境条件较好的高宜居度地区，也是我国西部内陆人口和经济分布最密集、城镇化水平最高的地区。2019 年常住人口约 9600 万人，占全国的 6.9%，成都市以 1658 万人的人口总量遥遥领先其他地市区；与四川省、重庆市范围相比，常住人口更是占到了约 83%，乡村人口也同样占到 80% 以上（表 2.1）。从城镇化进程来看，地区差异较为显著，以重庆市的主城区为代表，如渝中区、江北区、九龙坡区、沙坪坝区、南岸区等，城镇化率超过了 90%，而四川地区的广安市、资阳市的城镇化率仅分别约为 43% 和 44%（图 2.5）。

表 2.1 成渝地区常住人口与乡村人口统计

地区	常住人口	乡村人口
四川省/万人	8367.48	3620.89
重庆市/万人	3205.41	979.01
川渝总计/万人	11572.89	4599.90

地区	常住人口	乡村人口
成渝地区/万人	9600.00	3720.00
占比/%	82.95	80.87

资料来源：根据《第七次全国人口普查公报》整理。

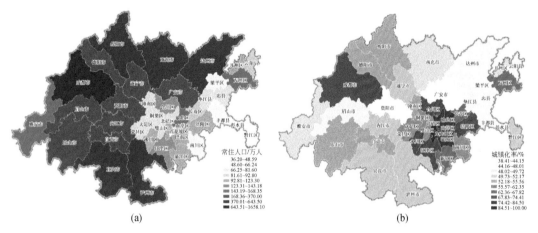

(a) (b)

图 2.5 成渝地区经济社会概况

2.1.4 经济发展概况

从经济总量来看，成渝地区所包括的县（市、区）2022 年的生产总值达到了 77588 亿元，占西部地区的比重约为 30.2%，占全国的比重也达到了 6.4%。其中，重庆市、成都市发挥了中坚作用，地区生产总值分别高达 29129 亿元和 20817.5 亿元。分县（市、区）来看，由于四川省地级市辖区面积大、人口多，所以总量上较为突出；但从人均来看，重庆市主城区和成都市的人均 GDP 遥遥领先其他县（市、区），重庆市和成都市中心城区与区域周边地区的发展落差较大，人均、地均产出为外围县（市、区）的 1.5～2 倍。外围 130 个县（市、区）的人均 GDP 低于全国平均水平，120 个县（市、区）地均产出低于全国平均水平（图 2.6）。

2.1.5 乡村聚落概况

成渝地区聚落形态的形成与地形条件、发展历程、耕作模式密切相关。改革开放后，成渝地区乡村处于自由发展阶段，大多是由村集体、村民自发选址建设，缺乏统筹。在这种自然发展状态下，成渝地区形成了以"川西林盘"和"巴渝山居"为主的两种特色聚落形式（图 2.7）。其中，"林盘"是成都农村聚落的一种独特形式，也是川西传统生活空间形态的典型代表。林盘的空间布局以错落有致的农居和树枝状院落为主，分散分布于广大耕种地区，形成一个个服务周边广阔地区的生活单元。相对而言，重庆地区由于山脉、

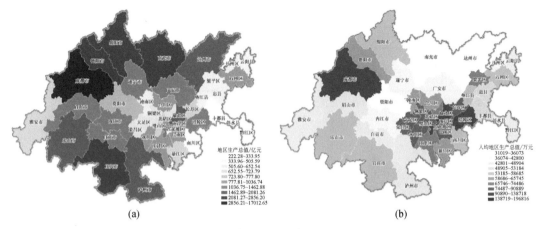

(a)   (b)

图 2.6   成渝地区经济发展概况

丘陵众多，导致用地空间割裂，农户通常随田散居。此外，受制于传统的生产方式、安全、宗族观念等因素，散居的农户常常以家族为单位，形成小规模宗族式的"簇居"状态，而这些规模各异的聚落则散布于山地、平坝、河谷等地。无论是川西的林盘还是巴渝的山居，都是传统农耕文明的缩影，体现了成渝地区农民依山傍水、近田而作的传统智慧和生产生活方式。

(a)川西林盘(成都市崇州市徐家渡林盘)

(b)巴渝山居(重庆市大足区慈航社区)

图 2.7   "川西林盘"和"巴渝山居"

2.2 现状问题：成渝地区乡村发展转型瓶颈剖析

2.2.1 转型竞争力弱：人口流失与产业效益不佳

1）人口流失严重

首先，成渝地区的快速城镇化导致乡村人口大量流失。2000 年川渝地区①城镇化率仅为 28.98%，到 2020 年城镇化率增长到超过 60%，增长了约 31 个百分点，相较于全国增长的约 28 个百分点来讲（36.22% ~ 63.89%），成渝地区城镇化程度更加剧烈。同时川渝地区乡村常住人口从 2000 年的 7871 万人减少至 2020 年的 4602 万人，减少了 41.53%，作为对比，全国乡村常住人口从 8.1 亿减少至 5.1 亿，减少幅度为 37.04%（表 2.2）。因此可以看出，相较于全国而言，成渝地区的乡村人口流失情况更加严重，特别是劳动力的大量输出，导致乡村空心化、老龄化、荒废化。

表 2.2 川渝及全国的城镇化率和乡村常住人口统计

地区	城镇化率/%			乡村常住人口/万人		
	2000 年	2010 年	2020 年	2000 年	2010 年	2020 年
川渝	28.98	43.57	60.26	7 871	6 168	4 602
全国	36.22	49.95	63.89	80 837	67 113	50 992

资料来源：根据全国、四川省、重庆市统计年鉴整理。

2）基础设施不足

由于丘陵、山地等地形条件限制，交通网络等基础设施完善程度落后于东部沿海、华北平原等地。成渝地区的乡村聚落以传统农业为主，转型发展依赖于农产品交易、加工和运输、休闲旅游、住宿餐饮等产业的介入与刺激，然而这些活动均需要基础设施来承担，由于成渝地区地理条件较为复杂，川西成都平原、川东平行岭谷、川中丘陵的地形条件增加了成渝地区的基础设施建设难度，一定程度上制约了成渝地区乡村聚落的转型发展。与长三角的基础设施对比来看，成渝地区的基础设施密度显著低于长三角地区，长三角地区的铁路和高速公路密度都比成渝地区高 1 倍以上（图 2.8）。

3）产业效益不佳

人口流失和基础设施建设的不足，导致产业效益不佳、功能转型不足。具体表现在，

---

① 由于 2000 年以来成渝地区的县（市、区）行政区划调整以及统计口径存在差异，故采用四川省、重庆市统计年鉴数据来对此部分问题进行说明。据分析，成渝地区的经济、社会统计数据占到川渝整体的 80% 以上，一定程度上与川渝整体特征表现一致。

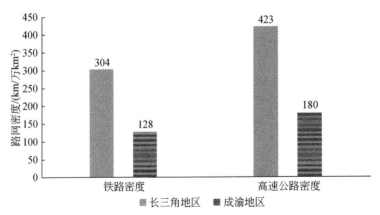

图 2.8　成渝地区与长三角地区的交通密度对比（2020 年）

资料来源：根据参考文献[72]改绘

虽然川渝两地的农作物播种面积分别占到全国的 5.93% 和 2.02%，达到了近 8% 的规模占比，但粮食单位面积产量、人均粮食产量均低于全国平均水平（表 2.3）。此外，成渝地区的乡村产业还存在农产品加工水平低、品牌知名度不高、市场竞争力较弱的问题，传统农业生产在成渝地区占主导，农产品加工率不高，80% 为初级加工，原料充足但加工缺失的现象较为普遍[73]。对于乡村旅游资源开发来讲，成渝地区旅游产业发展规模较小，旅游业态单一的问题较为突出，传统"农家乐"仍占据乡村旅游的主体，导致乡村旅游资源利用率不足[74]。因此，成渝地区乡村产业具有较强的可挖掘潜力。

表 2.3　川渝及全国的农作物生产统计（2021 年）

	农作物播种面积/10^3hm^2	粮食单位面积产量/（kg/hm^2）	人均粮食产量/kg
全国	168 695.0	5 805	483
四川省	9 999.9	5 634	428
重庆市	3 409.3	5 428	340

资料来源：根据全国、四川省、重庆市统计年鉴整理。

2.2.2　空间利用低效：自发型碎片化建设较普遍

成渝地区作为传统农业生产区和内陆经济欠发达地区，乡村用地情况同样不容乐观。2007～2012 年四川、重庆的村庄用地面积从 7445km^2 增长到 10401km^2，2013～2016 年三年时间增长 368km^2，增幅为 3.47%（图 2.9）。说明，成渝地区乡村自发建设情况较为普遍，导致村庄沿路蔓延、点状嵌入的乡村空间形态，降低耕地使用效率以及生态环境效益（图 2.10）。2017 年后，在"建设用地增减挂钩""地票"与"集体经营性建设用地入市"等政策的刺激下，成渝地区的乡村建设用地得到了一定控制，从 10974km^2 下降到 9789km^2，但依然面临村庄空废、土地要素利用不佳的现实局面。

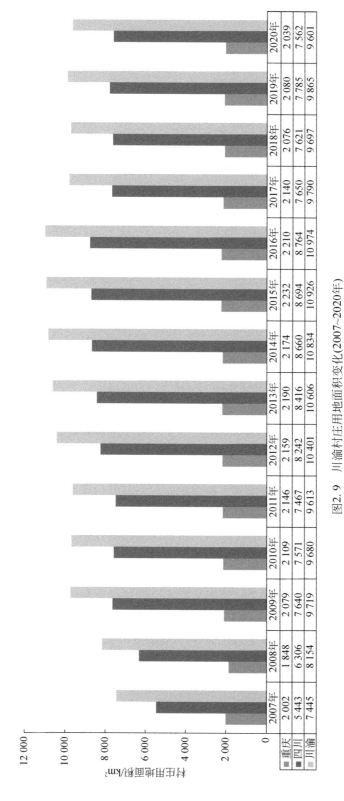

图2.9 川渝村庄用地面积变化(2007~2020年)

资料来源：根据《中国城乡建设统计年鉴(2007~2020年)》整理

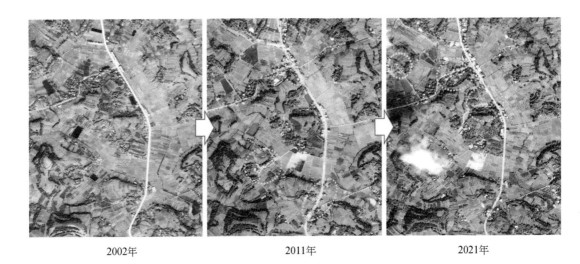

| 2002年 | 2011年 | 2021年 |

图 2.10　成渝地区某乡村用地碎片化发展过程

资料来源：Google 地图

2.2.3　方法手段欠佳：规划系统性与科学性不足

从发展历史维度来看，由于对聚落功能属性和重构规律认识不够深入，成渝地区乡村聚落在转型重构实践中表现出规划思路与方法的依据不足、科学性欠佳的现象，继而引发了一系列问题。进入 21 世纪后，在快速城镇化、国家政策导控、规划设计介入等背景下，成渝地区的部分乡村聚落开始了有别于自发演变的空间剧烈重构。但由于传统乡村规划思路与模式脱胎于城市规划，规划仍以土地开发强度为主要指标，目的是实现快速实施、土地指标腾挪，同时乡村规划编制方法的系统性与科学性不足，从而导致生活空间重构与产业发展脱节、聚落生态文化建设性破坏、自上而下的村庄规划与农户需求错位等一系列问题[75]。例如，四川省绵阳市的某乡村对乡村旅游发展规律认识不清，无视乡村本底资源特征和需求，盲目引入不适合乡村资源禀赋和产业基础的功能，最终难以为继而烂尾，导致乡村价值未被挖掘甚至丢失，还对乡村地区优美的自然生态环境造成了极大的破坏和污染。此外，部分乡村在转型重构时还造成了过度开发、规模失控、空间不协调等现象。在规划手法上，由于借鉴城市规划样板的乡村聚落规划设计，新农村变"小别墅"，导致模式化特征明显、空间肌理呆板、空间肌理失调等问题，使乡村空间景观越发单调、趋同、乏味，很难真正适应农村居民的实际需求，一定程度上制约了成渝地区乡村发展（表2.4）。

表 2.4　成渝地区乡村聚落转型重构方式存在的问题

问题	图示	所在地
无视资源条件	 	四川省绵阳市
空间规模失控	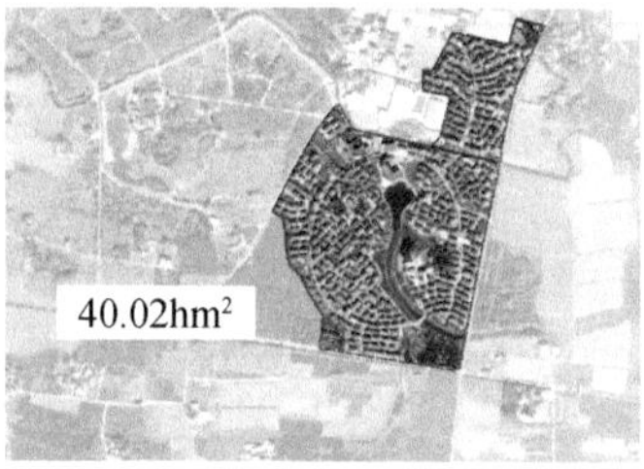 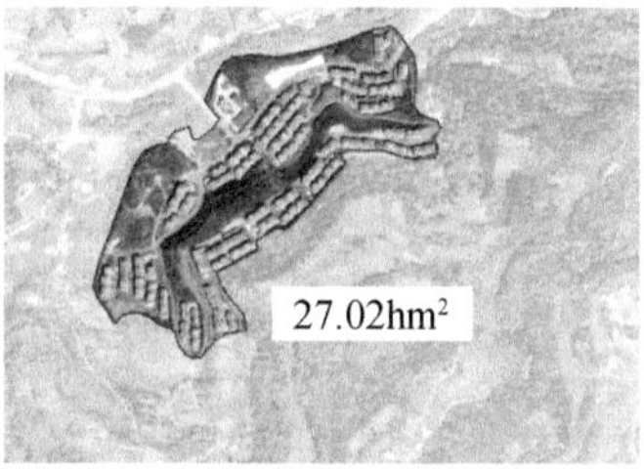 40.02hm² 27.02hm²	四川省成都市
模式化特征明显	 	四川省宜宾市
空间肌理过于呆板	 	重庆市铜梁区
空间肌理不协调	  原始建筑肌理 新建建筑肌理 原始建筑肌理 新建建筑肌理	重庆市永川区

2.3 理论引入：乡村功能转型与空间重构

2.3.1 乡村多功能理论的发展与内涵

1）乡村多功能理论的起源与发展

20 世纪 80 年代，随着后工业化的持续推进，西方国家开始将制造业逐渐转移到发展中国家。同时，欧洲地区和北美地区也在农场经济危机和旅游业快速发展的驱动下，开始了乡村重构和转型的历程。随着城市迁移人口的不断涌入，乡村弱势群体的身份逐渐被他者化，乡村空间也被重新生产和文化建构，导致乡村主体更加多元化。另外，西方国家对于环境保护的诉求不断增强，要求乡村具备生态资源保护、文化景观修复等多重功能。因此，为了更好地发挥农村地区的综合功能并解决其发展问题，欧洲和北美洲的学者开始关注和研究农村地区的多功能性[76]。Halfacree 和 Boyle[77] 使用列斐伏尔的空间三元论，阐述了法国、英国、荷兰等西方国家乡村地区转型的过程，从生产主义逐步转向后生产主义（即多功能乡村），这标志着西方国家的乡村空间正式走向多元分化。

1992 年，在巴西里约热内卢召开的联合国环境与发展大会通过的《21 世纪议程》中提出"农业多功能性"（multifunctionality of agriculture，MFA）的概念[78]，将农业多功能性视作可持续农业发展的一个重要途径，其重要作用是不仅要生产食品，还要在经济、社会和环境等方面提供其他贡献，从而实现农业可持续发展的目标。学界内一般以此为依据，将其认定为乡村多功能发展提出的理论起源[25]。

自"农业多功能性"进入大众研究视野后，1995 年法国学者皮尔·拉勒（Pierre Ralle）发表了《农村地区的多功能性》一文，对农村地区的多种功能进行了系统的阐释和分析。他认为，农村地区不仅是生产农产品的地方，而且还是提供一系列公共服务和社会理念的场所，因此具有以下七种功能：农业生产功能、自然资源保护和环境改善功能、就业和社会服务功能、文化和历史遗产功能、居住和生活功能、工业和商业功能，以及土地再生和拓展功能[79]。

随后，农业多功能发展理念在国际范围产生了深刻影响。2001 年，经济合作与发展组织（Organisation for Economic Co-operation and Development，OECD）发布的一份报告中正式采用"多功能农业"概念，主要强调了农业不仅生产农产品，还能够在经济、社会、环境等方面发挥其他多种功能，并对其做出了详细阐释和分析，旨在探讨农业与其他领域的关系。OECD 认为，通过适当的政策支持，可以使农业在保障食品安全的同时，还能够提供一系列公共服务，并为其他领域的发展作出贡献。具体来说，农业多功能性包括经济功能、食品安全功能、环境和生态系统功能、文化和历史遗产功能及社会服务功能五个方面。

2006 年，澳大利亚乡村地理学者约翰·霍姆斯（John Holmes）发表题为"澳大利亚农村多功能转型的冲动：研究议程中的差距"的文章[44]，探讨了澳大利亚农村当前的多功能性转型趋势，并指出现有研究存在的局限性和不足之处。Holmes 认为，当前的多功能性转型趋势是综合多种因素影响的结果，需要更加深入地进行研究，以期为农村多功能性转型的实践和政策制定提供理论支持和指导，并以澳大利亚为例，对乡村多功能理论进行了系统化研究[80]，将乡村地域划分为三种主要功能：①生产功能。随着科技的发展，农业生产出现了过量化，不仅导致农业产业加速向商品化方向转型，还使得农业不再占据乡村主导地位，乡村产业向多元化方向发展。②消费功能。随着通信技术的发展和小汽车的普及，城乡之间交通便利性大大提高，城市居民、资本、生活方式不断向乡村渗透，其中最明显的变化就是乡村产业、要素等逐渐向商品化方向发展，开始为城市提供服务，并且非农收入超过了农业收入。③保护功能。"城市病"的出现，使人们更加关注乡村地域美丽宜人的生态环境、田园牧歌的生活方式、生物多样性保护等。

进入 21 世纪，随着乡村地区受到重视，我国学者开始系统性研究乡村多功能理论。周国华等[25]以中国实际情况为背景，以"生产–生态–生活"为视角，对乡村的多功能性进行深入探索并分类。其中，生产功能是指乡村地域满足粮食生产与经济发展需求的能力，包括基本的农业生产功能以及非农生产功能，如工业和旅游；生态功能则是指满足城市和乡村地域可持续发展的生态环境保障能力；生活功能是指满足乡村居民日常生活需求的能力，如住房和社交。

2）乡村多功能理论的内涵：生产主义转向后生产主义

对比"生产主义"和"后生产主义"两种不同的乡村发展思维与模式，从差异上来看，前者表现为密集性、集中性和单一性；后者则更多表现为外延性、分散性和多元性，即降低农业生产的土地利用强度和规模、土地交由不同主体管理以及农业出现兼业化[81]。传统乡村以农业生产为核心，形成了乡村空间内部以农业生产为主导的"整体性"关联；采用多功能发展模式的乡村在传统生产基础上强调消费导向，提供更加多元而非单一的产品，同时要注重乡村的生态保育与经济多样化。

以欧洲为代表的西方国家乡村地区经历了由"生产主义"向"后生产主义"的转变，其政策法规与规划措施也在不断向乡村多功能发展进行引导，将乡村的多功能性设定为国家农业政策调整的基础和目标[82]，使未来的乡村能够充分发挥其价值，保障城乡地域的可持续发展[83]。20 世纪 60～80 年代，欧洲的农业政策主要集中于单一农业政策，逐步从农业市场扩大到农业生产领域；90 年代除了关注农业生产和农产品价格，欧洲农业政策开始关注农村多元问题，如农村社会、经济、环境等，共同农业政策的政策目标和支持范围逐步将经济、社会、环境目标纳入，强调发挥农业农村多重功能，重新认识和定位农民提供服务的范围，实现了从单一农业政策向农业农村全面发展政策的转变；从 2007 年开始，在注重提高农场经营能力、挖掘农业发展潜力的同时，可持续发展成为欧盟农业农村政策的主题，鼓励发展与农业相关的食品产业、乡村旅游和休闲产业等，促进资源环境的保护与发展（表 2.5）。可见，随着农业农村发展主要矛盾的变化，欧盟农业政策关注领域由单一农业政策逐步拓展成广泛关注农村经济、社会、环境议题，其目的是提高农业竞争力、保障食品安全、提升农民生活水平，同时以应对气候变化、实现自然资源的可持续利用、激发农村经济活力为主要内容。

表 2.5　不同时期的欧洲农业发展政策重点

时期	政策重点
1960～1980 年	提出在成员国实行共同农业政策的建议，主要是取消贸易壁垒、建立共同市场组织；推动农场现代化，促进农民职业培训，鼓励老年农民提前退休，更新农业劳动力，帮助落后地区农民发展
1980～2000 年	继续关注农业生产和农产品价格；把农村经济发展、社会发展、环境保护都列入政策目标；发挥农业多功能性，重新认识和定位农民提供服务的范围
2000～2007 年	用跨部门、整合性的方法推动农村经济多样化，帮助农民创造新的收入来源和就业机会，保护农村环境和文化遗产；改善政策项目管理办法，基于权力分散和下放原则，与不同层面的地方政府和相关机构开展政策协商，增强地方政府的自主性，以灵活制定农村发展政策
2007～2013 年	改善乡村环境，支持农地所有者采用与保护环境和景观相适应的土地利用方式，对农民超过强制性义务标准的环境保护行为直接补贴；推动农村经济多样化，主要支持非农经济活动，如小微企业和旅游业发展，修复、建设和发展村庄
2014 年至今	创新农业生产经营方式，提高农业发展能力；发展食品链组织，加强农业风险管理；恢复、保护和增强农业生态系统；发展低碳和气候适应型农业及相关产业；促进农村社会融合、减贫和经济发展

资料来源：根据欧盟官方网站（https：//commission. europa. eu/food-farming-fisheries_en）公布的有关资料整理。

此外，除了欧盟作为区域性的国际组织对所有成员国的乡村发展起到指引作用外，各个国家也出台了符合自身情况的政策、法规来引导乡村多功能发展（表 2.6）。例如，2007 年荷兰颁布《土地开发法》（Land Development Act），可以根据乡村发展的不同特点和主要目的，提供多种可选的土地开发方式，并针对户外娱乐休闲、自然地保护等方面提供更多的支持[84]；德国联邦政府、各州政府和相关利益团体于 2004 年共同制定，并于 2007 年正式实施的《农业结构和海岸地区保护议程》（Verbesserung der Agrarstruktur und des Künstenschutzes），致力于保护土地质量和空气、水、土壤等自然资源，提高农业生产效率和经济效益，在乡村地区构建网络体系，采用创新模式整合并利用现有资源，挖掘地方潜力，提升乡村功能以应对未来发展[85]；法国于 2005 年出台第一部专门针对乡村地区及其特性的法令——《乡村地区发展法》（Loi relative au Développement des Territoires Ruraux），其出发点在于保护与激发乡村特性，尽可能地将其转化为乡村地区的发展优势，并配套实施“卓越乡村”（Pôle d'Excelence Rural）项目，将乡村非农发展的功能主题划分为文化、旅游、生态、服务与科技四种类型[86]。

表 2.6　欧盟及部分西方国家的乡村多功能发展相关政策法规

组织/国家	法规名称	颁布时间	乡村多功能发展相关内容
欧盟	农村地区发展行动联合（LEADER）	1991 年	经过 LEADER Ⅰ（1991～1993 年）、LEADER Ⅱ（1994～1999 年）和 LEADER+（2000～2006 年）三代的蜕变，对农村地区的基础设施建设、农产品加工和销售、区域文化保护和旅游等方面给予支持
	《2007～2013 年农村发展政策》（the Rural Development Policy 2007—2013）	2007 年	实施农业结构调整以提高农业的竞争性，加强土地管理以改善环境和改善农村，推进农村地区的经济多样性以提高农村地区的生活质量

组织/国家	法规名称	颁布时间	乡村多功能发展相关内容
荷兰	《土地开发法》（Land Development Act）	2007年	根据项目区的不同特点和项目的主要目的，法案提供了多种可选的土地开发方式，并在安排户外休闲娱乐、自然保护区等用地方面提供了更大的可能性
德国	《农业结构和海岸地区保护议程》（Verbesserung der Agrarstruktur und des Künstenschutzes）	2004年	致力于保护土地质量和空气、水、土壤等自然资源，提高农业生产效率和经济效益，在乡村地区构建网络体系，采用创新模式整合并利用现有资源，挖掘地方潜力，提升乡村功能以应对未来发展
法国	《乡村地区发展法》（Loi relative au Développement des Territoires Ruraux）	2005年	第一部专门针对乡村地区及其特性的法令，旨在保留和发扬乡村特性并将其转化为乡村地区的发展优势；同年实施"卓越乡村"（Pôle d'Excelence Rural）项目，确定文化、旅游、生态、服务与科技四种类型

资料来源：根据参考文献[83-86]整理。

在实践层面上，van der Ploeg 与 Roep[87]研究了德国、爱尔兰、意大利、荷兰、西班牙、英国、法国 7 个国家 520 万个乡村单元通过拓宽（broadening）、深化（deepening）、重建（regrounding）活动来实现多功能发展的普遍现象。在研究过的 7 个国家中，超过 50% 的专业农场积极参与了一个或多个拓宽或深化活动，其中意大利深化活动的参与度占主导地位，而爱尔兰拓宽活动的参与度占主导地位，德国乡村参与深化、拓宽活动及重建活动。从多功能发展的效益来看，拓宽、深化活动的大规模参与为 7 个国家带来了近 80 亿欧元的净增值，相当于这些国家 1997 年所有企业净增值 8.6%，同时，农民参与其中并形成了多样化的收入来源。因此，可以看出，拓宽、深化和重建活动的多功能发展是农业总收入的重要组成部分，也是欧洲农民增加农业收入的重要手段（图 2.11）。以德国为例，农业在德国乡村地区的经济地位不断下降，2016 年约 52% 的农庄以副业形式经营，如农产品超市直销、网络销售，木材加工以及可再生能源生产，以及乡村旅游与乡村体验等[88]。这种结构转型使得德国乡村焕发出新的活力，成为生活居住、就近就业和休闲旅游三方面功能的综合体。从居民从事三次产业的比例来看，据 2015 年数据，德国乡村的居民中只有少部分人从事农业生产，第一产业、第二产业、第三产业的从业比例分别为 2.6%、30.0% 和 67.3%，其中的大部分人在周边城镇工作，把乡村当作居住的地方[89]。

就国内乡村政策导控与地方实践的发展趋势而言，目前我国正在积极推进"自下而上"与"自上而下"两种方向的乡村多功能发展。2018 年中央一号文件首次提出乡村经济多元化发展的方向，这意味着中国乡村地区将催生一批新产业、新业态和新模式，同时也将进一步挖掘和拓展乡村独特价值与多元功能。2021 年发布的《农业农村部关于拓展农业多种功能促进乡村产业高质量发展的指导意见》，针对产业链条短、融合层次低、技术水平不高等问题，提出了强化农业食品保障与粮食安全功能，积极拓展产品加工、休闲体验、文化传承、生态涵养功能，构建差异化产业体系，进一步凸显乡村的经济、社会、文化和生态的不同价值。

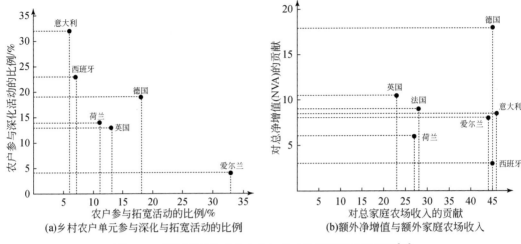

图 2.11 欧洲国家关于农户参与多功能发展及效益情况[87]

从沿海先发地区的实践经验来看，从 20 世纪 80 年代的"苏南模式"到近年来的美丽乡村，苏南地区乡村空间形态在城乡相互作用的过程中也在不断转变和分化，其实质是城乡相互作用过程中乡村价值和功能的蜕变，这既是苏南乃至全国经济社会深刻转型的体现，也是各种社会保障制度、财税金融制度、收入分配制度向乡村地区倾斜的结果[90]。从产生的效益来看，苏南地区乡村在功能转型方面收到了良好的效果，如锡山区的 50 个行政村中，工业总产值占经济总产值的比重超过 90% 的有 26 个、超过 50% 的有 46 个[91]（图 2.12）。此外，浙江省作为乡村民营经济代表、乡村旅游发源地，具有良好的乡村旅

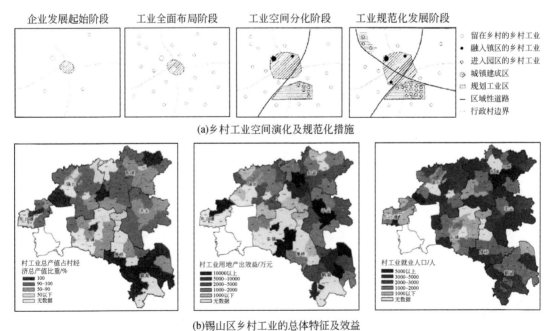

图 2.12 苏南地区乡村工业发展及效益情况

资料来源：根据参考文献[91]整理

游化发展态势，以舟山市定海区为例，乡村就业结构呈现出明显的兼业化特征，兼业农户比例为 47.1%，以家庭经营为主体的小微经济在乡村经济社会发展，从事非农经营活动村民占劳动力的 65%，他们参与多元经济发展的意愿和积极性也较高[81]。

综上所述，乡村聚落的转型发展是一个正在进行而又尚未完成的过程，本书基于多功能性的发展思路提供了一个重构农村资源、保障生态可持续性、构建新的稳健经济格局的新方向和新范式。因此，我国的乡村振兴和乡村规划应该顺应乡村发展的内在规律，使乡村发挥其多功能性，实现不同价值。

3）乡村多功能性的理解与总结

根据当前乡村多功能的理解与定义的相关研究，不同学者根据各自的地域条件与对乡村功能的认知进行了不同数量、不同类别的划分（表 2.7）。Pierre Ralle 将乡村划分为农业生产功能、自然资源保护和环境改善功能、就业和社会服务功能、文化和历史遗产功能、居住和生活功能、工业和商业功能，以及土地再生和拓展功能 7 种；OECD 将乡村划分为经济功能、食品安全功能、环境和生态系统功能、文化和历史遗产功能及社会服务功能 5 种；而澳大利亚学者 Holmes 将其划分为生产、消费和保护 3 种功能；此外，国内学者周国华等按照生产、生活和生态的"三生"功能进行了划分；李智等将其划分为生态、农业、工业、生活 4 种功能、刘玉等将其划分为生态环境、经济、社会文化 3 种功能。由此可以发现，对于乡村功能的划分，不同学者根据各自所在的地域，以及研究关注的重点进行了不同的划分，但总体来看，乡村承载的功能逐渐突破传统的农业生产功能，进而向经济消费、文化生活、生态保护等多种方面发展[25,26,45,51,79,80]。

表 2.7　乡村多功能的相关研究整理

功能数量	功能概述	代表学者
7 种功能	农业生产功能、自然资源保护和环境改善功能、就业和社会服务功能、文化和历史遗产功能、居住和生活功能、工业和商业功能，以及土地再生和拓展功能	皮尔·拉勒（Pierre Ralle）
5 种功能	经济功能、食品安全功能、环境和生态系统功能、文化和历史遗产功能及社会服务功能	经济合作与发展组织（OECD）
3 种功能	生产功能：乡村产业向多元化方向发展；消费功能：乡村产业、要素等逐渐向商品化方向发展，开始为城市提供服务；保护功能：生态环境、田园牧歌的生活方式，以及生物多样性保护	约翰·霍姆斯（John Holmes）
4 种功能	生态功能、农业功能、工业功能、生活功能	李智等
3 种功能 10 种子功能	生产功能（农产品供给功能、资源供给功能、旅游休闲功能、工业生产功能）、生活功能（居住生活功能、社会保障功能、设施服务功能、社会文化功能）、生态功能（生态调节功能、生态支持功能）	周国华等
3 种功能	生态环境功能、经济功能、社会文化功能	刘玉等

资料来源：根据参考文献[25, 26, 45, 51, 79, 80]整理。

因此，本书将乡村的多功能从农业、经济、消费、生态、生活 5 个方面进行归纳总结（表 2.8）。其中，农业功能是乡村提供的基础性功能，可保障食品供给和安全，也是成渝地区乡村所承担的主要功能；经济功能则是通过农业产出进一步加工，发挥商品属性职能，提升乡村产品的经济价值；消费功能是乡村为城市地区提供旅游、休闲、体验等消费性服务；生态功能是乡村地区提供生态安全、调节等服务，保障环境的可持续发展；生活功能则是针对村民，提供生活基本空间的功能，包括居住、交往、文化等活动内容。

表 2.8　乡村多功能的归纳总结

功能类型	功能概述
农业功能	乡村提供的基础性功能，可保障食品供给和安全，也是乡村所承担的主要功能
经济功能	通过农业产出进一步加工，在保障基本食品基础上发挥商品属性职能，提升乡村产品的经济价值
消费功能	乡村产业、要素等逐渐向商品化方向发展，为城市地区提供旅游、休闲、体验等消费性服务
生态功能	乡村地区提供生态安全、支持、调节等服务，以及生物多样性保护，保障环境的可持续发展
生活功能	针对村民，提供生活基本空间的功能，包括居住、交往、文化等活动内容

2.3.2　多功能转型对我国乡村发展的启示

在乡村多功能发展的鼓励下，乡村由生产主义导向转向后生产主义导向，多功能转型的趋势逐渐显现[59]。一方面，农村土地流转规模不断扩大，农业生产经营的规模化、集约化、专业化和标准化趋势逐渐形成，家庭农场、经营大户、农民专业合作社等新型经营主体已大量出现，农业功能得以强化；另一方面，随着城乡和区域间经济要素流动的加速，部分地区康养产业、休闲旅游、乡村体验等乡村新业态快速发展，乡村地域多功能价值日益凸显。例如，部分乡村利用毗邻著名风景区或城市边缘的区位优势，依托原生态的自然景观和丰富的农事活动发展乡村旅游产业，使其生态功能和文化功能日益凸显。

因此，实现乡村多功能转型还需要不断强化乡村多功能转型的理论认知与地方实践。在全面推进乡村振兴的宏观战略指导下，关注乡村多元价值，挖掘乡村地域相对于城市地域截然不同和无法替代的经济、社会、生态、文化等价值和功能，从原始单一的农业生产，逐步转向多业态融合、一二三产联动发展的多元化、复合化的可持续发展路径，实现多样化的乡村产品产出和高价值的服务转化（图 2.13）。此外，还需要深化基于乡村多功能转型理论的乡村振兴机制、区域路径与模式研究，根据乡村不同的特征建构合理的多元化、特色型发展路径[92]。

2.3.3　乡村聚落空间重构的理论剖析

1. 乡村聚落空间重构的基础理论

"重构"是通过对系统要素的优化组合和结构的重新构架，促使系统向良性状态转型的方法论[93]。从系统科学的角度来讲，"重构"是指一个系统在运行过程中，外力的冲击或内部各个构成要素的离散作用，导致系统构成要素难以正常运行或系统整体难以实现良性发展，通过对系统结构的重新构架，促使各要素优化组合，从而实现系统根本性转型的

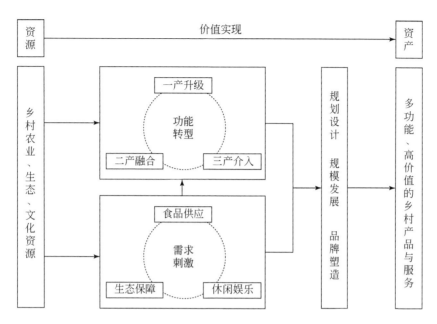

图 2.13　乡村多元业态发展示意图

方法论。乡村重构与城镇化进程中乡村地域系统"要素–结构–功能"的演变密切相关。因此，乡村聚落空间重构涉及空间构成与运行规律的系统论（system theory），以及从空间层面重新组合调整的景观生态学（landscape ecology）理论和形态学（morphology）理论，这些基础理论是分析乡村聚落空间重构的基础。

1）系统论

系统科学是将研究对象视为有组织的复杂结构，着重于研究组成系统的要素、部分和整体的相互联系，从系统结构与功能上揭示系统整体运动规律的科学。系统论的创始人之一贝塔朗菲认为系统的定义包含要素、结构和环境三个基本概念。通过对这三个概念的研究和分析找到其内在运行规律是系统科学的根本任务。系统科学中的若干部分对于实现对系统的全面认识和掌握有着重要意义[94]。

钱学森等[95]曾指出，系统即由相互依赖和相互作用的若干组成部分结合成的具有特定功能的有机整体。其中，"要素–结构–功能"是唯物辩证法的基本范畴之一：要素是构成事物的必要因素，其是随着事物的发展而不断增加；结构是系统的诸要素之间的构成关系，是要素的秩序，具有稳定性、整体性和有序性，其有非常重要的地位和作用；功能是诸要素经过结构组合之后与环境相互联系时所表现出来的属性、能力和作用。三者之间的关系是：要素是前提、基础，结构是关键、核心，功能是作用、功效和能力[96]。龙花楼和屠爽爽[97]认为，其是为适应乡村内部要素和外部调控的变化，通过优化配置和有效管理影响乡村发展的物质和非物质要素，重构乡村社会经济形态和优化地域空间格局，以实现乡村地域系统内部结构优化、功能提升以及城乡地域系统之间结构协调与功能互补的过程，并初步提出基于"要素–结构–功能"演变助推乡村重构的理论框架。由以上内容可见，对乡村重构的界定和认识目前并未完全一致，但同时认为多功能乡村是乡村重构的基础，重构是多功能乡村的实现过程和实现方式。

2）景观生态学理论

景观生态学以生态学和地理学为基础，强调景观的整体性和异质性[98]，是探究一定区域内不同生态系统组成的整体性质，结合时空特性及其与生态发展过程的相互作用，研究空间异质性和景观结构与功能要素之间相互关系的综合性学科，是将地理学、生态学和系统论等多学科交叉融合的新兴学科[99]。福尔曼（Forman）从景观系统性的角度，通过景观生态学中的"斑块-廊道-基质"模型来描述地球生态系统的结构、功能与变化[100]。景观分析技术是利用一系列定量的指标进行景观分析，这些指标精确反映了景观格局信息，在一定程度上体现了景观结构和空间形态特征，并从斑块、斑块类型、整体景观三个层次进行测度。随着 GIS 和 RS 等技术的引入，景观格局指数模型的发展取得了重大进步，研究与应用范围逐渐拓展，如生态空间理论与景观异质性研究、景观系统分析、景观变化模型与未来景观规划以及最佳生态土地组合等，通过景观格局的分析建立了景观结构与过程的关系，形成了不可忽略的空间异质性定量研究理论与方法[101]。乡村空间可以看作是由不同大小、形态各异、不同拼接方式的各类斑块组合而成的镶嵌体，采用景观生态学理论与景观分析技术可以更好地了解村镇聚落的演变特征和规律，更加直观地反映乡村聚落规模、形态和空间分布的特征。

3）形态学理论

形态的概念（morphological concepts）根植于西方古典哲学，城市形态学则出现在 19 世纪末的德国地理学科中，并由康泽恩（Conzen）进一步完善了它，该学派强调通过结构性地描述城市形态的演变来理解形态形成与重组过程[102]。其中包含两条重要的思路：一是从局部（components）到整体（wholeness）的分析过程，复杂的整体被认为由特定的简单元素构成，从局部元素到整体的分析方法是可以得到最终客观结论的有效途径；二是强调客观事物的演变过程（evolution），事物的存在有其时间意义上的关系，历史的方法可以帮助理解研究对象包括过去、现在和未来在内的完整的序列关系[103]。具体到乡村聚落形态学中，形态学的分析框架可用于解读聚落空间肌理，在深入理解聚落空间肌理结构演变过程的基础上，再将类型学的提取和还原特征的方法应用于聚落空间规划与设计中。

2. 空间重构的内涵——与功能转型的差异

从本质上讲，乡村聚落空间重构是一个响应农村发展核心系统和外部系统要素变化，通过优化配置和有效管理这两个系统中的物质和非物质要素，重塑农村社会经济形态和空间格局的过程。其目的是最终优化农村地域体系内的结构，促进农村地域体系的功能转型，实现城乡地域体系结构的协调和功能的互补[104]。农村演进的过程，不仅包括正向推进的情况，也包括负向退化的情况，具体包括缓慢进步、跨越式发展、短暂衰退、复兴等状态。而乡村重构是一个积极的演变过程，欠发达乡村通过有效干预，实现从衰退到复兴的转变过程；乡村发达地区利用外部环境，整合内部要素，实现发展升级。此外，乡村空间重构的内涵与农村发展转型相比，乡村空间重构调整强调空间的要素变化以及人的干预和调节，如整合关键发展要素、优化空间结构，其目的是将乡村地域体系从非良性状态转变为良性状态，或实现功能的升级和发展质量的提高。也就是说，乡村空间重构是实现乡村功能转型的过程，乡村功能转型是乡村空间重构调整的结果。

3. 空间重构内容与目标

聚落空间涉及多种构成要素、不同空间层面及多重维度属性。从空间层面上，乡村聚落的宏观重构反映了乡村地域社会经济形态和空间格局变化，微观重构则是通过具体的乡村聚落空间要素及结构，实现人口、土地、产业等乡村发展要素协调耦合的过程。从要素层面来看，乡村内部的规模、形态、职能和等级的结构体系及乡村发展要素的交互作用塑造聚落的空间形态，是乡村聚落空间重构的主要内容。按照工作任务来看，乡村聚落空间重构主要分为生活生产生态的空间布局、基础的住房建设、基础设施和公共服务设施配置等工作。

乡村聚落空间重构的直接目的是促进乡村地域"生产–生活–生态"功能的综合提升，通过优化土地资源空间配置，为农业现代化和乡村新业态培育提供空间支撑。在乡村聚落重构的过程及目标设定中，以提高经济效率、缩小城乡差距、传承乡土文化、保护生态环境、实现资源可持续利用为目标定位，重视乡村地域的多功能价值，将重构目标细化为优化空间格局、整合乡村生活–生产–生态空间、保护乡村文化景观、改造活化乡村传统产业、培育乡村经济新业态等方面。

2.4　理论建构：功能适应性乡村聚落空间重构

2.4.1　功能转型与空间重构的关联互动

功能与空间的关系具有哲学上的"内容与形式"的辩证关系，因此乡村地域系统的整体更新依赖于"功能–空间"双向关联、互动适配，共同促进乡村不断良性发展，实现乡村振兴的总体目标[97]（图 2.14）。

首先，乡村功能转型驱使聚落空间重构。从传统单一的农业生产逐渐向非农生产、休闲服务业等多功能演化，分化出以农业功能为主、以经济功能为主、以生态功能为主等不同功能的乡村转型方向，新兴产业和服务业需要新的空间来容纳，必然会改变其空间载体——土地的利用方式和配置格局来对功能进行保障，进而导致乡村空间的重构。例如，为了匹配新的经济功能、消费功能、生态功能，原本用于农田的土地可能会被改造成加工厂、旅游景点、服务设施等，原本用于居住的房屋可能会被改造成旅馆或餐馆等。

其次，外力作用下的空间重构会促进功能的转型升级。空间合理利用是乡村发展的核心资源和调控社会经济转型的重要手段，乡村空间重构在为乡村功能转型提供了物质基础的同时，通过生活空间、生产空间和生态空间的格局重构与优化，不仅可以保障生产功

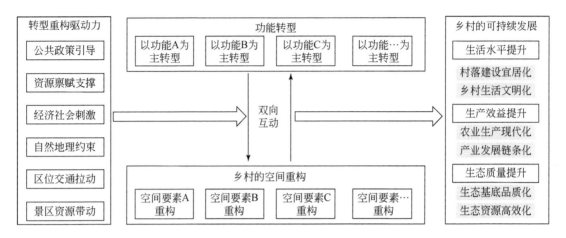

图 2.14　乡村功能转型与空间重构的双向互动

能，为乡村工业、旅游、商贸、生态等非农功能提供承载空间；还可以通过创新产业空间和生活空间组织形式，促进人口、产业和企业的合理集聚与扩散，提高资源配置效率，对功能进行合理引导与控制，实现乡村的功能高效提升。

　　因此，本书所研究的乡村聚落多功能转型与空间重构，既是相互关联的"内容与形式"的两个不同概念，又是乡村发展内涵中的辩证统一体，即功能转型推动了空间重构，空间重构伴随着功能转型，两者可以在一定程度上互相表达，共同揭示乡村聚落"功能-空间"互动演化的内在规律及其机制，本书以"功能转型"为切入点，着重对"空间重构"进行刻画与剖析。

2.4.2　功能适应性乡村聚落空间重构的分析框架

　　正如前文所述，功能转型推动了空间重构，空间重构伴随着功能转型，因此，乡村聚落的空间优化与可持续发展依赖于"功能-空间"的联动，亟须建立乡村聚落功能转型与空间重构互动适配的分析框架，为乡村的可持续发展与乡村振兴提供有效思路与分析框架。

　　在此，本书尝试建立功能转型导向下的乡村聚落空间重构的研究路径，即功能适应性乡村聚落空间重构的分析框架。本书从乡村聚落的功能转型与空间重构两个维度切入，通过"功能定类、空间定形"的研究范式对乡村聚落的转型与重构进行分析。在此基础上，将不同功能的类型划分作为本书的关键纽带，即"功能转型—类型划分—空间重构"的基本研究思路。在不同类型确定的基础上，对乡村聚落的重构特征、动力机制、响应模式和规划策略进行分析与总结，因此，"功能定类"奠定了本书分析的基本框架，"空间定形"是本书研究的重点内容（图 2.15）。

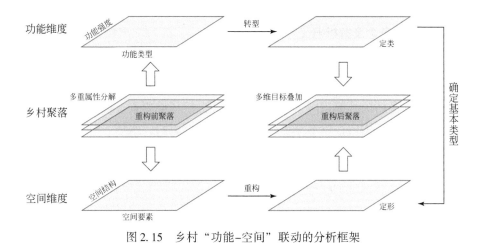

图 2.15　乡村"功能–空间"联动的分析框架

2.4.3　空间重构解析的要素构成

如前文所述，乡村聚落空间既是村民生活生产功能的载体，也是旅游、消费、加工等活动和历史文化、生态环境景观的容器。从规划学的角度来讲，乡村空间要素可以从用地与形态两个层面来划分，即村域尺度的生态、生产、生活等用地构成的"三生"空间，以及人居聚落层面建筑、街巷、公共空间等构成的空间形态。

1）"三生"空间的概念及解析意义

在人居环境学中，乡村的生产空间、生活空间和生态空间构成了完整的乡村人居环境，是城乡空间发展的基础[9,10]。成渝地区以山地、丘陵地形为主，乡村聚落的地理条件和传统农业生产关系决定了其常见的自发形成的大分散、小聚居的聚落格局，"三生"空间布局往往失去整体性，破碎化、零碎化现象明显。所以，研究要素聚焦"三生"空间，来研究村域内的生产、生活、生态空间结构性布局特征，从而解析"三生"空间要素变化的过程和机制，为用地布局规划提供模式上的引导和指标上的参考（图 2.16）。

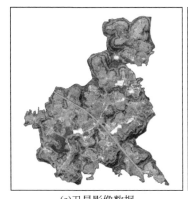
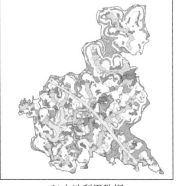

| (a)卫星影像数据 | (b)土地利用数据 | (c)"三生"空间重分类数据 |

图 2.16　"三生"空间示意

2）聚落形态的概念及解析意义

聚落空间形态是指聚落物质空间层面所表现出来的具体空间结构和形式[105]。从空间要素的构成来看，聚落形态既包括聚落范围内的不同功能建筑、道路街巷、公共空间，也包括影响聚落居住品质的外部田园、水系、林地等自然环境要素。因此，本书所探讨的聚落空间形态是在一定范围内，以道路、建筑等为主体，田园、水域、林地为依附的整体平面肌理和空间秩序（图2.17），意在强调聚落空间的整体形态重构特征，提炼不同类型聚落空间重构模式，以期在聚落空间形态的整体规划设计中有据可依，更好地延续当地营建模式和地方空间文脉。

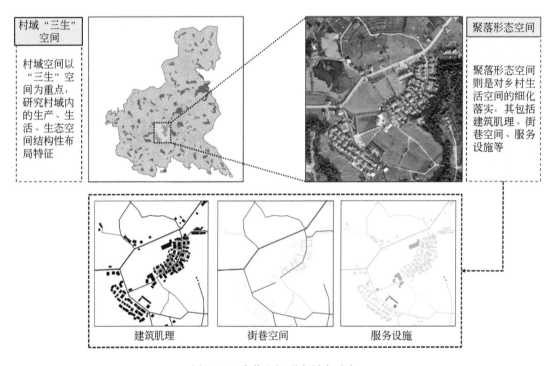

图 2.17　聚落空间形态界定示意

2.5　研究方法

2.5.1　文献研究法

本书通过文献检索的方式获取与研究相关的理论著作、史稿年鉴、科研论文、政府公开信息、历史影像资料等。整合有价值的基础资料，总结提炼相关观点，并梳理相关研究的理论基础。同时，利用 CiteSpace 软件对相关研究文献进行分析，了解研究相关的理论轨迹、趋势及分析方法，明确当前的研究热点和趋势。

2.5.2 实地调研法

乡村聚落转型发展与空间重构的识别与评判需要人的亲身感悟，因此，实地调研是乡村地理学、城乡规划学最基本的研究方法之一。为总结现状发展特征与发展经验，本书广泛研究成渝地区具有代表性的乡村案例，并重点筛选具有典型示范效应的案例作为重点分析的对象。本书利用团队的研究基础和地处西南之便利，对选取的案例进行实地调研，综合运用摄影、航拍、访谈、地方公开信息收集等方法，获取案例对象的经济社会发展、用地空间使用、聚落发展变迁、聚落转型重构动力因素等情况，为研究提供真实可靠的第一手数据，并主观感受其重构发展规律特征，结合定量、定性分析方法总结发展经验。

2.5.3 跨学科研究法

乡村的转型重构研究不是单一学科的理论知识和分析方法所能概括的，而是涉及经济、社会、空间等不同维度和规律、机制、优化等不同要素，因此，需要综合不同学科的基础理论对乡村聚落转型重构进行解读。本书以城乡规划学为基础，结合土地资源管理学、人文地理学、经济地理学、景观生态学关于乡村聚落要素的概念及分析方法，主要包括地理学中关于乡村聚落空间"经济-社会-物质"空间重构理论基础；规划学的空间格局、"三生"空间、聚落形态等面向规划管控的空间要素；景观生态学的"用地斑块""景观格局"等；以及用热力学中"熵"的概念来表达功能混合度，以此综合描述乡村聚落空间重构的整体特征。

2.5.4 多模型量化分析法

乡村聚落空间重构的规律认知、机制剖析需要在传统定性分析的基础上，通过定量数据进行更深层次的研究。而针对不同研究内容与要素，需要综合比较不同学科的研究方法，进而选择与应用，以求能得到客观、准确的研究结论。在跨学科研究的基础上，运用不同学科采用的数据统计分析模型、驱动因素量化转译、景观格局变化测度、机器学习模型、功能评价模型建构等分析手段，对成渝地区乡村聚落空间的变化规律及其动力机制进行客观描述和定量分析。在集成地理信息系统软件（ArcGIS 平台）多源多尺度基础数据库的基础上，引入多种量化分析方法进行实证研究。在乡村聚落重构的特征规律方面，引入乡村聚落重构测度模型分析成渝地区的时空格局演变特征；引入空间聚类模型、优势功能评价模型等进行类型的划分与识别；引入景观格局指数、建筑节点平均距离、路网密度统计分析、功能混合度等方法测度空间重构规律；在动力机制剖析方面，采用梯度提升决策树（gradient boosting decision tree，GBDT）模型，来定量化分析乡村聚落功能转型与类型分化的主导动力。

2.5.5　案例分析法

在对成渝地区141个市县（市、区）大尺度、全样本分析的基础上，从乡村聚落的微观层面选取具有典型研究意义的3个县（市、区）作为乡村聚落个体的研究样本，即简阳市、永川区和南川区的795个乡村聚落个体作为动力机制探测的研究样本。此外，针对不同类型的乡村聚落，选取重构典型、效益突出的15个乡村聚落个体作为进一步解析重构规律的研究样本，揭示"三生"空间与聚落形态的重构规律，将研究的深度层层递进。

2.6　技术路线设计

根据理论推导与主要研究内容（研究假设），以"重构判断—类型识别—机制分析—规律提取—规划优化"为逻辑线索，构建本书实证部分的技术路线。研究技术路线整体可以分为多源多尺度数据库建构、乡村聚落转型重构阶段分析、乡村聚落转型类型划分、乡村聚落转型动力机制解析、乡村聚落重构空间响应模式总结和乡村聚落空间规划优化6个部分（图2.18）。

第一，多源多尺度数据库建构。根据研究确定的宏观和微观尺度的研究需求，采用实地调研、官方公开的统计资料、网络兴趣点（POI）采集、相关政府部门收集等方式，对所需要的经济、社会、空间数据进行采集和分析，并运用ArcGIS、Excel等数据处理工具对数据进行清洗、整理、存储，形成多尺度、多时间段的数据库。其中，宏观尺度数据库主要包括成渝地区1980年、1990年、2000年、2010年、2020年的土地利用与土地覆被变化（LUCC）遥感监测数据集，公开的2000年后的统计年鉴数据和网络采集的路网数据、POI数据等；微观尺度数据库主要包括典型样本县（市、区）的国土变更调查、县（市、区）区县统计年鉴、相关规划资料、矢量路网、POI等数据，其中国土变更调查数据最为关键，本书收集了三个典型县（市、区）中795个乡村聚落的2012年和2018年土地利用现状调查数据，并作为空间重构分析的基础。

第二，乡村聚落转型重构阶段分析。基于ArcGIS平台的空间分析工具，采用空间合并、空间叠加与消除、空间规模变化统计、空间利用转移矩阵等分析方法，对1980年以来成渝地区乡村聚落的演化进程进行分析，并将分析后的空间数据按照141个县（市、区）单元进行统计，制作空间分布图，展示空间格局的时空演变特征。分析判断"成渝地区乡村聚落从演变到重构"，并在此基础上，对乡村聚落发展与转型特征进行分析。根据成渝地区整体演变特征的分析结果，对2000年后的成渝地区乡村聚落重构特征进行分析，通过运用乡村聚落重构指数模型对141个县（市、区）的经济、社会、空间重构特征分别进行测度，并综合形成整体重构特征，以及对比分析2000~2010年和2010~2020年两个时段的特征差异，判别聚落重构的时空规律与发展趋势。

第三，乡村聚落转型类型划分。通过文献研究归纳成渝地区乡村聚落功能转型的内部驱动因素和外部驱动因素，建构评价因子指标体系，运用聚类分析模型建立影响因素作用相似的空间聚类集群与类型，针对不同类型建立优势功能评价模型，进一步识别成渝地区

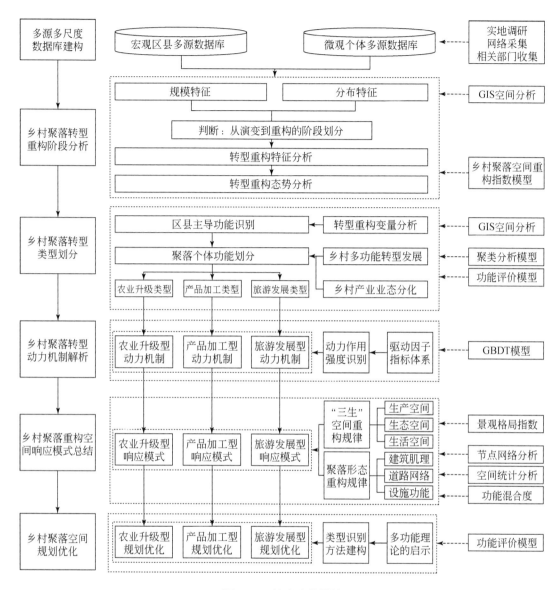

图 2.18 技术路线设计

县（市、区）的主导功能类型，同时结合理论总结与已有研究划分乡村聚落个体层面的类型，为不同类型县（市、区）和不同类型聚落个体类型划分奠定基础。

第四，乡村聚落转型动力机制解析。建构 795 个乡村聚落的驱动因子数据库，对乡村类型进行标记，并细化聚落个体层级的驱动力指标体系，与类型进行匹配，运用机器学习算法中的梯度提升决策树（GBDT）模型对类型和动力进行学习分类，并总结动力因素的作用强度差异，在此基础上对农业升级、产品加工和旅游发展的不同类型聚落重构动力机制进行剖析。

第五，乡村聚落重构空间响应模式总结。选取具有空间重构典型性的 15 个案例样本，分别针对重构前后的"三生"空间及聚落形态空间要素进行分析提取。"三生"空间层面，采用景观格局指数，对村域的用地转化、生活空间优势度、生产空间规整度和生态空间连续性进行测度；聚落形态层面，采用平均距离计算解析建筑肌理变化，采用拓扑网络分析和道路密度测度道路网络变化，计算功能混合度来反映聚落重构前后的设施功能变化，并在此基础上总结形成农业升级、产品加工与旅游发展三种类型的空间重构响应模式。

第六，乡村聚落空间规划优化。以成渝地区乡村聚落空间功能转型类型划分、影响因素与作用机理、重构规律模式为基础，探索多重动力影响下聚落空间重构模式、可持续发展路径以及规划优化方法，采用功能评价模型建构乡村聚落类型识别的流程化方法，提炼适应不同功能类型的差异化发展策略。

第3章 | 成渝地区乡村聚落转型重构的特征与态势

作为传统农业地区，成渝地区的三大空间中，农业空间和生态空间所代表的乡村地区占比高达96%①。经历了改革开放后的"包产到组"、家庭联产承包责任制、村镇企业兴起、城镇化进程加速等不同阶段的演变过程，同时城市居民的物质和精神需求不断提升，乡村的价值不断被挖掘，乡村聚落逐渐转型发展，以适应人民日益增长的需求。因此，科学认识成渝乡村地区发展的基本情况和重构的基本特征，对于促进乡村聚落合理转型、资源保护利用、生态环境治理以及健康可持续发展具有现实意义。本章以成渝地区141个县（市、区）为研究对象，从宏观区域角度对1980年以来乡村聚落空间演变进行分析，划分成渝地区乡村聚落发展与转型的阶段，并在此基础上对重构的特征进行测度，建立对聚落发展的区域特征与发展趋势的客观认知。

3.1 1980年以来的城乡格局演变分析

3.1.1 数据来源说明

对成渝地区的空间发展情况进行分析，掌握该地区的时空发展脉络。通过收集中国科学院资源环境科学与数据中心公开的1980年、1990年、2000年、2010年和2020年五个时期的中国土地利用与土地覆被遥感监测数据集（CNLUCC）[106]，对改革开放以来成渝地区建设用地面积的变化情况进行整理分析（图3.1～图3.5）。该数据根据土地利用属性，共分为两级地类，一级分类包括耕地、林地、草地、水域、建设用地和未利用地6类；二级分为23个类型，其中建设用地可细分为城镇用地、农村居民点和其他建设用地3个二级类。为了更加清晰地判断成渝地区空间的变化，对用地分类按照"三生"空间进行整理，将一级类中的耕地划分为"农业空间"，林地、草地、水域整合为"生态空间"，建设用地整合为"聚落空间"，未利用地则统一为"其他空间"。

3.1.2 规模特征：农业、生态空间持续减少

通过梳理统计1980年、1990年、2000年、2010年和2020年的空间利用情况，可以发现成渝地区的空间规模演化特征呈现出聚落空间不断压缩农业与生态空间的整体趋势

---

① 资料来源：《成渝地区双城经济圈国土空间规划（2021–2035年）》。

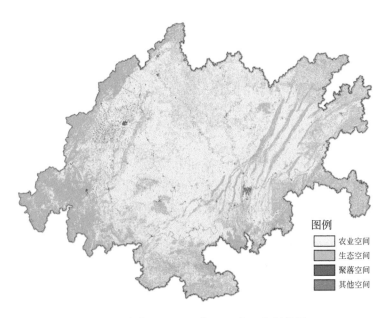

图 3.1　成渝地区 1980 年"三生"空间格局

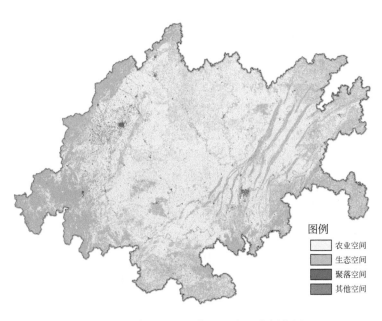

图 3.2　成渝地区 1990 年"三生"空间格局

（表 3.1）。在 40 年间，农业空间和生态空间呈减少趋势，分别从 11.84 万 km²、6.43 万 km² 减少至 11.38 万 km²、6.36 万 km²，而聚落空间和其他空间呈增长趋势，从 2159km²、108km² 上升至 7397km² 和 238km²。从不同时间段的变化幅度来看，2000～2010 年是各项用地转化的最高峰，其中农业空间减少 1.50%，生态空间减少 0.55%，聚落空间和其他空间分别增长 66.51% 和 67.22%；其次是 2010～2020 年，除农业空间降幅持续增加达到

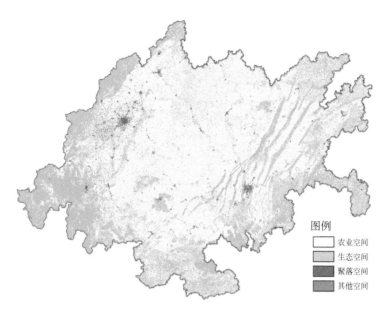

图例
农业空间
生态空间
聚落空间
其他空间

图 3.3　成渝地区 2000 年 "三生" 空间格局

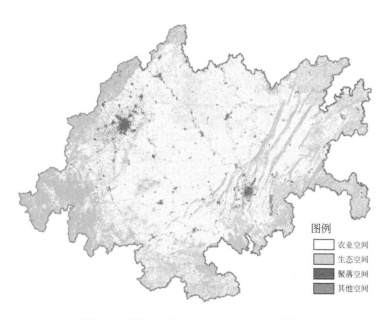

图例
农业空间
生态空间
聚落空间
其他空间

图 3.4　成渝地区 2010 年 "三生" 空间格局

1.77% 外，其他三类空间变化趋势有所放缓，生态空间、聚落空间和其他空间的变化分别为 -0.48%、45.90%、12.55%。而 1980～1990 年和 1990～2000 年两个时间段的空间变化相对不明显，后者相较于前者空间变化幅度更大。

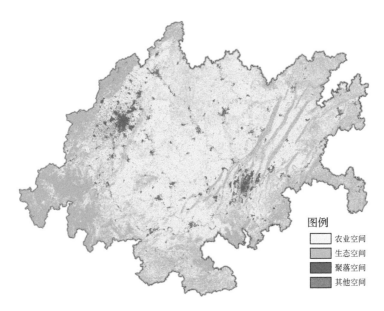

图例
□ 农业空间
□ 生态空间
■ 聚落空间
■ 其他空间

图 3.5　成渝地区 2020 年"三生"空间格局

表 3.1　成渝地区 1980～2020 年空间利用情况

年份	利用情况	农业空间	生态空间	聚落空间	其他空间
1980	面积/km²	118 410.1	64 291.9	2 158.9	108.0
1990	面积/km²	118 212.5	64 273.4	2 353.2	129.7
	较前期变化/%	−0.17	−0.03	9.00	20.09
2000	面积/km²	117 565.0	64 232.5	3 044.8	126.3
	较前期变化/%	−0.55	−0.06	29.39	−2.62
2010	面积/km²	115 803.4	63 881.4	5 069.9	211.2
	较前期变化/%	−1.50	−0.55	66.51	67.22
2020	面积/km²	113 757.9	63 573.3	7 397.0	237.7
	较前期变化/%	−1.77	−0.48	45.90	12.55

　　通过统计四个时间段的土地利用转移数据，分析不同用地之间的转化情况（表 3.2）。就农业空间而言，以转为生态空间和聚落空间为主，2000～2010 年分别转出 2037.1km² 和 1978.4km²，2010～2020 年则达到 4124km² 和 2677.7km²，农业空间大规模转为生态空间体现了"退耕还林"政策引导的结果。生态空间则主要转为农业空间，四个时间段分别有 80.5km²、174.9km²、2188km²、4244.8km² 的生态空间转为农业空间，少量转化为聚落空间和其他空间。聚落空间持续性转入，且呈增加趋势，以农业空间转为聚落空间为例，从 1980～1990 年的 192km² 开始，随后三个时段分别为 672.2km²、1978.4km²、2677.7km²；对于聚落空间转出而言，主要是在 2010～2020 年分别有 525.5km² 和 88.9km² 转为农业空间和生态空间，这与 2010 年后实施的"建设用地增减挂钩""宅基地复垦"政策密切相

关，农村建设用地的大规模退出，为农业空间和生态空间的转入创造了条件。其他空间在成渝地区为比例较少的用地类型，变化不显著。

表 3.2　成渝地区 1980~2020 年土地利用转移矩阵　　　　（单位：km²）

空间类型		时段	转入				
			农业空间	生态空间	聚落空间	其他空间	共计
转出	农业空间	1980~1990 年	118 128.9	88.7	192.0	0.5	118 410.1
		1990~2000 年	117 382.0	158.1	672.2	0.0	118 212.3
		2000~2010 年	113 543.7	2 037.1	1978.4	5.3	117 564.5
		2010~2020 年	108 982.2	4 124.0	2677.7	7.8	115 791.7
	生态空间	1980~1990 年	80.5	64 184.5	3.6	23.3	64 291.9
		1990~2000 年	174.9	64 070.1	28.3	0.0	64 273.3
		2000~2010 年	2 188.0	61 767.2	181.0	94.0	64 230.2
		2010~2020 年	4 244.8	59 335.2	262.8	20.3	63 863.1
	聚落空间	1980~1990 年	1.2	0.1	2 157.5	0.0	2 158.8
		1990~2000 年	8.1	0.8	2 344.3	0.0	2 353.2
		2000~2010 年	70.9	63.4	2 910.2	0.3	3 044.8
		2010~2020 年	525.5	88.9	4 455.3	0.2	5 069.9
	其他空间	1980~1990 年	2.0	0.1	0.0	105.9	108.0
		1990~2000 年	0.0	3.4	0.0	126.3	129.7
		2000~2010 年	0.7	13.7	0.3	111.6	126.3
		2010~2020 年	5.5	25.1	1.1	179.2	210.9

聚落空间的持续性增长对成渝地区的乡村聚落空间产生了剧烈影响。因此，对建设用地进一步分析，成渝地区 1980~2020 年建设用地面积实现了大幅度、持续性的增长。在 40 年间，建设用地总面积从 2159km² 增长至 7397km²，增幅为 243%。农村居民点用地面积从 1501km² 增长到 2320km²，增长了 54.6%，增幅低于同期的城镇建设用地面积和其他建设用地面积的增幅（表 3.3）。可以看出，在改革开放后的 40 年间，成渝地区依然处于城镇化快速发展的阶段。

表 3.3　1980~2020 年成渝地区建设用地面积统计　　　　（单位：km²）

项目	1980 年	1990 年	2000 年	2010 年	2020 年
城镇用地	543	692	1071	2064	2662
农村居民点	1501	1538	1797	2139	2320
其他建设用地	115	123	176	867	2415
建设用地总计	2159	2353	3044	5070	7397

分时段来看，1980~1990 年建设用地增长较为缓慢，总体建设用地增幅为 9.00%；

1990～2000 年，增速加快，达到 29.39%（表3.4）。进入 2000 年后，建设用地的增量快速增加，整体增长幅度达到 66.51%，三类用地的增幅均在此期间达到最高值，其中城镇用地、农村居民点和其他建设用地增幅分别达到 92.65%、19.00%、392.68%。2010～2020 年，建设用地增速较前十年有所放缓，但整体增长幅度依然较高，达到 45.9%，农村居民点用地在此期间增速放缓到 8.47%，说明成渝地区在 2010 年后农村的自发无序建设有所放缓，"建设用地增减挂钩""地票"等制度调控起到了关键作用。

表 3.4　1980～2020 年成渝地区建设用地增长率　　　　　　（单位：%）

时段	1980～1990 年	1990～2000 年	2000～2010 年	2010～2020 年
城镇用地	27.40	54.87	92.65	28.96
农村居民点	2.48	16.85	19.00	8.47
其他建设用地	7.26	42.95	392.68	178.52
建设用地总计	9.00	29.39	66.51	45.90

3.1.3　分布特征：单核驱动转向双城联动

对成渝地区 1980～2020 年的建设用地增长情况进行统计分析（图3.6）。采用 ArcGIS 的栅格计算功能，对 1980～1990 年、1990～2020 年、2000～2010 年和 2010～2020 年增长的聚落空间进行处理，得到四个时段的建设用地增长空间的分布情况。

按照各县（市、区）对四个时段增长的建设用地进行统计分析，可以清晰地看出不同时期的建设用地增长分布情况（图3.7）。1980～1990 年，建设用地增长主要集中于成都平原地区，包括成都市、德阳市、绵阳市等地，这与成渝地区的政策引导和用地条件密切相关。1990～2000 年，除成都市周边依然是建设的重点地区外，重庆市周边，以渝北区、万州区为代表的川东地区也进入了建设用地快速增长的时期，这与 1997 年重庆市直辖的关系较大，由原来的成都首府单核，逐渐扩展为成渝双核。2000～2010 年，则形成了更加明显的成都市、重庆市主城区两大用地增长的空间核心。2010～2020 年，依然持续了该态

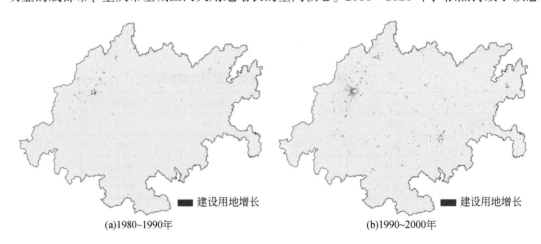

(a)1980～1990 年　　　　　　　　　　　　　　　　(b)1990～2000 年

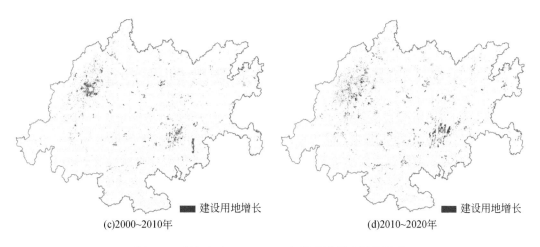

(c)2000~2010年   ■ 建设用地增长   (d)2010~2020年   ■ 建设用地增长

图 3.6 成渝地区 1980～2020 年的建设用地增长情况

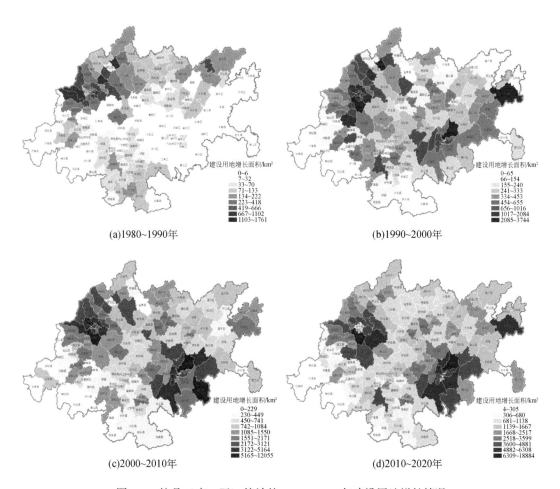

图 3.7 按县（市、区）统计的 1980～2020 年建设用地增长情况

势，但是在"成渝双城经济圈"的带动下，成都逐渐向东、重庆逐渐向西的建设态势开始显现。

3.2　阶段特征：从自发演变到剧烈重构

分析 1980～2020 年成渝地区"三生"空间变化可以发现，成渝地区乡村聚落空间重构主要发生在 21 世纪初。因此，成渝地区乡村聚落的发展演变大致可以分为三个阶段，分别是：2000 年以前的自由发展阶段、2000～2010 年的重构起步阶段以及 2010 年以后的重构提升阶段（图 3.8）。在自由发展阶段，整体变化较为缓慢，空间变化不显著；在重构起步阶段，"三生"空间发生了剧烈变化，不同类型的空间变化幅度均呈明显上升趋势；在 2010 年后的重构提升阶段，空间变化的幅度减小，更加注重重构的质量。

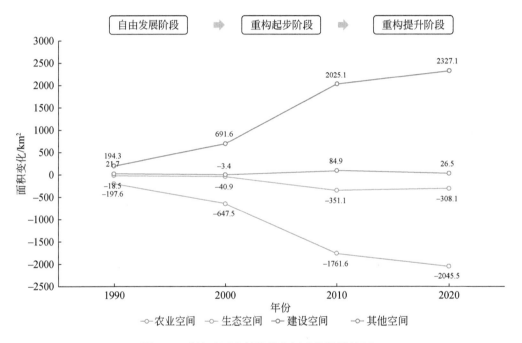

图 3.8　成渝地区乡村聚落空间重构阶段特征

3.2.1　2000 年以前：自由发展阶段

1978 年后，四川乡村地区（包括重庆）实施了家庭联产承包责任制，并在一些村社进行了包干到小组和农户的改革。这一做法解放了农村的生产力、激发了农业生产的积极性，迅速推动了乡村产业在较高层次上的快速发展，同时也带来了农、林、牧、副、渔等多种生产方式的齐头并进。但在小农经济的影响下，该阶段的乡村聚落空间特征表现为居民点规模普遍较小，分布相对分散和零散，土地资源利用效率低下，基础设施建设水平普遍比较低（图 3.9）。

图 3.9　自由发展阶段的乡村聚落（永川 1999 年）

资料来源：永川区档案馆

　　2000 年以前成渝地区的传统乡村均是以农业生产为主导，现代农业、加工产业、乡村旅游等产业形态尚未介入，因此大部分聚落是以耕作范围、交通条件和地形条件为主进行自发式建设。在平原、丘陵、山地条件下，成渝地区形成了三种不同的传统聚落布局形式：盆西平原的林盘组团式，川东、渝西丘陵的沿路线性式，以及山地条件下的散点分布式（表 3.5）。

表 3.5　成渝地区自由发展阶段的乡村聚落特征

地形	形态特征	典型空间示例	
平原	林盘组团式聚落形态	四川省成都市崇州市隆兴镇徐家渡林盘	四川省成都市崇州市道明镇龙黄村
丘陵	沿路线性式聚落形态	四川省成都市简阳市江源镇月湾村	重庆市永川区板桥镇高洞村

地形	形态特征	典型空间示例
山地	散点分布式 聚落形态	 四川省成都市龙泉驿区柏合街道桂花村　　　　　重庆市永川区南大街街道黄瓜山村

盆西平原的林盘组团式分布。由于平原地形条件、池塘灌溉体系及传统农耕生产方式的影响，乡村聚落呈散居状态，形成了林盘组团式分布的特点。传统的林盘多为以家族血缘为纽带形成的聚居场所，在最初的选址落户后，由于儿子长大成家后分家，通过就近宅基地申请、分户建宅，形成既相互独立，又相互联系的林盘组团，这些聚落与田地、乔木、竹林、溪流有机融合，形成了一种类似于棋盘耕地上分布的绿岛网络式农居形态，因此构成了成都平原独特的乡村景观。

盆中丘陵的沿线排列式分布。在川东、渝西的丘陵地区，20 世纪 80 年代、90 年代，由于居住条件普遍较差，成渝地区便兴起了农村自建房的现象。在"分户""申请宅基地"等政策的影响下，同时由于交通体系不完善、基础设施配套不足，能够审批下宅基地的村民通常会选址于地势平坦、临近道路的地方，导致如今大多数成渝地区的传统乡村依靠道路延伸式发展。

山地地区的多点散居式分布。长期以来，成渝地区小农经济占据着主导地位，加上山地条件下道路交通不畅、耕作不便，导致耕作半径较小，同时由于缺乏合理的布点与发展建设规划以及必要的建设管理，因此在聚落建设方面村民首先考虑的是生产的便捷性，一般以靠近承包地为首要原则，采用自发式和无序式的方式对住宅进行选址建设，存在很大的随机性，导致该地区聚落规模偏小、分布分散等特点。

3.2.2　2000~2010 年：重构起步阶段

1）用地集约导向的转型升级

进入 21 世纪后，随着国家逐渐开始重视乡村地区发展，成渝地区开始探索以集约土地为导向的乡村转型新路径。2003 年，国家确定了走中国特色农业现代化道路的基本方向，并相继出台了多个指导"三农"工作的政策文件。其中，"建设用地增减挂钩"政策，对于乡村地区的功能转型和空间重构产生了深远的影响。2004 年，国务院发布《关于深化改革严格土地管理的决定》，提出鼓励土地整理，建议实行"城乡建设用地增减挂钩"政策。在此政策的推动下，成都市率先提出统筹城乡、推进城乡一体的发展思维转向，并开始探索以"三集中"为核心的城乡统筹路径。据统计，在"三集中"政策的指导下，"工业向集中发展区集中"将原先散乱的 116 个工业园区整合为 21 个工业集中发展区，集中度达到了 63.5%。"土地向适度规模经营集中"采取转包、租赁、入股等形式实施规模经营 230 余万亩，培育规模以上龙头企业超过 600 家，农民专业合作经济组织超过 1900 个。在"农民向城镇集中"的方面，政策遵循"宜聚则聚，宜散则散"的原则，引导农民集中居住和改变生产生活方式，新建城乡新型社区 602 个，总面积达到 2503 万 m²，并入住 38.5 万人，城镇化率显著提高，达到了 63.0%[107]（图 3.10）。

图 3.10　2006 年实施土地整理的成都市新津县袁山村（现为新津区袁山社区）
资料来源：《四川省村庄建设规划设计方案图集》

2） 土地制度改革奠定转型升级基础

2007 年，重庆市和成都市获批全国统筹城乡综合配套改革试验区，为落实这一重大战略，重庆市和成都市明确了从体制机制入手，探索城乡要素流动的长效机制，从而奠定土地、资金、人口等基本要素的转型升级制度保障。两市以土地制度改革为突破口，在农村产权制度、城乡规划、耕地保护、公共服务一体化、生产要素自由流动、基层治理等重点改革领域取得了突破。2008 年 12 月 4 日，重庆市设立农村土地交易所，开启了跨区县交易土地指标的地票制度改革试验；2011 年，成都市建立了以"持证准用"为核心内容的建设用地指标交易制度。截至 2015 年，重庆市累计交易地票 16 万亩、310 亿元，惠及农户 19 万户[108]；成都市共成交建设用地指标 3.45 万亩，成交总金额 100 多亿元[109]。

在土地制度改革过程中，重庆通过"地票"制度，有力地支持了新农村建设，"地票"有效解决了新农村建设的资金难题，通过将农村闲置宅基地复垦与农村危旧房改造、地质灾害避险搬迁、高山生态扶贫搬迁等工作有机结合并共同推进，达到了"一票"带"三房"的效果[110]。2008 年重庆市开启"巴渝新居"工程，建设 1500 个包括 15 万户的农民新村，将新居建设与土地流转和集约利用相结合[111]。四川省成都市、德阳市、绵阳市等地在灾后重建的背景下，结合建设用地指标交易制度，对用地集约化、配置完善化的新型乡村社区进行了探索。与此同时，2008 年国务院高度重视汶川地震灾后重建工作，发布《汶川地震灾后恢复重建总体规划》，在灾后重建的四年里分两个阶段共完成农居重建近 146 万户[112]（表 3.6）。

表 3.6　2008～2010 年成渝地区新村建设

地区	重庆地区	四川地区
模式	"一票"带"三房"	灾后重建
成效	2010 年，重庆市各区县（自治县）制定康居点建设计划 501 个，巴渝新居集中建设 3 万户[113]	重建的第一阶段到完成规划重建的 126.3 万户农居；第二阶段新增完成 19.6 万户农村住房重建
示例	 重庆市九龙坡区白市驿镇清河康居点  重庆市丰都县虎威镇红岩村巴渝新居	 成都市都江堰水泉村灾后重建  德阳市什邡市下院村灾后重建

3）乡村新型业态开始出现

同时，进入 21 世纪后，成渝地区以乡村旅游为代表的新型业态也开始出现，对乡村聚落的空间形态与环境品质起到了促进作用。借助丰富的生态资源、突出的地域特色，成渝地区的乡村开始打造吸引城市人群的空间载体。以成都市的一些乡村为例，这些社区自主组织并形成了以"农家乐"为主要特色的乡村旅游发展模式，这种模式在广大成都及全国范围内取得了良好的社会和经济示范效应。值得一提的是，2003 年成都市锦江区提出了"五朵金花"的计划（图 3.11），该计划代表了第一代乡村旅游型村庄，集休闲观光和农业业态于一身，该模式成为成渝地区广受欢迎的学习对象[114]。

3.2.3　2010～2020 年：重构提升阶段

1）业态多元发展与品质升级

到 2010 年左右，基于汶川地震、芦山地震的灾后重建经验，以及国家激发乡村多功能性的政策不断推进，成渝地区乡村聚落转型与重构的品质不断提升，向多元化、体系化

| 乡村田园风光 | 荷花池景色 | 农家乐外部景观 |
| 农家乐内庭1 | 农家乐内庭2 | 农家乐内庭3 |

图 3.11 "五朵金花"引领成都市乡村旅游发展[115]

的乡村产业发展。从农产品加工的发展来看，重庆市的农产品加工发展在成渝地区较为领先，2018 年重庆农产品加工业总产值为 2810.56 亿元，与农业总产值比为 1.45:1，与 2013 年相比，提高了 29.8%；至 2020 年，农产品加工业总产值进一步增加到 3163.14 亿元，与农业总产值比提高到 1.5:1[116]。从乡村旅游业态来看，2010 年后成渝地区的乡村旅游发展进入快车道，2016 年重庆市实现乡村休闲旅游业经营收入 349 亿元、接待游客 1.52 亿人次、游客人均消费水平 230 元；2020 年实现乡村休闲旅游业经营收入 658 亿元、接待游客 2.11 亿人次，分别增长了 88.5%、38.8%、35.8%[117]；四川省 2020 年实现乡村旅游总收入 3637 亿元，接待游客 4.66 亿人次，其中成都区域乡村旅游收入达到 1400 多亿元，乡村旅游已成为农户增加收入的主要来源[118]。此外，乡村旅游业态不断创新，从传统采摘农家果、吃农家饭、住农家屋，拓展到观光采摘体验游、研学旅行游、特色民宿、休闲农庄、乡村酒店旅游业态、文化旅游业态等更为丰富的体验型旅游业态。此外，在多元业态发展过程中，由于生活水平的提升、需求的升级，乡村旅游品质不断提升，文化内涵不断丰富，同时与文化教育、健康养生、信息技术等产业要素融合，促使乡村休闲旅游产品品类不断丰富（图 3.12）。

| 民宿度假(永川区黄瓜山村) | 乡村休闲(沙坪坝区三河村) | 乡村餐饮体验(铜梁区西来村) | 茶叶生产加工(永川区石笋山村) |

文化休闲(崇州市龙黄村)　　乡村度假(大邑县五星村)　　文化活动(彭州市柒村)　　豆瓣加工(郫都区战旗村)

图 3.12　成渝地区乡村多功能业态发展

2）规划导控体系不断完善

此外，在乡村聚落不断转型重构过程中，成渝地区逐步建立技术规范体系来进行规划设计导控，使成渝地区乡村聚落的转向发展进入到品质提升阶段。其中，成都市的乡村规划政策标准发展较为领先，且不断体系化（图 3.13）。2008 年，成都市在统筹城乡发展试验区建设和灾后重建基础上，提出包括发展性、相融性、多样性和共享性的规划原则，其中发展性和多样性保障了功能的多元发展与空间的适应性匹配。同年，发布《成都市社会主义新农村规划设计技术导则（试行）》和《城镇及村庄规划管理技术规定（试行）》，明确了包括乡村建设用地、公共服务设施、基础设施、建筑形态等规划配置的要求和建设标准；2011～2012 年全面推进社会主义新农村建设，颁布《成都市社会主义新农村规划建设技术导则》，遵循"集中、集约、多样、开放"的原则，对乡村业态、生态、文态、形

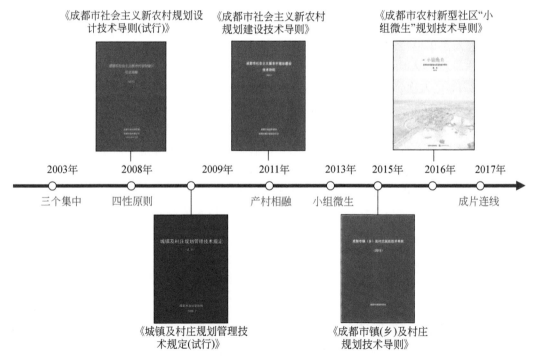

图 3.13　成都市乡村规划政策标准发布时序图

态进行统一考虑[119]；2013 年后，结合"4·20"芦山地震科学重建和美丽新村建设，开始探索多功能发展导向下的"小规模、组团式、微田园、生态化"的聚落建设模式，并分别出台《成都市镇（乡）及村庄规划技术导则》《成都市农村新型社区"小组微生"规划技术导则》，形成"管理技术规定—编制办法—技术导则"的规范标准体系。

以郫都区青杠树村为例，该村于 2012 年 6 月开始按照"小规模、组团式、微田园、生态化"的规范导则要求，统筹推进新村建设、产业培育、公共配套、环境优化和社会治理（图 3.14）。在土地整治和基本农田保护的支持下，将散乱分散的集体建设用地进行集中复垦，形成更为聚集的配套完善的现代型聚落。在乡村产业方面，以生态农业为基础、农家旅游为配套的功能转型为思路，发展乡村休闲旅游产业，打造乡村慢生活体验区。目前，已经修建了集中停车区、景观牌坊、游客中心、农耕博物馆、生态湿地公园等乡村旅游景点，并且开展了一系列特色活动来吸引游客。到 2018 年，青杠树村每天能接待 3000 余人次，带动当地就业 800 余人，农户总增收达 600 万元。

| 空间格局优化 | 古法榨油坊 | 特产销售中心 | 乡村餐饮体验 |

| 基本农田保护 | 乡村体验休闲 | 人居环境优化 | 旅游服务设施 |

图 3.14 成都市郫都区青杠树村

3）建设用地的"精明收缩"转变

随着乡村建设规范导则逐步完善，成渝地区的乡村聚落空间整体从"增量发展"过渡到"精明收缩"的历史性转变，村庄建设用地从 2016 年的 10974km^2 下降至 2017 年的 9789km^2（图 3.15）。同时，乡村建设由传统的"住房增量"转向"设施增量"，更加注重乡村聚落建筑功能的多样性与人居环境空间品质。在 2017 年以前，成渝地区的乡村建设以住房为主，进入 2017 年后，住宅建筑面积与用地面积呈现相同下降趋势；同时，政府加大了公共建筑和生产性建筑的投入，公共建筑与生产性建筑的面积"激增"，更加注重服务品质与生产设施的配套建设①（图 3.16）。

_____

① 由于 2000 年以来成渝地区的区县行政区划调整以及统计口径存在差异，故采用四川省、重庆市统计数据来对此部分进行说明。

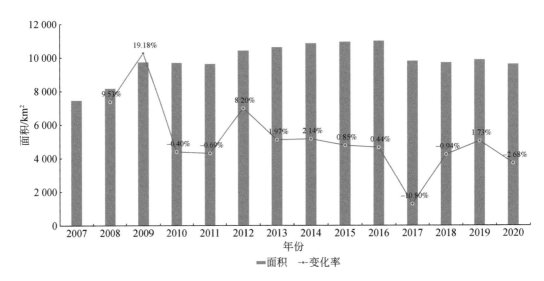

图 3.15　川渝村庄用地面积变化（2007～2020 年）

资料来源：根据《中国城乡建设统计年鉴》（2007～2020 年）整理

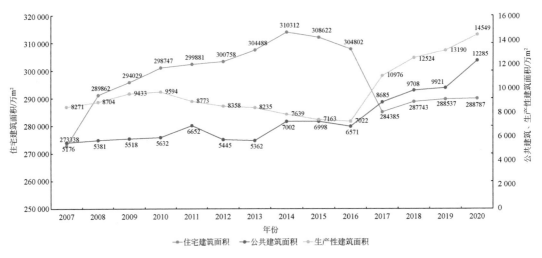

图 3.16　川渝地区村庄建筑面积统计（2007～2020 年）

资料来源：根据《中国城乡建设统计年鉴》（2007～2020 年）整理

4）基础设施完善程度不断提升

成渝地区交通服务覆盖不足、运输联通性较弱、运输服务质量不优等问题是制约乡村地区转型重构的重要限制性因素[120]。因此，成渝地区在党的十八大以来大力推动基础设施建设，交通体系逐步完善，统筹推进干线铁路、高速公路和长江水道的多层次对外联系通道，交通连通率与覆盖水平显著提升，有力支撑了经济社会发展，直接推动了成渝地区乡村聚落重构。以铁路交通为例，根据刘想等[121]对成渝地区 2007～2020 年的铁路客运网络时空格局分析结果，可知地区内部平均可达性由 268.24min 降至 110.6min，降幅达 58.8%（图 3.17）；铁路客运联系总量增长近 6 倍。交通设施的改善，促进了城乡之间的人口、经济乃至土地要素的相互流通（图 3.18）。

图 3.17　成渝地区铁路交通可达性与客运联系的变化（2007 ~ 2020 年）
资料来源：根据参考文献 [121] 整理

图 3.18　成渝地区客运联系变化（2007 ~ 2020 年）
资料来源：根据参考文献 [121] 整理

3.3　2000 年以后的重构特征测度

由前文乡村聚落发展阶段的梳理可知，成渝地区乡村转型与重构基本上始于 2000 年以后，因此本节针对 2000 年后的乡村聚落空间重构特征，建构乡村聚落空间重构指数模型（rural settlement space reconstructing index），定量化测度成渝地区乡村聚落重构的社会、经济和空间特征，进一步剖析乡村聚落空间重构的过程和状态。

3.3.1　测度方法与指标体系

1）测度模型建构

经过对前文研究进展的梳理可知，通过聚落规模时空演化、景观格局变化、土地利用转换、空间重构指数等方式对空间重构的特征进行量化分析，成为考察一个地区乡村转型发展程度的主流方向。其中，乡村聚落空间重构指数模型（rural settlement space reconstructing index model）考虑了乡村的社会人口变迁、经济结构转换、空间集聚程度等一系列表征数据，是一种较为综合反映乡村重构进程和阶段的测度方式[122]。例如，李洪波等[11]通过社会经济数据、土地变更调查数据等，构建乡村聚落空间重构指数，测度了苏南地区 19 个单元的重构状态，并划分为重构的初级阶段、中级阶段和高级阶段 3 个层次；李和平等[17]引入乡村聚落空间重构指数，选取了乡村人口密度、城镇化率、耕地变化速率在内的 8 个指标，测度了重庆市乡村聚落的经济重构、社会重构和空间重构状态。

因此，采用该指数模型对空间重构的特征进行量化描述，运算方式采用线性加权和法进行构建，具体如下：

$$RSSRI = \sum_{i=1}^{n} w_i S_i \qquad (3.1)$$

式中，RSSRI 为乡村聚落空间重构指数；S_i 为指标 i 标准化的值；w_i 为指标 i 的权重；n 为指标数量。该指数数值越高表明其聚落空间重构程度越大，重构状态特征越明显；反之，则重构程度越小。

由于各个指标的量纲不同，采用极值法对各指标采用 min-max 标准化处理，其中城镇化率变化、地均生产总值变化、农业产出效率变化、建设用地占比变化属于正向指标：

$$S_i = \frac{X_i - X_{min}}{X_{max} - X_{min}} \qquad (3.2)$$

乡村人口密度变化、人均耕地面积变化属于负向指标，需要将负向指标转为正向指标，并使结果落到［0，1］：

$$S_i = \frac{X_{max} - X_i}{X_{max} - X_{min}} \qquad (3.3)$$

式中，S_i 为各指标标准化值（无量纲），取值区间为［0，1］；X_i 为第 i 指标数值；X_{min} 为该指标的最小值；X_{max} 为该指标的最大值。

2）指标体系建构

乡村聚落的转型发展体现在社会、经济以及空间等要素的变化中，聚落空间重构是经济发展、社会变迁和空间载体变化共同作用的结果，因此，乡村聚落空间重构评价指标体系应包含经济、社会、空间等多个维度。已有学者从不同角度建构乡村聚落空间重构状态测度的指标体系，李红波等[11]基于乡村发展水平，从经济、社会、空间利用三个维度提出十项指标测度乡村聚落空间重构状态；屠爽爽等[123]也从乡村系统要素变化的角度提出十项测度指标进行评价。

结合已有研究成果以及聚落空间重构的概念内涵，该指数需要综合反映乡村多功能转型发展的人口社会、经济水平、空间利用等方面的变化，综合考虑各县（市、区）的数据可获取情况，本章建立经济、社会和空间三个维度六项指标的评价体系。其中，社会维度包括城镇化率变化、乡村人口密度变化两项指标，经济维度包括地均生产总值变化、农业产出效率变化两项指标，空间维度包括人均耕地面积变化和建设用地占比变化两项指标。

各指标测度的内涵见表 3.7，同时权重采用专家意见得来。

表 3.7 乡村空间重构评价指标

维度	指标（权重）		指标含义	计算方法	属性
社会维度	城镇化率变化（0.152）	X1	反映城乡整体发展情况	（末期城镇化率–初期城镇化率）/初期城镇化率	正向
	乡村人口密度变化（0.213）	X2	反映乡村人口的变动情况	（末期乡村人口密度–初期乡村人口密度）/初期乡村人口密度；其中，乡村人口密度=乡村人口数/县域总面积	负向
经济维度	地均生产总值变化（0.092）	X3	反映经济发展水平的总体情况	（末期地均生产总值–初期地均生产总值）/初期地均生产总值；其中，地均生产总值=国内生产总值（GDP）/县域总面积	正向
	农业产出效率变化（0.198）	X4	反映农业经济的发展情况	（末期农业产出效率–初期农业产出效率）/初期农业产出效率；其中，农业产出效率=农林牧渔业总产值/乡村从业人员数量	正向
空间维度	人均耕地面积变化（0.162）	X5	反映耕地资源的变化情况	（末期人均耕地面积–初期人均耕地面积）/初期人均耕地面积；其中，人均耕地面积=耕地面积/总人口	负向
	建设用地占比变化（0.183）	X6	反映聚落空间的变化情况	（末期建设用地占比–初期建设用地占比）/初期建设用地占比；其中，建设用地占比=建设用地面积/县域总面积	正向

3）数据来源说明

经济社会数据来源于 2000 年、2010 年、2020 年《重庆统计年鉴》《四川统计年鉴》，包含总人口数、城镇化率、乡村人口数量、地区生产总值、农林牧渔业总产值、县域总面积等相关数据；空间数据来源于 2000 年、2010 年、2020 年的中国土地利用/土地覆被变化遥感监测数据集，包括建设用地面积（城镇用地、农村居民点用地、其他建设用地）、耕地面积（旱地和水田）两项数据。

《成渝地区双城经济圈国土空间规划（2021–2035 年）》所划定的范围共涉及重庆地区 30 个县（市、区）以及四川地区 113 个县（市、区），共计 143 个县（市、区）级行政区。但彭水县仅小部分位于成渝地区范围内，缺乏统计意义，以及自贡市自流井区的行政区划变化导致统计数据偏差，故不将这两区县纳入模型计算，最终整理形成 141 个县（市、区）2000 年、2010 年和 2020 年的基础数据（表 3.8 ~ 表 3.10）。计算时采用的是六项指标的变化量，即 2000 ~ 2010 年的变化量、2010 ~ 2020 年的变化量以及 2000 ~ 2020 年的变化量作为评价模型的输入值，将它们代入评价模型进行计算，综合测度成渝地区乡村聚落重构状态。

表3.8 各县（市、区）重构指标2000年数据处理

县（市、区）	城镇化率	乡村人口密度/（人/km²）	地均生产总值/亿元	农业产出效率/（元/人）	人均耕地面积/（km²/万人）	建设用地占比/%
安居区	0.21	611	110	2840	12.0	0.42
安岳县	0.08	524	113	2460	17.0	0.33
安州区	0.13	364	171	3625	12.8	0.77
巴南区	0.26	352	244	4588	16.4	1.53
北碚区	0.38	520	657	1953	7.8	3.08
璧山区	0.15	556	307	1667	11.3	1.70
成华区	0.80	955	7267	2867	0.8	58.53
崇州市	0.13	513	493	2613	8.1	10.54
船山区	0.10	629	932	2942	11.6	3.75
翠屏区	0.39	302	416	1958	17.0	1.55
达川区	0.11	493	157	2936	12.6	0.45
大安区	0.42	494	492	2865	6.2	3.47
大渡口区	0.70	655	3541	3014	2.6	21.90
大邑县	0.15	328	304	2805	8.2	6.98
大英县	0.10	676	183	2776	11.4	1.20
大竹县	0.11	438	173	3145	14.0	0.44
大足区	0.11	588	260	2817	13.7	1.10
丹棱县	0.10	317	113	2828	21.1	1.51
⋮	⋮	⋮	⋮	⋮	⋮	⋮

注：部分示例数据，或在标题中备注（示例）。

表3.9 各县（市、区）重构指标2010年数据处理

县（市、区）	城镇化率	乡村人口密度/（人/km²）	地均生产总值/亿元	农业产出效率/（元/人）	人均耕地面积/（km²/万人）	建设用地占比/%
安居区	0.07	601	411	7408	14.3	0.87
安岳县	0.11	528	459	5512	16.2	0.56
安州区	0.14	324	401	6761	14.5	1.76
巴南区	0.34	315	1330	6913	15.9	2.54
北碚区	0.49	428	2548	3977	7.5	5.98
璧山区	0.26	506	1934	5850	10.5	3.27
成华区	1.00	0	28433	568	0.4	74.67
崇州市	0.26	458	856	6060	7.1	13.92
船山区	0.49	584	1832	6834	6.7	7.59
翠屏区	0.46	289	1902	4862	15.6	2.28
达川区	0.17	498	578	5645	11.3	0.75

续表

县（市、区）	城镇化率	乡村人口密度 /（人/km²）	地均生产总值 /亿元	农业产出效率 /（元/人）	人均耕地面积 /（km²/万人）	建设用地占比/%
大安区	0.38	718	2294	4794	7.7	5.75
大渡口区	0.81	462	15911	5975	1.8	37.26
大邑县	0.37	254	609	6718	7.4	8.04
大英县	0.16	679	863	6016	10.4	2.45
大竹县	0.17	444	629	7217	12.8	0.83
大足区	0.20	551	921	2609	13.0	2.40
丹棱县	0.21	283	497	7658	20.4	2.48
⋮	⋮	⋮	⋮	⋮	⋮	⋮

注：部分示例数据，或在标题中备注（示例）。

表 3.10 各县（市、区）重构指标 2020 年数据处理

县（市、区）	城镇化率	乡村人口密度 /（人/km²）	地均生产总值 /亿元	农业产出效率 /（元/人）	人均耕地面积 /（km²/万人）	建设用地占比/%
安居区	0.34	380	1501	20486	16.0	2.01
安岳县	0.38	343	941	18278	17.5	0.81
安州区	0.53	176	1603	35277	14.5	2.72
巴南区	0.60	206	4780	16513	14.2	5.74
北碚区	0.69	263	8026	11691	6.6	12.89
璧山区	0.53	338	7467	12038	10.4	6.63
成华区	1.00	0	99593	1095	0.2	80.47
崇州市	0.48	291	3528	40751	7.6	15.65
船山区	0.83	234	7166	42669	5.6	13.53
翠屏区	0.65	236	6532	23798	12.4	5.26
达川区	0.47	285	1605	21902	12.5	1.54
大安区	0.53	531	4260	23120	7.9	7.28
大渡口区	1.00	0	26974	11614	1.2	46.32
大邑县	0.49	190	2259	53919	8.1	8.79
大英县	0.41	467	2530	23505	10.6	3.82
大竹县	0.44	276	1788	31838	13.9	1.21
大足区	0.48	403	4646	22566	11.2	4.86
丹棱县	0.44	211	1565	25494	19.5	2.84
…	…	…	…	…	…	…

注：部分示例数据，或在标题中备注（示例）。

| 61 |

3.3.2 社会维度：外围县（市、区）重构程度高于地市中心

针对城镇化率变化和乡村人口密度变化两项指标，按照加权总和的方式计算出成渝地区各县（市、区）的社会重构特征。从计算结果来看，社会重构分值在 0.045 ~ 0.241，所呈现的规律则是以各地级市的中心城区（重庆为主城）为核心，外圈层县（市、区）重构幅度较大（图 3.19）。例如，成都市的简阳、金堂等，重庆市的铜梁、江津、南川，绵阳市的安州、三台、梓潼，以及自贡市的富顺、宜宾市的叙州等外围县（市、区）的社会重构幅度均高于成都、重庆、绵阳、宜宾等中心城区。显示出这样规律的原因是，中心城区外围的县（市、区）的乡村人口受到成渝地区和地市中心城区的吸引，同时本身的城镇化率较低，具有较大幅度的增长空间，所以从变化幅度来看，这些县（市、区）的社会重构幅度会更大。

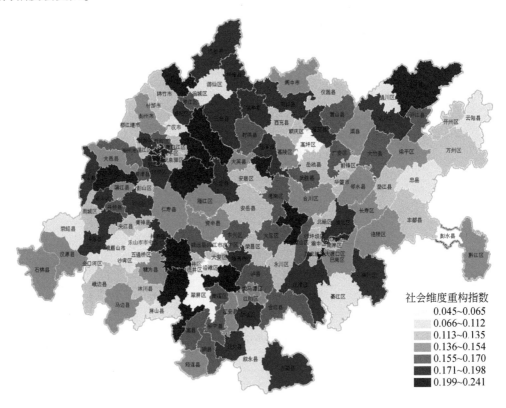

图 3.19　成渝地区社会重构空间格局特征

3.3.3 经济维度：成都平原、川南与渝西地区重构剧烈

从地均生产总值变化和农业产出效率变化两项指标来分析成渝地区的经济重构情况，141 个县（市、区）经济重构分值介于 0.011 ~ 0.213（图 3.20）。首先较为明显的特征是

以成都市、重庆市主城区为"支点",连线上的县(市、区)经济重构幅度明显高于其他地区,如成都市周边的什邡市、广汉市、金堂县等,以及靠近重庆主城区的永川区、合川区、潼南区、安岳县和安居区等。此外,川南的经济重构高值县(市、区)明显多于北部,以宜宾市翠屏区、内江市市中区、峨眉山市区、乐山市五通桥区等南部城区为主,它们产生较为强烈的经济重构。

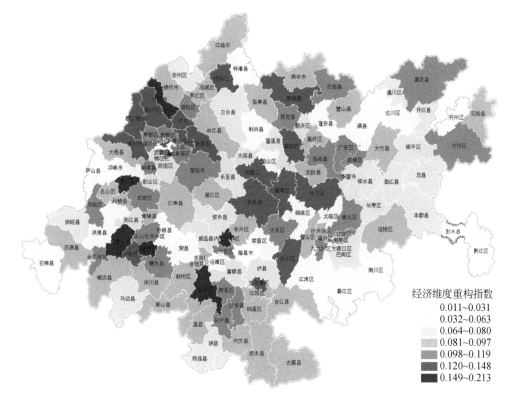

图 3.20 成渝地区经济重构空间格局特征

3.3.4 空间维度:都市圈与局部中心剧烈重构

针对人均耕地面积变化和建设用地占比变化两项指标,计算成渝地区空间重构的分值分布情况,计算结果在 0.028 ~ 0.298(图 3.21)。其所呈现的规律是以成渝两大核心为主,其他地市则以中心城区为主,产生较为剧烈的重构特征。其中,重庆市中心城区周边的渝北区、沙坪坝区、大渡口区和巴南区是整个成渝地区空间重构最为剧烈的地区,其次成都-德阳-绵阳的经济走廊也体现出较强烈的重构特征;除了这两个核心地区外,遂宁市船山区、达州市通川区、重庆市万州区、泸州市龙马潭区等局部中心的空间重构分值也较高。

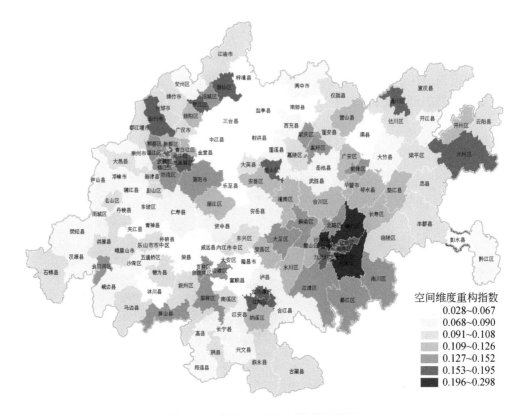

图 3.21　成渝地区空间重构格局特征

3.4　乡村聚落重构动态趋势分析

3.4.1　重构程度分析：传统农业区弱于都市区及周边

　　按照表 3.8 中的指标权重，对乡村聚落多功能转型带来的社会维度、经济维度和空间维度的重构指数进行叠加分析，计算出成渝地区 2000～2020 年综合重构数值（图 3.22 和表 3.11）。总体来看，141 个县（市、区）的重构指数存在较大差异，最大值为 0.601（渝北区），最小值为 0.259（荥经县）。重构得分高的县（市、区）依然是渝北区、锦江区、金牛区、武侯区等核心城区，成都市与重庆市在 20 年的快速发展过程中，这些区域发生了剧烈变化，基本实现了城镇化，乡村聚落空间产生了剧烈的变化，甚至消失；此外，在成渝两大中心城区之外，分值最高的为成都市简阳市、遂宁市船山、泸州市龙马潭区、成都市郫都区等城镇与乡村共同发展的区域，即表明乡村的重构与城镇的发展关系较为密切。可以看出，城镇化发展对于乡村聚落的重构起到了关键的推动作用，致使成渝地区乡村聚落的经济、社会、空间发生了较大的转型与重构。

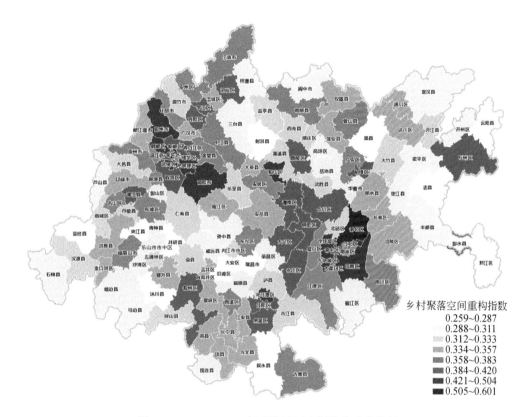

图 3.22　2000～2020 年成渝地区乡村聚落重构格局

乡村聚落空间重构指数
0.259～0.287
0.288～0.311
0.312～0.333
0.334～0.357
0.358～0.383
0.384～0.420
0.421～0.504
0.505～0.601

表 3.11　各县（市、区）重构指数 2000～2020 年标准化数据

县（市、区）	城镇化率	乡村人口密度	地均生产总值	农业产出效率	建设用地占比	人均耕地面积	重构指数	排名
渝北区	0.739	0.373	0.780	0.197	1.000	0.712	0.601	1
锦江区	0.041	1.000	0.161	1.000	0.085	0.845	0.584	2
金牛区	0.055	1.000	0.269	0.560	0.087	0.892	0.517	3
武侯区	0.058	1.000	1.000	0.079	0.075	0.990	0.504	4
江北区	0.098	0.768	0.743	0.201	0.364	0.768	0.478	5
简阳市	0.768	0.515	0.124	0.504	0.378	0.388	0.470	6
船山区	0.809	0.553	0.174	0.186	0.301	0.665	0.456	7
龙马潭区	0.419	0.402	0.404	0.466	0.401	0.596	0.449	8
沙坪坝区	0.114	0.477	0.721	0.113	0.729	0.640	0.445	9
郫都区	0.746	0.314	0.322	0.399	0.203	0.700	0.439	10
巴南区	0.564	0.294	0.504	0.137	0.832	0.400	0.439	11
彭州市	0.503	0.312	0.051	0.662	0.592	0.304	0.436	12
龙泉驿区	0.608	0.183	0.516	0.349	0.402	0.706	0.436	13
九龙坡区	0.420	0.298	0.824	0.140	0.507	0.631	0.426	14

续表

县（市、区）	城镇化率	乡村人口密度	地均生产总值	农业产出效率	建设用地占比	人均耕地面积	重构指数	排名
合川区	0.593	0.277	0.551	0.477	0.394	0.332	0.420	15
罗江区	0.692	0.235	0.149	0.419	0.585	0.356	0.416	16
宣汉县	0.719	0.431	0.143	0.487	0.262	0.336	0.413	17
潼南区	0.827	0.191	0.174	0.595	0.291	0.361	0.412	18
旌阳区	0.474	0.559	0.433	0.350	0.147	0.523	0.412	19
双流区	0.856	0.307	0.239	0.247	0.176	0.669	0.407	20

注：示例数据。

对141个县（市、区）的重构状态进行分级，进一步分析成渝地区乡村聚落重构的整体格局特征。通过自然断裂点法将141个单元划分为三个区段层次：重构剧烈、重构较剧烈和重构程度一般（图3.23）。其中，重构剧烈的县（市、区）包含21个，重构较剧烈的县（市、区）共62个，重构程度一般的县（市、区）共58个。从分级后的结果可以看出，成渝地区乡村聚落重构的整体特征较为明显：在2000年后的20年时间里，以成都市第二圈层的郫都区、龙泉驿区、简阳市和重庆主城区的渝北区、沙坪坝区、巴南区等经历了剧烈重构；其次是以成都市北部的绵阳、德阳地区以及成渝中部的资阳、大足、铜梁

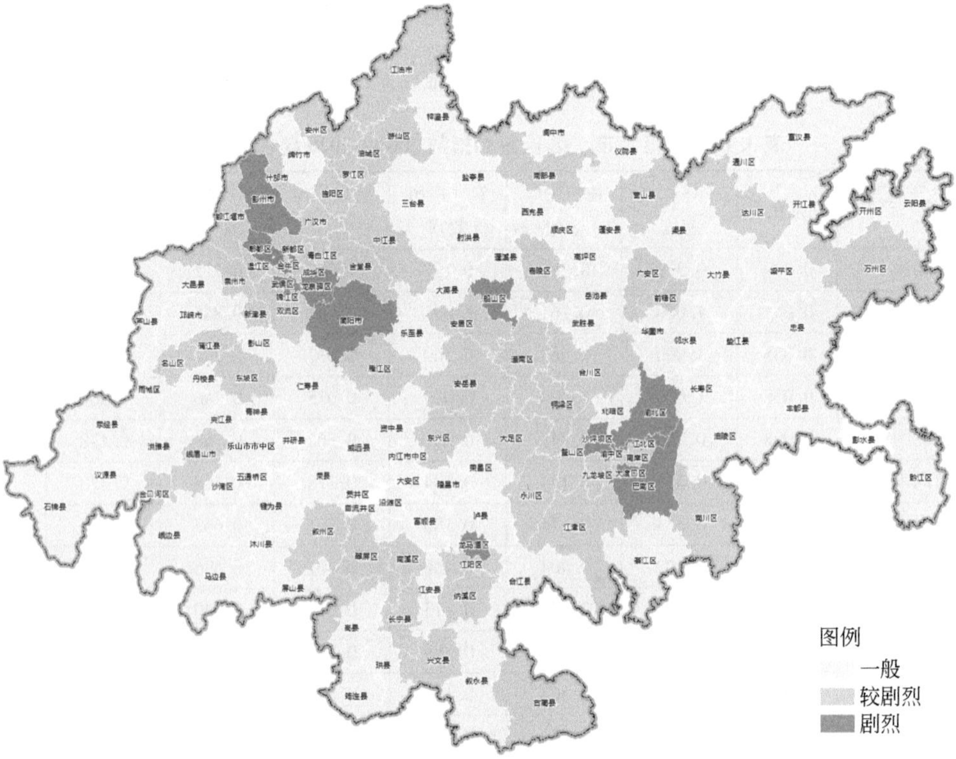

图3.23　成渝地区乡村聚落重构剧烈程度分级

等连绵成片的区域，以及川南、川北部分县（市、区）；重构程度一般的地区则是川南、川北、渝东等大部分以传统农业为基础的县（市、区）。所以，整体而言，成渝地区乡村聚落重构特征体现出两大核心圈层的辐射作用以及局部重点县（市、区）的带动作用，构成了该地区整体发展与重构的特征。

3.4.2 重构阶段差异："由点及面"的扩散式重构

除了横向的共时性分布特征外，纵向历时性的重构时段差异也值得关注和研究，以揭示成渝地区乡村聚落不同时段的重构特征以及发展趋势。将 2000 年、2010 年和 2020 年三个时间点的数据划分为 2000~2010 年、2010~2020 年两个时段的数据，再将其代入评价模型加权叠加计算综合重构指数。

根据 2000~2010 年重构指数的计算结果（图 3.24 和表 3.12），可以发现，整体上重构数值较高的地区围绕成渝两大中心城区分布。其中，最高的为重庆市渝北区（0.681），其次为成都市双流区（0.570），这与两个国家级新区（两江新区和天府新区）的快速建设关系密切，造成了聚落空间的剧烈重构。整体来看，进入 20 世纪的前十年，成渝地区发生剧烈重构的地区主要是围绕成渝两大城市中心圈层展开的，而川北、川南以及渝东地区整体重构不明显，除少部分县（市、区），如重庆市万州区、绵阳市涪城区等次级中心城市的数值较高外，其余均较低。

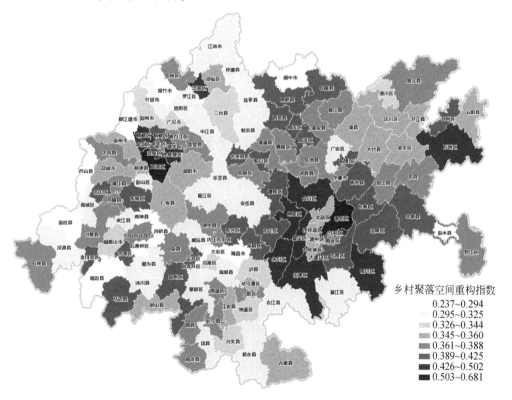

图 3.24 2000~2010 年成渝地区乡村聚落重构格局

表 3.12　2000～2010 年重构指数标准化数据及计算结果

县（市、区）	城镇化率	乡村人口密度	地均生产总值	农业产出效率	建设用地占比	人均耕地面积	重构指数	排名
渝北区	0.933	0.449	1.000	0.507	1.000	0.419	0.681	1
双流区	0.852	0.560	0.213	1.000	0.229	0.383	0.570	2
江津区	0.973	0.391	0.136	0.575	0.546	0.273	0.502	3
璧山区	0.695	0.376	0.398	0.861	0.327	0.265	0.495	4
武侯区	0.086	1.000	0.578	0.088	0.194	0.955	0.487	5
锦江区	0.061	1.000	0.197	0.405	0.220	0.685	0.472	6
涪城区	0.117	0.453	0.423	0.895	0.401	0.405	0.470	7
郫都区	0.582	0.515	0.088	0.582	0.420	0.419	0.466	8
南川区	1.000	0.334	0.058	0.479	0.495	0.270	0.458	9
铜梁区	0.891	0.352	0.104	0.509	0.491	0.246	0.450	10
金牛区	0.082	1.000	0.436	0.081	0.228	0.781	0.450	11
龙泉驿区	0.365	0.407	0.368	0.611	0.418	0.450	0.446	12
温江区	0.542	0.493	0.291	0.545	0.273	0.447	0.444	13
万州区	0.751	0.368	0.461	0.656	0.188	0.262	0.442	14
江北区	0.118	0.597	0.490	0.655	0.247	0.424	0.434	15
合川区	0.456	0.363	0.100	0.494	0.769	0.241	0.434	16
永川区	0.790	0.347	0.208	0.512	0.398	0.280	0.433	17
船山区	0.559	0.363	0.144	0.645	0.366	0.341	0.425	18
新都区	0.443	0.482	0.259	0.616	0.218	0.407	0.422	19
涪陵区	0.585	0.364	0.136	0.744	0.289	0.257	0.421	20

注：示例数据。

2010～2020 年的重构指数计算体现出圈层式拓展与部分外围县（市、区）齐头并进的两大特征（图 3.25 和表 3.13）。分值最高的为成都市郫都区，其次为重庆市大渡口区与成都市简阳市，不再集中于两大核心都市区中心，而是转移至周边县（市、区），这一方面说明中心城区的聚落已基本稳定，另一方面说明外围圈层受到中心城区辐射而逐步呈现聚落空间剧烈重构的态势，从形成原因来看，成都市周边是因为成都市政府提出的"南拓、东进"空间发展策略，天府新区、天府国际机场的建设，导致外围的空间重构剧烈程度明显上升，对乡村聚落的整个格局产生了剧烈的影响；重庆市的北碚区、璧山区以及巴南区等主城外围县（市、区）的重构指数较高，同样受到重庆主城区的辐射，发生了较为快速的经济社会发展和空间建设重构。此外，与前十年不同的是，成渝地区乡村聚落空间重构逐渐从"点"转向"面"，铜梁区、船山区、彭州市、乐山市市中区等非两大核心圈层的县（市、区）重构指数上升明显，表明乡村聚落空间重构的态势逐渐向两个核心圈层外围蔓延，由之前的两大核心为主，转向绵阳市、达州市、宜宾市、乐山市、万州区等地共同推进，说明成渝地区的乡村聚落正在经历"以点带面""从试点到推广"的重构历程。

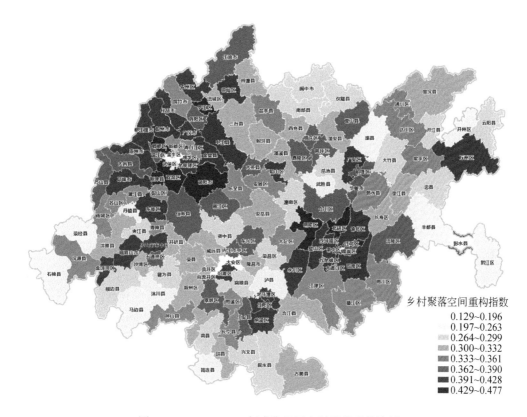

乡村聚落空间重构指数
- 0.129~0.196
- 0.197~0.263
- 0.264~0.299
- 0.300~0.332
- 0.333~0.361
- 0.362~0.390
- 0.391~0.428
- 0.429~0.477

图 3.25　2010～2020 年成渝地区乡村聚落重构格局

表 3.13　各县（市、区）重构指数 2010～2020 年标准化数据

县（市、区）	城镇化率	乡村人口密度	地均生产总值	农业产出效率	建设用地占比	人均耕地面积	重构指数	排名
郫都区	0.390	0.429	0.877	0.626	0.174	0.553	0.477	1
大渡口区	0.033	1.000	0.000	0.403	0.497	0.470	0.465	2
简阳市	0.618	0.583	0.297	0.119	0.854	0.230	0.463	3
江北区	0.040	0.672	0.369	0.022	0.909	0.650	0.459	4
铜梁区	0.259	0.328	0.531	0.729	0.583	0.279	0.454	5
双流区	0.245	0.401	0.422	0.355	0.714	0.534	0.449	6
罗江区	0.569	0.338	0.313	0.660	0.447	0.258	0.442	7
北碚区	0.094	0.386	0.254	0.651	0.734	0.326	0.436	8
新津县	0.479	0.374	0.381	0.539	0.505	0.290	0.434	9
巴南区	0.567	0.345	0.331	0.197	0.803	0.318	0.428	10
船山区	0.486	0.600	0.386	0.020	0.496	0.558	0.422	11
彭州市	0.338	0.331	0.216	0.789	0.533	0.159	0.421	12
中江县	0.940	0.463	0.179	0.528	0.247	0.067	0.418	13
都江堰市	0.435	0.322	0.193	0.755	0.370	0.292	0.417	14

县（市、区）	城镇化率	乡村人口密度	地均生产总值	农业产出效率	建设用地占比	人均耕地面积	重构指数	排名
龙马潭区	0.698	0.487	0.330	0.114	0.418	0.477	0.416	15
崇州市	0.561	0.365	0.496	0.401	0.294	0.459	0.416	16
乐山市市中区	0.390	0.382	0.251	0.764	0.184	0.414	0.416	17
金堂县	0.551	0.464	0.168	0.519	0.618	0.000	0.414	18
璧山区	0.273	0.610	0.377	0.244	0.653	0.246	0.414	19
安州区	0.355	0.457	0.262	0.692	0.344	0.235	0.414	20

注：示例数据。

3.4.3　发展态势判断：重构减缓及成都圈层潜力较强

通过比较 2000～2010 年、2010～2020 年两个时段的重构指数，来判断 141 个县（市、区）的聚落空间重构态势。从整体来看，成渝地区乡村聚落重构的剧烈程度呈现先增后减的现象。重构指数平均值从 0.369 降到 0.343，最大值 0.681、最小值 0.237 分别降至0.477 和 0.129。从标准差可以判断样本数据的离散程度，2010～2020 年的标准差高于十年前，即表明该时间段不同县（市、区）重构程度的差异化更加显著（表 3.14）。

表 3.14　不同时段乡村聚落空间重构指数统计

重构时段	数量	平均值	中位数	标准差	最小值	最大值
2000～2010 年	141	0.369	0.365	0.059	0.237	0.681
2010～2020 年	141	0.343	0.348	0.066	0.129	0.477

具体通过重构指数变化，分析 141 个县（市、区）的重构态势情况。其整体变化幅度为 -0.27～0.13，其中 61 个县（市、区）有所上升，80 个县（市、区）重构指数下降。通过自然断裂点法将变化情况划分为三级：-0.27～-0.08 为重构减缓状态 [28 个县（市、区）]，-0.08～0.005 为重构平稳状态 [60 个县（市、区）]，0.005～0.13 为重构加剧状态 [53 个县（市、区）]。空间分布上，重构加剧的区域为围绕成都市中心城区、重庆市中心城区两个核心片区，其中成都市在 2010 年后的核心带动作用更强，形成了外围二圈层的发展（简阳市、新津区、都江堰市、彭州市等），同时带动了北部区域"成德绵都市圈"、南部区域"成眉乐都市圈"。此外，宜宾-泸州组团作为川南省域经济副中心，形成了小范围圈层式增长；川北、渝东区域整体重构态势趋于平缓或有所下降，未表现出强劲的区域带动情况（图 3.26）。

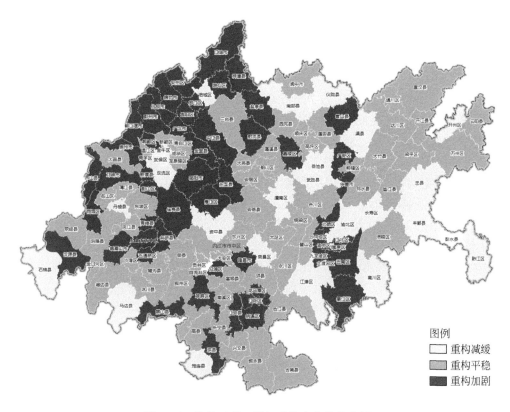

图 3.26 各县（市、区）重构变化趋势分析

3.5 本章小结

成渝地区 1980 年以来的空间格局变化方面表现为，空间规模演化特征呈现出聚落空间不断压缩农业与生态空间的整体趋势，在 40 年间，农业空间和生态空间呈减少趋势，而聚落空间和其他空间呈增长趋势。农业空间以转为生态空间和聚落空间为主，2000 ~ 2010 年分别转出 2037.1km^2 和 1978.4km^2，2010 ~ 2020 年则达到 4124km^2 和 2677.7km^2。分时段来看，1980 ~ 1990 年增长较为缓慢，总体建设用地增幅为 9.00%；1990 ~ 2000 年，增速加快，达到 29.39%。进入 2000 年后，建设用地的增量快速增加，整体增长幅度达到 66.51%。

成渝地区乡村聚落演变的阶段划分。成渝地区乡村聚落的发展演变大致可以分为三个阶段，分别是：2000 年以前的自由发展阶段、2000 ~ 2010 年的重构起步阶段以及 2010 年以后的重构提升阶段。在自由发展阶段，在小农经济的影响下，该阶段的乡村聚落空间特征呈现居民点规模普遍偏小，分布上相对分散和零乱，土地资源浪费较为严重，基础设施建设匮乏，整体变化较为缓慢，空间变化不显著的特点；在重构起步阶段，"三生"空间发生了剧烈变化，不同类型的空间变化幅度均呈明显上升趋势，2003 ~ 2007 年，以成都为代表的"三集中"政策对乡村聚落的空间布局产生了深远影响，2007 年落实全国统筹城乡综合配套改革试验区，乡村聚落重构态势进一步加强，乡村旅游新型业态也开始出现，但是在此时间段成渝地区以土地集约利用为导向，多功能转型的方法与路径并未明确；在2010 年后的重构提升阶段，空间变化的幅度减小，更加注重重构的质量，并逐步开始通过建立技术规范体系来对乡村聚落的规划设计进行导控，使成渝地区乡村聚落的重构进入导控、提升阶段，多元化、体系化的功能转型在这个阶段开始得到发展。

成渝地区 2000 年的空间重构特征。社会重构分值在 0.045 ~ 0.241，所呈现的规律则是以各地级市的中心城区（重庆为主城）为核心，外圈层县（市、区）重构幅度较大；经济重构分值介于 0.011 ~ 0.213，以成都市、重庆市主城区为"支点"，连线上的县（市、区）经济重构幅度明显高于其他地区；空间重构的分值在 0.028 ~ 0.298，以成渝两大核心为主，其他地市则以中心城区为主，产生较为剧烈的重构特征。2000 ~ 2020 年综合重构数值最大值为 0.601（渝北区），最小值为 0.259（荥经县），重构得分高的县（市、区）依然是渝北区、锦江区、金牛区等核心城区，这些区域基本实现城镇化，乡村聚落空间产生了剧烈的变化，甚至消失，判断出重构剧烈的县（市、区）共 21 个，重构较剧烈的县（市、区）共 62 个，重构程度一般的县（市、区）共 58 个。

成渝地区 2000 年的空间重构态势。成渝地区乡村聚落空间重构逐渐从"点"转向"面"，铜梁区、船山区、彭州市等非两大核心圈层的县（市、区）重构指数上升明显，表明乡村聚落空间重构的态势逐渐向两个核心圈层外围蔓延，由之前的两大核心为主，转向了多地共同推进。其次，重构剧烈程度呈现先增后减的现象。指数平均值从 0.369 降到 0.343，该时间段的县（市、区）聚落重构的程度趋于平衡，其中 61 个县（市、区）有所上升，80 个县（市、区）重构指数下降，将其划分为三级：重构减缓状态 28 个县（市、区），重构平稳状态为 60 个县（市、区），重构加剧状态 53 个县（市、区）。

第4章 成渝地区乡村聚落功能转型的类型分析

如前文所析，在经济社会快速发展的 20 年间，成渝地区的乡村聚落空间发生了较为剧烈的转型与重构。由于成渝地区面积广阔，地区内部地形地貌、经济发展水平、人口分布、自然资源等方面存在差异，各片区发展模式、产业结构和功能定位也不尽相同，同时在乡村多功能发展的趋势下，乡村生产功能、经济功能、生态功能、服务功能不断强化，导致聚落类型的分化。科学界定地域的不同功能类型，明确不同地区的主导发展方向，既有助于揭示空间结构的地域分异特征，同时也是构建安全、高效与可持续国土空间的重要前提[124]。此外，针对城乡融合与区域协调发展而言，充分发挥各县（市、区）主导功能作用，区分不同乡村类型，对因地制宜开发、合理配置资源、统筹区域经济差异、促进乡村产业特色发展具有十分重要的现实意义[125]。本章在对成渝地区转型基本发展认知的基础上，探索聚落空间在宏观层面的主导功能类型与聚落个体功能类型划分，为转型动力机制解析与重构规律挖掘奠定基本分类依据，进而辅助实现乡村振兴的"分类指导"。

4.1 类型划分思路与框架

4.1.1 分析思路

乡村地域系统是在一定地域范围内多重要素交织构成的复合系统，乡村振兴需要尊重乡村地域分异规律，重视城乡发展区域差异性特征[126]。乡村多功能转型同样是一项多个维度的系统工程，涵盖产业结构、人口结构、消费结构、资源利用方式、城乡关系等诸多方面的转变。从功能发展角度来讲，不同地域乡村多功能转型的表现形式与作用强度存在差异，通常是一种功能起着主导作用，即主导功能，其他功能处于从属地位[45]。因此，本章乡村聚落类型划分从两个层面切入，在宏观层面以县（市、区）为单元，识别不同县（市、区）的主导功能类型，其目的在于深化认知成渝地区乡村地域分异特征，同时为乡村聚落个体的类型划分进行指导；在微观层面以聚落个体（行政村）为单元，划分出不同乡村的类型，并对其进行界定与说明。

在具体步骤上，首先，需要对影响功能分化的客观变量进行梳理，来作为类型划分的定量分析基础；其次，运用空间–属性双重聚类模型对不同变量进行计算，形成分组结果，以分类结果为主要依据，结合乡村多功能转型的理论依据和乡村类型划分研究的普遍结论，总结形成适宜成渝地区的县（市、区）主导功能类型划分；再次，根据类型划分的结论，通过"比较优势"对优势功能进行评价，测度各个县（市、区）的不同动力强度，最终确定各个县（市、区）空间类型；最后，通过微观层面的理论解读与政策引导，综合考虑成渝地区各县（市、区）的主导功能划分，总结形成聚落个体的类型划分结果，为动力机制剖析、内在规律总结提供基本分类依据（图4.1）。

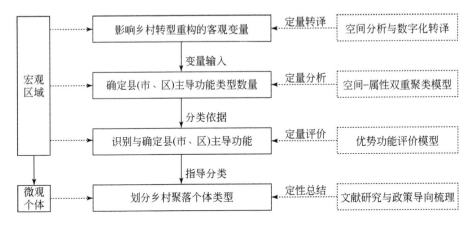

图 4.1　乡村类型划分思路与框架

4.1.2　乡村功能转型的变量分析

乡村类型划分是对乡村发展特征差异性的客观描述，应该包括自然、经济、社会、空间等多方面[7]。因此，乡村多功能转型的类型分析需从不同层次、不同方面反映乡村发展类型的地域差异，从众多变量中选择尽可能具有代表性与相对独立性的变量，并结合可操作性和可获得性选择测量指标[127]。本书综合选取自然地理环境、空间资源禀赋与经济社会发展等内部变量因子，以及公共政策引导、区位交通条件和旅游资源带动等外部变量因子进行分析。

1）自然地理环境

自然地理环境是乡村聚落形成、发展、重构的基础条件[65]。地形地貌是构成生态格局的基本框架，制约了建设用地的布局形态、规模、密度与拓展。坡度、海拔等地形因素通过对气温、降水、蒸发、光照等施加影响，决定了农业生产条件的优劣和生产生活设施建设的便捷性，从而影响乡村聚落的居民点形态及产业中心位置；气候环境适宜、地形地貌良好、水资源丰富等有利条件是聚落不断发展、拓展的基础，同时地形地貌是构成聚落格局的基本框架，制约了建设用地的布局形态、规模、密度与拓展。因此，自然地理环境是乡村聚落选址的基本环境条件和建设发展的物质基础条件。

通过海拔分析和坡度分析，可以看出，成渝地区以四川盆地为主，平原和丘陵占据着核心位置，也是聚落集中的位置，而四周以山地为主，地形限制较大（图4.2）。其中，重庆地区70%以上的城镇建设适宜区集中在渝西部、中部地区，乡村聚落用地也相对集中；东部地区则有80%以上为生态地区，受地形限制，可开发利用的土地非常有限，聚落多坐落于山地间，导致聚落在空间分布上极为分散且规模较小，很大程度上限制了东部地区乡村聚落的集聚和拓展[17]。

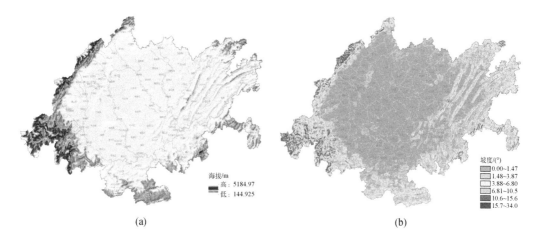

图 4.2 自然地理环境变量

例如，位于成渝地区西部龙门山脚下的彭州市柒村，在地形限制条件下，灾后重建形成沿山谷延伸的空间重构形态，其功能也由于自然地理环境限制，不能进行大规模开发与建设，限制了功能转型的方向，进而转向生态休闲、文化体验类的产业升级路径；与之对比的是处于成都平原的新都区土城村，该村拥有良好的地形条件，对土地进行整理后形成集中式的乡村聚落，同时依托交通区位优势发展农产品加工产业，对产业进行升级拓展，形成了空间集约、产业突出的新型乡村聚落（图 4.3）。

2）空间资源禀赋

乡村空间内部的资源条件代表乡村所蕴含的资源禀赋潜力，其是乡村功能转型与类型分化的基础支撑。从乡村空间属性上，大致可以划分为农业用途主导和生态用途主导两类（图 4.4）。成渝地区是我国重要的农业生产基地，在涉及的 143 个县（市、区）中，耕地占比 50% 以上的县（市、区）达到 99 个，占比近 70%①，所以农业空间资源是成渝地区

(a)山地条件下的功能转型与空间重构(彭州市柒村)

① 资料来源：根据 2020 年中国土地利用土地覆被变化遥感监测数据集整理所得。

平原优势的功能转型(产品加工)　　　　平原条件的聚落营建

(b)平原条件下的功能转型与空间重构(新都区土城村)

图 4.3　不同自然地理环境下的乡村转型与重构

乡村聚落重构的重要动力来源，也是基础条件之一；而成渝地区的生态功能承担着"长江上游生态屏障"的重要作用，生态空间为 6.4 万 km²、占比达到 34.6%①，同时生态空间是旅游活动打造和景观资源开发的关键要素，良好的生态资源有利于塑造优美的环境，提升乡村旅游发展竞争力。

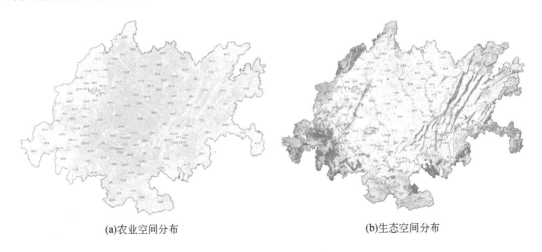

(a)农业空间分布　　　　　　　　　　　　(b)生态空间分布

图 4.4　空间资源禀赋变量

　　例如，大足区长虹村依托良好的耕地资源，2016 年开始转型升级，进行稻油轮作，打造近 300 亩科研试验田和五彩水稻、油菜花大地艺术景观，建成高标准农田 1200 余亩，恒温大棚、钢架大棚等设施农业 320 亩，设有"袁隆平院士专家工作站"；位于南川区的龙山村地处金佛山南坡，海拔在 1000m 以上，生态自然环境优良，2008 年依托生态优势，村民将自家农房改造为农家乐，开始旅游功能转型，至 2020 年全村已有星级农家乐 86 家，家庭式农家乐 20 多家，同时空间不断优化，道路设施完善更新，新建服务中心、停

　　①　资料来源：《成渝地区双城经济圈国土空间规划（2021—2035 年）》。

车场、休闲亭、蓄水池等服务配套设施提档升级（图 4.5）。

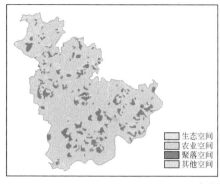

(a) 农业资源丰富 (大足区长虹村)

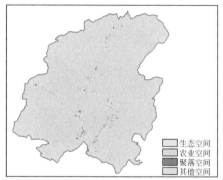

(b) 生态资源突出 (南川区龙山村)

图 4.5 不同乡村空间资源禀赋差异

3) 经济社会发展

经济社会发展则是促进乡村聚落转型升级的牵引力，加速了乡村功能分化与乡村类型的形成[128]。经济社会的快速发展加快了城乡之间生产要素的交换速度，推动乡村聚落内部优势资源集中，并将功能辐射范围扩大到城市[129]。近 20 年来，我国经济快速发展直接提高市民对生活质量的追求，从而导致现有的市场化消费需求趋于多样化、特色化。乡村地区主要形成了以城市消费群体为主的两大市场需求：一是源于市民对农副产品、绿色食品的需求变得更加高端、个性化而形成的商品市场；二是由于农村田园逐渐成为城市居民周末旅游的热门目的地，乡村围绕旅游服务开展住宿餐饮、娱乐购物、观光旅游等多项消费活动，形成农旅融合新局面。所以，在城镇人口的消费需求下，农副产品生产供应基地和旅游休闲目的地是未来乡村空间重构的重要方向。

从具体因子上讲，城镇人口规模和消费水平是经济社会发展对乡村聚落空间影响的重要度量指标（图 4.6）。城镇人口规模体现了城市消费的人群体量，是乡村空间消费的基础，而消费水平越高则越能代表该地区的消费能力，城镇人口规模可决定乡村聚落的转型重构品质。而从成渝地区实际情况来看，无论是城镇人口规模还是消费水平，都以成渝主城区为核心依次向外递减。

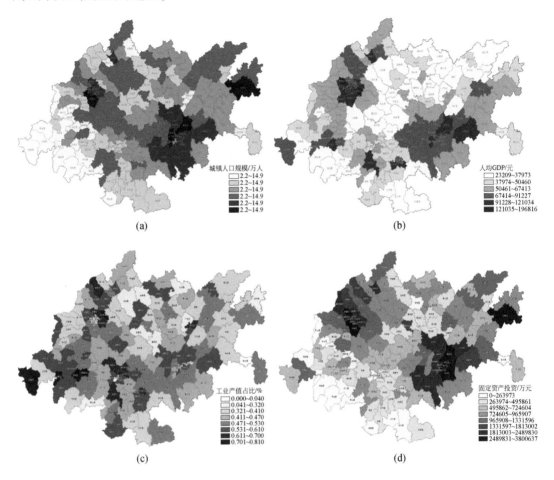

图 4.6　经济社会发展影响因素示意

例如，位于成都市近郊的龙泉山，背靠 2000 万级人口的消费市场，在 2017 年成都市打造龙泉山城市森林公园的支撑下，不断改造、升级原有住房，促使龙泉山片区低端"农家乐"提档升级（图 4.7），同时借助田园绿道、健身步道等设施将特色民宿、观光农业、景区景点串珠成链，以农业、生态和民俗文化为主要内容的特色旅游产品，发挥了乡村田园、森林公园的独特优势，吸引了大量消费人群。特色民宿、露营基地、特色餐饮等新兴业态成为龙泉山乡村转型升级的重要路径。

4）公共政策引导

公共政策从国家宏观层面指导乡村聚落转型重构的方向，同时也是乡村聚落能够完成转型升级的制度保障。土地与人居环境相关的政策对乡村用地布局、功能的合理化、乡村聚落的环境改善起到了直接促进作用。在政策引导和政府推动下，成渝地区出现了两轮比较集中式的乡村聚落空间的体系结构调整。第一轮调整是 2004～2010 年，在国家"城乡统筹""建设用地增减挂钩"政策下，重庆以"地票"制度、四川地区以土地整理与建设

图4.7 依托成都消费市场的龙泉山民宿不断升级

用地指标交易制度为手段，形成了一批集中居民点。以成都市为例，2005～2010年共拆除农村居民点1874个，复垦农村宅基地9891亩，新建农民集中居住区30个，搬迁农户约1.18万户。例如，成都崇州市枹泉镇（于2019年撤销，所属行政区归隆兴镇管辖）2003年推进"三集中"，2008年，农民集中居住达到5900人，占全镇人口的41%，土地流转规模经营面积超过12300亩[130]，农民人均纯收入达到6350元，比2002年增加91%（图4.8）。

(a)2003年　　　　　　　　　　　　　　　　(b)2010年

图4.8 成都崇州市枹泉镇的土地整理
资料来源：Google Earth

第二轮调整是2013～2017年，四川省以新农村建设为主要推动手段，重庆市则以"精准扶贫"为契机对乡村聚落进行重构。2013年，四川省出台《关于进一步加强产村相融成片推进新农村建设的意见》，成都市层面随即出台《关于新农村综合体建设和第二轮新农村建设成片推进工作的实施意见》以及《关于2013年新村建设的实施意见》，2013～2015年成都市建设各类新村聚居点、新农村综合体分别达到442个和398个，2017年进一步落实相关政策，扩大新建新农村综合体规模超过1700个（图4.9）。

重庆市在2013年正式实施精准扶贫下的"高山移民"政策，对武陵山、秦巴山片区等偏远高寒地区，结合城镇化、特色产业发展和乡村旅游，进行集中安置区建设。2016～

(a)蒲江县甘溪镇明月村　　　　　　　　(b)新都区石板滩镇(于2019年撤销现属
　　　　　　　　　　　　　　　　　　　　　　石板滩街道)土城村

图4.9　成都市新农村综合体建设政策推动下的聚落空间重构

2017年，重庆市居民自愿搬迁18万余人，搬迁安置近13万人，建设安置住房面积达到422万 m²[131]（图4.10）。

(a)梁平县(现为梁平区)福禄镇清河水岸　　　　　　　(b)彭水县棣棠乡牌楼村

图4.10　重庆市扶贫移民搬迁政策推动下的聚落空间重构
资料来源：https://cqwmsj.cbg.cn/

5）区位交通条件

此外，根据诸多经典的产业区位理论，区位交通条件是乡村聚落转型与重构的决定性因素之一。研究成果表明，良好的区位与交通可以与外界产生便捷的交流，从而加快经济、物质的交流转化。道路交通对乡村产业模式和设施布局有重要影响，具有交通优势的地区更容易承接城市的外溢功能，从而形成不同的功能定位，推动乡村地区转型发展。生产设施、入驻企业、科研院校、景区配套等功能性设施也于主要交通要道周边规模集聚，形成经济增长点。另外，对于乡村聚落而言，便利的交通总体上能更好地促进农产品输出至城市的销售市场，节省运输成本，同时吸引游客前来观光。成渝地区以成都市和重庆市主城区两大核心为成渝地区带动周边发展的重要极核，乡村聚落与两大核心的距离是影响乡村人口、经济、物质变化的重要因素之一，而交通条件则是加速此进程的重要条件（图4.11）。

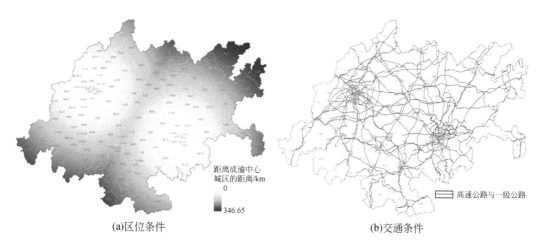

图4.11 区位交通条件影响因素示意

6) 旅游景观资源

由于乡村聚落受到景区资源的辐射带动作用，因此乡村的旅游产业得以发展，消费功能逐渐增强[132]。随着成渝地区景区旅游发展愈发成熟，成渝地区对其周边的乡村聚落具有良好的示范作用，有利于提高村民投身于聚落旅游开发建设的积极性。随着旅游业发展的持续推进，游客的旅游需求也随之升级，原始的乡村旅游已难以满足现代游客的旅游新需求，因此在景区周边发展乡村旅游，对于缓解景区旅游压力与可持续发展发挥着重要的积极作用。成渝地区旅游资源丰富，其中包括 12 个 5A 级国家级旅游景区、286 个 4A 级国家级旅游景区在内的 690 个 A 级旅游景区，这些旅游景区对乡村空间的重构起到了不可忽视的重要作用；此外，成渝地区范围内拥有长江、嘉陵江、涪江、沱江等大型河流资源，以及长寿湖、三岔湖、龙泉湖等诸多湖泊，其旅游风景资源所带来的人口流量对乡村的发展也产生了强烈的促进作用（图4.12）。

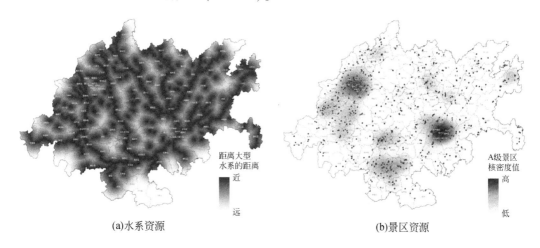

图4.12 旅游景观资源影响因素

例如，从水系资源对乡村聚落功能与空间的影响来看，以靠近长江的永川区朱沱镇为例，依托长江的航运优势，朱沱镇发展港桥工业园区，形成以大项目带动农村发展模式，带动乡村聚落空间规模迅速增长，使乡村聚落呈组团式绵延发展[106]；2005～2017 年，聚落斑块数量由 4261 个上升至 4960 个，增加约 16%，紧邻长江的聚落斑块核密度变化较显著，聚落用地的整体规模呈近水趋势（图 4.13）。

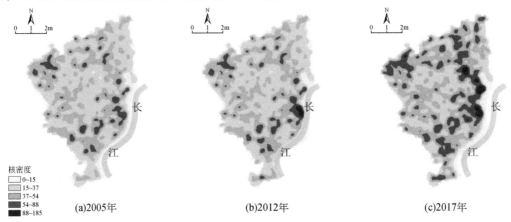

图 4.13 永川区朱沱镇聚落空间核密度变化情况（2005～2017 年）

资料来源：根据参考文献 [106] 改绘

4.2 基于聚类分析的县（市、区）主导功能类型划分

本节基于乡村功能转型的客观变量，对乡村转型的客观变量下形成的乡村地域的主导功能进行判别，从而划分成渝地区城乡地域类型，同时为分区、分类推进乡村振兴提供理论依据和决策指导。

4.2.1 空间聚类分析模型

1）聚类分析步骤

空间聚类分析是划分乡村聚落地域类型的有效方法，利用乡村聚落的空间数据与属性数据来提取不同城乡空间集群的分布特征，从宏观尺度掌握成渝地区聚落空间的分类特征。运用空间域和属性域双重聚类的算法，将 141 个县（市、区）的乡村聚落功能转型的客观变量作为输入条件，运用 ArcGIS 的空间聚类分析模型，对变量数值与空间进行聚类分析，通过对不同分组结果的分析检验，判断出最佳的空间聚类组数，从而可以得到整个区域最合适的分类结果，进而根据乡村多功能发展的特征总结成渝地区各县（市、区）的主导功能类型（图 4.14）。

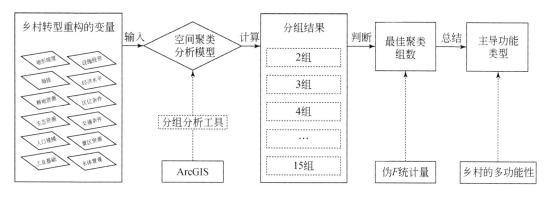

图 4.14 基于空间聚类分析的主导功能类型划分

2）聚类分析算法——空间-属性双重聚类

在计算方法上，常规空间聚类算法主要有层次法，基于密度、基于网格的方法等[133]，但这类算法主要关注空间位置变量与几何空间距离，不能很好地解决特定研究所关注的聚类目标[134]。空间-属性双重聚类算法和常规空间聚类算法的区别在于统计量属性的差异，一般的空间聚类关注的是物理空间距离，而双重聚类不仅包含空间距离，同时也包含属性距离，即聚类目标是以空间连续、属性相近为共同原则，计算结果的组内差距小而组间差距大，适宜于不同研究目标导向下的高维空间数据挖掘[135]。例如，黄金川等[136]利用空间-属性双重聚类的方法，将京津冀地区划分为中部、东部、南部和西北部四大片区，并对功能进行确定，四个区域分别对应核心功能引领区、沿海重点发展区、门户功能拓展区和生态涵养保护区；金贵等[137]基于土地利用数据、社会经济数据等，构建 24 个变量因子，引入空间属性双约束聚类法，将武汉城市圈国土空间综合功能区划分为生产生活、生产生态和生态生活三个一级综合功能区，以及七个具有地理差异的二级综合功能区。

因此，本书依据转型变量，采取空间-属性双重聚类模型对成渝地区的县（市、区）类型进行识别与划分。采用广义欧几里得距离作为聚类统计量，其计算表达式为

$$D_{ij} = W_{\mathrm{p}} \sqrt{(x_i - x_j)^2 + (y_i - y_j)^2} + W_{\mathrm{a}} \sqrt{\sum_{k=1}^{m} W_k + (z_{ik} - z_{jk})^2} \qquad (4.1)$$

式中，D_{ij} 为点 i、j 之间的空间-属性距离，即广义欧几里得距离；(x_i, y_i) 和 (x_j, y_j) 为点 i 和点 j 的空间坐标；z_{ik}、z_{jk} 为点 i 和点 j 的第 k 个属性值；m 为点的特征属性数量；W_{p}、W_{a} 为空间距离和属性距离权重值；W_k 为属性距离计算中各属性的权重值。

3）分析工具选择

具体方法采用的是 ArcGIS 软件的分组分析（grouping analysis）工具（图 4.15）。该工具可以设置需要聚类的组数，分组算法将采用连通图（最小跨度树）来查找自然分组，计算出可以让每个组中的所有要素组内相似且组间差距越大的解[138]。其中，空间属性来源于输入数据的空间坐标，属性数据来源于要素的字段值，同时可以指定空间约束，对聚类的空间连续性特征进行限制。

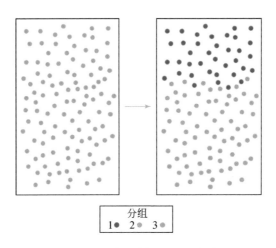

图 4.15　分组分析工具示意图
资料来源：ArcGIS 官方说明文档

4.2.2　聚类分析指标体系建构

1）指标选择依据

基于乡村聚落功能转型的变量分析，成渝地区聚落重构主要包括自然地理环境、空间资源禀赋、经济社会发展、公共政策引导、区位交通条件和旅游景观资源 6 个方面的影响因素，由于公共政策因素是乡村聚落空间重构的背景条件和保障机制，同时政策层面的作用难以定量统计，所以在指标体系建构中不将其作为量化功能的评价因子。在已有研究中，不同学者依据不同目标、不同功能类型，构建相应聚类分析指标体系（表 4.1）。例如，周扬等[16]选取环境、资源、人文、经济 4 个维度 19 项指标对中国乡村地域类型进行研究；黄金川等[136]选取现状开发强度、生态保护责任、城镇建设预期 3 个维度 11 项指标对京津冀协同发展类型区划进行了研究；张衍毓等则是从经济发展、农产品生产、社会保障、生态保育及旅游服务 4 个维度选择 15 项指标对京津冀地区乡村功能进行分区；此外，金贵等[137]从生产、生活和生态功能 3 个维度构建 16 项指标作为武汉城市圈国土空间综合功能分区的指标体系。

表 4.1　聚类分析相关研究的指标体系梳理

相关研究文献	选取维度	选取指标
周扬等[16]	环境、资源、人文、经济	海拔、坡度、地表破碎度、净初级生产力（NPP）、人均耕地面积、年降水量、农村人口老龄化、农村人口外流率、受教育程度、城镇化率、城乡居民收入差异、道路交通密度、农业机械化水平、人均 GDP、地方财力状况、人均消费水平、农业发展优势度、农民收入水平

相关研究文献	选取维度	选取指标
黄金川等[136]	现状开发强度、生态保护责任、城镇建设预期	人口密度、建设强度、投资强度、产出强度、不适宜建设区面积、限制开发区面积、自然要素、社会经济要素、交通要素、规划要素、邻域要素
张衍毓等*	经济发展、农产品生产、社会保障、生态保育及旅游服务	人均 GDP、人均农林牧渔增加值、第二和第三产业增加值占比、农林牧渔服务业增加值占比、人均粮食产量、人均肉类总产量、人均鲜活农产品产量、垦殖指数、千人拥有医疗卫生机构床位数、农民人均纯收入、人均地方公共财政预算收入、城乡居民基本养老保险参保人数比、旅游资源丰富度、NDVI 指数、林木覆盖率
金贵等[137]	生产、生活和生态功能	农产品供给、工业产品供给、服务产品供给、林产品供给、畜产品供给、水产品供给、矿产资源供给；城市居住、农村居住；土壤侵蚀敏感性、酸雨敏感性、生境敏感性、生物多样性保护、水源涵养、土壤保持、营养物质保持

* 张衍毓, 唐林楠, 刘玉. 京津冀地区乡村功能分区及振兴途径 [J]. 经济地理, 2020, 40 (3): 160-167.

2) 指标体系建构

结合成渝地区乡村聚落功能转型的变量分析, 考虑到数据的可获取性, 本书综合选择 5 个维度 12 个指标, 包括自然地理环境、空间资源禀赋、经济社会发展、区位交通条件、旅游景观资源 5 个一级因子和 12 个二级因子, 来构建反映乡村功能转型基本特征的指标体系 (表 4.2)。

表 4.2 聚类分析变量因子选取及指标体系

一级因子	二级因子		指标 (计算方式/单位)	含义
自然地理环境	地形坡度	N1	坡度 5° 以下空间占比 (DEM 数据空间统计/%)	地形平缓程度, 代表农业耕作的地形条件
	海拔	N2	海拔 800m 以上空间占比 (DEM 数据空间统计/%)	区县高海拔空间比重, 代表山地旅游的发展条件
空间资源禀赋	耕地资源	K1	耕地占比 (土地利用空间统计/%)	耕地占县域面积比重, 代表农业发展的空间基础
	生态资源	K2	林地和水域占比 (土地利用空间统计/%)	生态空间比重, 代表生态环境的资源本底优势
经济社会发展	人口规模	J1	城镇人口规模 (统计年鉴/万人)	城镇人口数量, 代表城镇到乡村消费人口规模基数
	工业基础	J2	第二产业产值占比 (根据统计年鉴计算/%)	工业产值占地区生产总值的比重, 代表工业发展基础条件
	设施投资	J3	固定资产投资 (统计年鉴/万元)	代表县域经济条件和基础设施的发展条件
	经济水平	J4	人均 GDP (统计年鉴/万元)	代表县域发展水平和人口消费水平

一级因子	二级因子		指标（计算方式/单位）	含义
区位交通条件	区位条件	Q1	距成渝中心城区距离 （空间距离统计/km）	距成都和重庆主城区的距离，代表核心城市带动作用
	交通条件	Q2	高速公路密度 ［矢量数据空间统计/（km/km²）］	高速公路的密集程度，表示对外通达性和便捷性
旅游景观资源	景区资源	L1	景区核密度均值 ［POI分析/（个/100km²）］	景区的密度，代表景区旅游资源对乡村发展的带动作用
	水体资源	L2	距离江河湖的平均距离 （ArcGIS空间统计/m）	大型水体资源丰富度，代表水体风景资源带动作用

注：因子量化数据采用 2010 年数据。

自然地理环境方面，选择地形坡度、海拔两项二级因子；地形坡度以坡度 5°以下空间占比为指标，代表乡村地区的地形平缓程度以及农业耕作的基础条件；海拔选择海拔 800m 以上空间占比为指标，表征县（市、区）高海拔空间比重，代表适宜发展高山旅游的条件。

空间资源禀赋方面，选择耕地资源、生态资源两项二级因子。耕地资源以耕地占比为指标，表示耕地占县域面积比重，反映了农业发展的空间基础；生态资源则是以林地和水域占比为指标，代表乡村生态功能的资源本底优势。

经济社会发展方面，选择人口规模、工业基础、设施投资、经济水平四项二级因子。人口规模选择城镇人口规模作为指标，代表城镇到乡村消费人口规模基数，同时反映了乡村的消费功能发展潜力；工业基础采用第二产业产值占比作为指标，其表示工业产值占地区生产总值的比重，反映了县域工业发展基础条件，以及带动乡村转型升级的能力；设施投资采用固定资产投资进行量化，代表县域经济投资力度和发展潜力，以及改善乡村空间基础设施的力度；经济水平是以人均 GDP 为指标，代表县域经济发展水平和人口消费水平，反映居民到乡村消费的阶段和潜力。

区位交通条件方面，选择区位条件、交通条件两项二级因子。区位条件是以距成渝中心城区距离为指标，代表核心城区带动县域空间发展的作用程度；交通条件则是以高速公路密度为指标，表示对外通达性和便捷性，反映县（市、区）之间、城乡之间要素流动的畅通性。

旅游景观资源方面，选择景区资源、水体资源两项二级因子。景区资源以景区核密度均值为指标，代表县（市、区）范围内景区的密度，反映了景区旅游资源对乡村发展的带动作用；水体资源选择距大型江河湖的平均距离作为指标，表示县（市、区）水体资源丰富度，反映乡村空间受到水体资源的带动作用。

计算所需的数据是通过成渝地区统计年鉴、DEM、中国土地利用与土地覆被变化遥感监测数据集（CNLUCC）、POI 数据计算获取。

3）变量因子特征

对 12 项指标进行数据统计描述分析，掌握驱动因子量化的初步特征（表 4.3）。可以看出，不同因子的差异显著，客观反映了成渝地区复杂的自然、经济、社会条件的差异，对乡村聚落的不同类型形成产生了较大的影响。

表 4.3 变量因子描述统计

一级因子	二级因子	平均值	中位数	标准差	最小值	最大值
自然地理环境	地形坡度/%	89.41	99.46	17.86	16.57	100.00
	海拔/%	15.16	0.00	27.46	0.00	100.00
空间资源禀赋	耕地资源/%	61.75	66.11	23.03	0.00	95.83
	生态资源/%	21.96	17.20	17.60	0.14	72.42
经济社会发展	人口规模/万人	31.69	24.70	24.81	2.20	167.41
	工业基础/%	48.10	47.77	12.23	4.45	80.93
	设施投资/万元	1 007 477	764 337	815 024	77 022	3 800 637
	经济水平/元	20 055	15 674	12 008	6 362	65 505
区位交通条件	区位条件/km	137.27	138.14	74.46	4.52	317.89
	交通条件/(km/km²)	0.142	0.122	0.110	0.000	0.670
旅游景观资源	景区资源/(个/100km²)	0.534 2	0.377 4	0.462 5	0.072 1	2.494 3
	水体资源/m	10 827	8 887	8 763	464	73 054

　　自然地理环境方面，成渝地区整体的地形条件较好，大部分县（市、区）的坡度和海拔较为适宜。坡度 5°以下空间占比的均值为 89.41%，中位数为 99.46%，表明成渝地区在盆地地形条件下，大部分县（市、区）均是坡度较缓的用地条件，但汉源县的用地条件较差，仅 16.57% 的用地是坡度 5°以下；海拔 800m 以上空间占比均值为 15.16%，中位数为 0，则说明成渝地区海拔大部分低于 800m，但最大值为 100.00%，盆西地区的荥经县、汉源县、石棉县等均在 800m 以上，地形差异较大（图 4.16）。

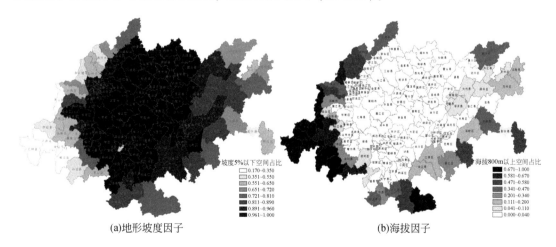

(a)地形坡度因子　　　　　　　　　(b)海拔因子

图 4.16 自然地理环境影响因素量化分析

空间资源禀赋方面，成渝地区整体还是以农业耕作为主，耕地占比平均值达到61.75%，最高达到95.83%（安岳县）；林地和水域占比平均值则为21.96%，最高的荥经县占比高达72.42%，属于盆地周边的生态屏障县（图4.17）。

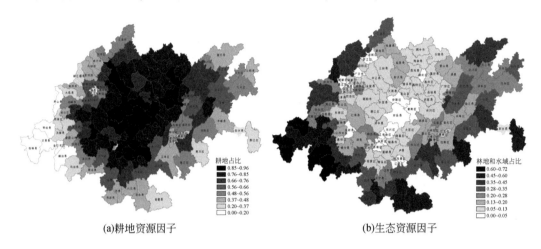

(a)耕地资源因子　　　　　　　　(b)生态资源因子

图4.17　空间资源禀赋影响因素量化分析

经济社会发展方面，141个县（市、区）的城镇人口规模平均值为31.69万人；固定资产投资差距较大，平均值约100亿元，但其中最小值约为7.7亿元，最大值则达到约380亿元。第二产业产值占比平均值为48.1%，同时最小值为4.45%，最大值为80.93%；人均GDP均值为20055元，但差距较大，最大值为渝中区的65505元，约是屏山县6362元的10倍（图4.18）。

区位交通条件方面，成渝地区各县（市、区）距两大核心城区的平均距离为137km，距离最远的云阳县为318km；交通网密度均值为0.142km/km²，但尚有8个县（市、区）内部无高速，整体交通可达性差异较大（图4.19）。

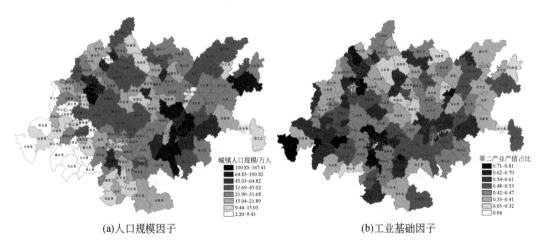

(a)人口规模因子　　　　　　　　(b)工业基础因子

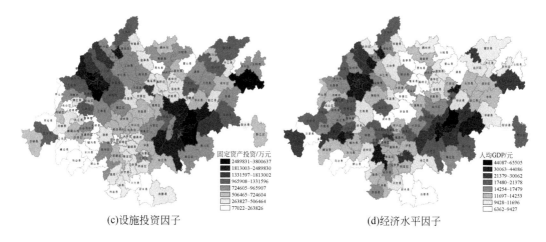

图 4.18　经济社会发展影响因素量化分析

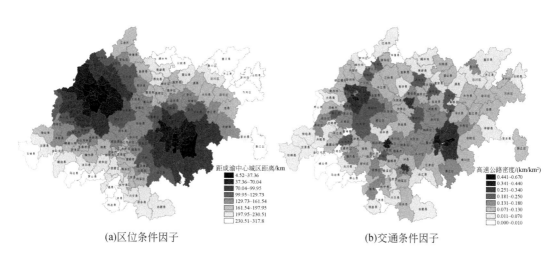

图 4.19　区位交通条件影响因素量化分析

　　旅游景观资源方面,成渝地区景区资源丰富,但县(市、区)差异也较大,3A 级景区以上的数量最多的是江津区 14 个,也有少部分县(市、区)数量为 0;水体资源丰富程度差异同样较大,距大型江河湖的平均距离约为 11km,渝中区被长江、嘉陵江环绕,平均距离仅 464m,但也有整体平均超过 73km 的古蔺县和超过 58km 的叙永县(图 4.20)。

4.2.3　最佳分类组数评估

1)最佳分类组数评估方法——Calinski-Harabasz 伪 *F* 统计量

　　在最佳组数评估时,ArcGIS 的分组分析工具是通过 Calinski-Harabasz 伪 *F* 统计量来计算不同分组时的聚类效果。Calinski-Harabasz 准则是通过计算组与组之间的平方和误差、组内平方和误差来进行判断,前者越大后者越小,伪 *F* 统计值越大,那么聚类效果就会越

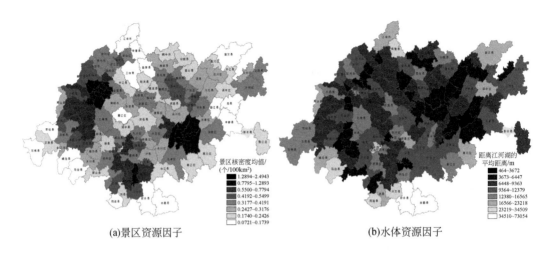

(a)景区资源因子   (b)水体资源因子

图4.20 旅游景观资源影响因素量化分析

好[139]，该准则也称为方差比准则（VRC）。该算法可以在无法确定最佳聚类组数时，通过外部差异与内部相似性共同判断最优分类[140]。

在分组分析工具中，可以评估要素分为 2～15 个组的有效性，在确定分组数量时应该取 F 统计量值较大而类数较小的聚类水平[141]。其计算公式为

$$F_k = \left(\frac{R^2}{n_C-1}\right) \bigg/ \left(\frac{1-R^2}{n-n_C}\right) \tag{4.2}$$

其中，

$$R^2 = \frac{\text{SST}-\text{SSE}}{\text{SST}} \tag{4.3}$$

$$\text{SST} = \sum_{i=1}^{n_c} \sum_{j=1}^{n_i} \sum_{k=1}^{n_v} (V_{ij}^k - \overline{V^k})^2 \tag{4.4}$$

$$\text{SSE} = \sum_{i=1}^{n_c} \sum_{j=1}^{n_i} \sum_{k=1}^{n_v} (V_{ij}^k - \overline{V_t^k})^2 \tag{4.5}$$

式中，SST 为组与组之间的差异性；SSE 为组内部的相似性；n 为所计算的要素数量；n_c 为聚类的组数；n_i 为第 i 组中的要素数量；n_v 为分组计算时所采用的变量数量；V_{ij}^k 为组 i 中的要素 j 的 k 变量的数值；$\overline{V^k}$ 为变量 k 的平均值；$\overline{V_t^k}$ 为组 i 中 k 变量值的平均值。

2）成渝地区聚类分析最佳组数评估

将 12 个变量因子运用分组分析工具进行运算，并通过伪 F 统计量评估最佳组数。当类别数等于三和四时数值较高，分别为 57.7 和 56.4，说明按照变量的特征将 141 个县（市、区）分为三或四个类都是比较合适的（图4.21和表4.4）。因此，需要进一步通过分组结果对类型划分为三类和四类进行判断。

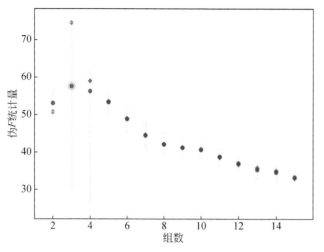

图4.21　空间聚类伪 F 统计量评估结果

表4.4　不同分组的伪 F 统计量评估结果

组数	平均值	最小值	最大值	中值
2	53.106 1	50.743 7	56.721 6	50.743 7
3	57.683 4	30.942 3	74.667 3	74.645 6
4	56.352 4	25.783 9	62.059 1	59.064 9
5	53.361 1	50.050 3	55.677 6	53.609 6
6	48.869 8	45.294 2	52.527 1	49.045 0
7	44.486 0	40.695 9	47.921 5	44.677 4
8	42.143 7	38.750 6	45.205 1	42.133 8
9	41.257 6	38.380 6	43.722 1	41.207 7
10	40.656 5	38.692 4	42.746 2	40.862 5
11	38.846 8	36.566 0	40.963 1	38.626 6
12	37.041 0	35.595 3	38.808 5	36.699 9
13	35.320 5	32.863 4	37.263 3	35.858 4
14	34.607 8	32.045 6	36.173 8	35.049 6
15	33.328 0	32.166 5	34.959 6	33.002 7

4.2.4　三类分组：城区中心、丘陵与山地

当分组数为三类时，其分类结果为：分组 1 包含 30 个县（市、区），分组 2 包含 92 个县（市、区），分组 3 包含 19 个县（市、区）。通过因子变量的分组平均值统计和平行箱图，可以直观反映分类结果的数据差异（表4.5 和图4.22）。

表 4.5　三类分组的变量因子平均值统计

一级因子	二级因子	单位	分组 1	分组 2	分组 3
自然地理环境	地形坡度	%	61.50	96.55	98.95
	海拔	%	61.87	2.96	0.42
空间资源禀赋	耕地资源	%	35.23	74.90	39.63
	生态资源	%	48.83	15.67	9.68
经济社会发展	人口规模	万人	16.33	27.93	74.11
	工业基础	%	49.57	48.09	45.63
	设施投资	万元	695 515	785 086	2 576 893
	经济水平	元	16 167	16 571	43 064
区位交通条件	区位条件	m	188 472	144 244	22 654
	交通条件	km/km²	0.051	0.137	0.316
旅游景观资源	景区资源	个/100km²	0.003	0.004	0.015
	水体资源	m	17 892	8 865	8 306

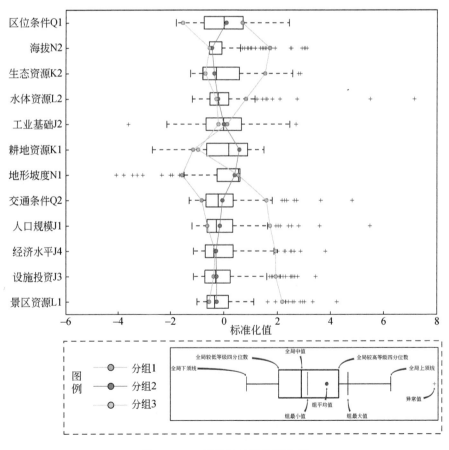

图 4.22　三类分组结果数据分析

分组 1 的主要特征为海拔、生态资源较为突出，其他变量如耕地资源、地形坡度、人口规模、经济水平、区位条件、交通条件、景区资源、水体资源等均较为薄弱。30 个县（市、区）海拔 800m 以上空间占比均值为 61.87%，远远高于其他两类分组，说明该分组所包含的县（市、区）海拔均较高；同时生态空间占比为 48.83%，接近一半的空间为生态用地。而耕地占比仅为 35.23%，远低于成渝地区的平均值 61.75%；坡度 5° 以下空间占比仅 61.50%，说明地形较为复杂；城镇人口规模 16.33 万人、人均 GDP 为 1.6 万元、路网密度 0.05km/km²、固定资产投资 69.6 亿元、距成渝中心城区距离 188km、距离江河湖的平均距离达到 17892m、景区核密度 0.003 个/100km² 等数值均为三个分组中条件较差的一组。

分组 3 则大致与分组 1 相反，分组 3 拥有良好的区位、交通、经济、人口、景区、水资源等优势，但生态、耕地、较为薄弱。其中，区位条件优越，19 个县（市、区）距离成渝两大中心城区仅 22.7km；交通条件突出，路网密度为 0.316km/km²，远高于另外两个分组；城镇人口规模达到 74.11 万人，人均 GDP 达到 43 064 元，体现出较高的经济社会发展水平；但生态空间占比仅 9.68%，远低于其他两个分组。

分组 2 除耕地占比达到 74.90% 这一项较为突出外，其他变量如区位、交通、经济、人口等 11 项的数值均处于另外两个分组之间。

结合分组的变量特征和空间分布，可以对三个分组进行总结：分组 3 对应城镇化程度较高的城区 19 个县（市、区），分组 2 对应丘陵地形和农业主导的盆中 92 个县（市、区），分组 1 对应生态环境良好的盆地周边 30 个县（市、区）（图 4.23）。

图 4.23　成渝地区三类分组结果

4.2.5 四类分组：城区、城郊、农产区与生态区

当分组数为四类时，其分类结果为：分组 1 包含 65 个县（市、区），分组 2 包含 17 个县（市、区），分组 3 包含 31 个县（市、区），分组 4 包含 28 个县（市、区）。通过变量均值的分组统计和平行箱图对数据进行进一步解读（表 4.6 和图 4.24）。

表 4.6   四类分组的变量因子平均值统计

一级因子	二级因子	单位	分组 1	分组 2	分组 3	分组 4
自然地理环境	地形坡度	%	95.92	99.59	96.19	60.64
	海拔	%	3.49	0.12	3.19	64.57
空间资源禀赋	耕地资源	%	75.83	36.65	70.58	34.32
	生态资源	%	16.42	8.12	15.97	49.68
经济社会发展	人口规模	万人	23.74	75.86	38.19	16.11
	工业基础	%	43.45	44.47	58.81	49.11
	设施投资	万元	600 833	2 599 203	1 269 835	694 602
	经济水平	元	12 722	44 983	25 694	15 699
区位交通条件	区位条件	km	160 717	20 505	109 755	184 195
	交通条件	km/km²	0.111	0.322	0.190	0.054
旅游景观资源	景区资源	个/100km²	0.004	0.016	0.005	0.003
	水体资源	m	9 734	8 125	6 938	18 723

其中，分组 2 具有明显的区位、交通、经济、人口、投资、地形等优势。17 个县（市、区）距成渝中心城区的平均距离仅 20km；路网密度为 0.322km/km²，人均 GDP 为 44 983 元，城镇人口规模 75.86 万人，坡度 5°以下空间占比达到 99.59%，基础设施投资达到 260 亿元，均为四组中最高值。

分组 4 则为海拔较高、生态资源良好，但交通区位不便，城镇人口较为匮乏的地区。28 个县（市、区）的海拔 800m 以上空间占比均值为 64.57%，整体海拔较高；其次，县（市、区）内部近 50% 的空间为生态型空间，显示出良好的生态基底。但距成渝中心城区平均距离为 184km，几乎处于成渝地区边缘；城镇人口规模平均为 16.11 万人，耕地占比 34.32%，交通密度 0.054km/km²，距大型水域平均 18.7km，景区核密度 0.003 个/100km² 等数值，均处于四个分组中的劣势位置。

分组 1 的耕地资源较为突出，平均占比达到 75.83%；经济水平（人均 GDP）和基础设施（固定资产投资）较差外，其余数据均处于四个分组的中部，属于耕地条件丰富但发展较为不足的地区。分组 3 则在区位、交通、人口、经济、设施等方面仅次于分组 2，工业产值占比达到四个分组中最高的 58.81%，是整体优势较好的分组。

结合分组的变量特征和空间分布，可以对四个分组进行总结：分组 1 主要为盆地中部以农业为主导的 65 个县（市、区）；分组 2 为两大核心主城区的 17 个县（市、区）；分组

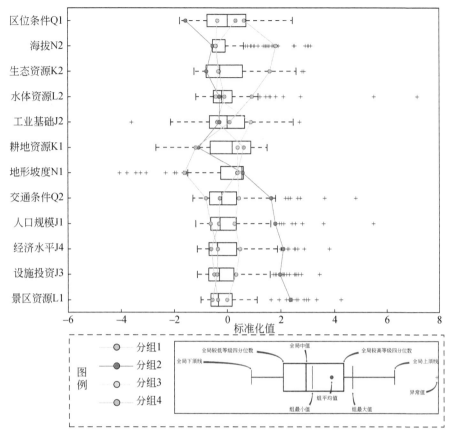

图 4.24　四类分组结果数据分析

3 为成渝两个中心城区周边县（市、区）以及其他部分地级市主城区的 31 个县（市、区）；分组 4 为盆地周边以生态空间为主的 28 个县（市、区）（图 4.25）。

　　综合两类分组方式的结果来看，成渝中心城区和周边山地片区的划分结果较一致，主要差别体现在四类分组结果体现出成渝两大核心片区周边既具有良好的区位交通优势，又保留了大量传统农业区域的空间集群，在三类分组基础上实现了进一步细化。

4.2.6　成渝地区县（市、区）主导功能类型划分

　　结合成渝地区实际情况，可以将乡村的多功能从农业、经济、消费、生态、生活 5 个方面进行归纳总结。其中，农业功能是乡村提供的基础性功能，可保障食品供给和安全，也是成渝地区乡村所承担的主要功能；经济功能则是通过对农业产出进一步加工，发挥商品属性职能，提升乡村的经济价值；消费功能是乡村为城市地区提供旅游、休闲、体验等消费性服务；生态功能是乡村地区提供生态安全、调节等服务，保障环境的可持续发展；生活功能则是针对所在地村民，提供生活基本空间的功能，包括居住、交往、文化等内容。

图 4.25 成渝地区四类分组结果

同时结合空间规划的视角，研究乡村类型划分方式，并将其与功能类型结合考虑，综合确定成渝地区乡村聚落的类型划分。在已有研究中，董光龙等[142]将乡村分为农业主导、工业主导、商旅服务和均衡发展型四种类型；白丹丹和乔家君[143]将专业村依据三大产业划分为农业型、工业型及服务业型村庄；龙花楼等[144]将乡村划分出均衡发展型、农业主导型、工业主导型、第三产业主导型四大类型；戈大专等[145]提出传统农耕型、现代市场型、城郊休闲型三种类型乡村；杨忍等[146]则将乡村进一步细化为城市近郊种植型、城市远郊种植型、山区农业种植型、城市远郊养殖型等 12 种空间类型（表 4.7）。

表 4.7 乡村空间类型划分方式的相关研究

乡村空间类型划分方式	学者
4 类：农业主导、工业主导、商旅服务和均衡发展型	董光龙等
3 类：农业型、工业型、服务业型	白丹丹和乔家君
4 类：均衡发展型、农业主导型、工业主导型、第三产业主导型	龙花楼等
3 类：传统农耕型、现代市场型、城郊休闲型	戈大专等
12 类：城市近郊种植型、城市远郊种植型、山区农业种植型、城市远郊养殖型等	杨忍等

资料来源：根据参考文献[142-146]整理。

因此，综合聚类分组结果、功能分类方式与乡村分类研究基础，对成渝地区的乡村多功能类型进行划分。以聚类分析中四类分组方式为基础，将成渝地区县（市、区）多功能转型归纳为城镇化发展、农业升级、产品加工、旅游发展四种主要类型（图 4.26）。其中，"城镇化发展型"代表成渝地区基本完成城镇化的县（市、区），传统意义的乡村空间已不复存在，不继续作为研究对象；"农业升级型"是在政策引导、空间资源、地形地貌等转型变量下，以农业生产为主要功能，对第一产业进行升级，提升产出效率的空间集群，其主要发挥乡村的农业功能；"产品加工型"是在市场需求、区位交通等影响下，推动乡村产业链的延伸，将第一产业与第二产业有机融合，形成产品附加值提升的空间集群，其主要发挥乡村的经济功能；"旅游发展型"是在乡村旅游政策、市场需求、景区资源带动等多方刺激下，将乡村资源与第三产业相结合，形成乡村休闲旅游、农旅融合的空间集群，其主要提供乡村的消费功能。三种不同主导功能类型的县（市、区）均需提供基础的生活功能与生态功能，可以将这两种功能看作县域乡村的基本功能。

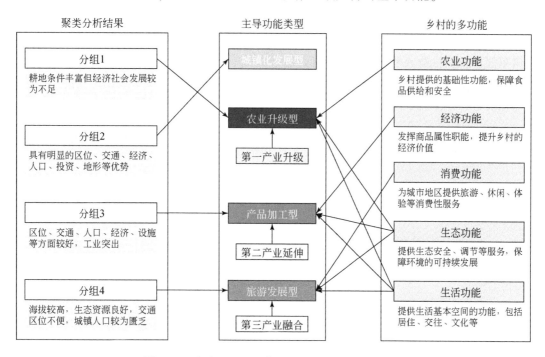

图 4.26 成渝地区县（市、区）主导功能类型划分

4.3 基于优势功能评价的县（市、区）主导功能识别

通过空间聚类分析得到成渝地区 141 个县（市、区）的最佳分组情况，即城镇化发展、农业升级、产品加工和旅游发展四种主导功能类型，其分组结果是直接由"变量"到"结果"，计算过程难以直观展现；同时聚类分析模型中以"组间差距"为分类依据，忽略了各个县（市、区）作为独立个体的内部优势和职能。实际情况中，根据"比较优势理论"，乡村的多功能发展需要发挥每个独立乡村地域的比较优势和核心价值[34]，通过与其他乡村、城市相互协调，形成错位竞争，从而良性发展[147]。因此，本节对成渝地区各县（市、区）进行功能类型识别（组合优势功能）。根据刘彦随等对优势功能的划分方法思路[124]，建立反映动力作用过程的评价模型，以直观测度各个县（市、区）的不同动力

强度，通过"比较优势"最终确定空间类型，并将其作为乡村振兴分类、分区优化的依据。

4.3.1　优势功能评价模型建构

在定量研究方法中，建立评价指标及评价模型对科学地度量地区发展水平，监测、预测空间发展趋势有着重要的意义[148]。在已有研究中，通过乡村多功能评价来确定空间功能分区、确定主导功能定位成为一种较为普遍的方式[149]。例如，钱磊和张研[150]通过构建经济功能、社会功能、生态功能和休闲功能4个准则层指标和18个指标层指标，对西安市的农业多功能进行评价及空间功能分区；包雪艳等[151]构建包含农业生产、工业发展、生活保障、生态保育、旅游休闲五大功能20项指标的乡村地域多功能评价指标体系，对福州东部片区乡村地域多功能空间分异进行了研究。

本书基于已有研究的模型构建思路与方法，来构建优势功能评价模型，对各县（市、区）功能进行定量化、过程化评价。其具体计算方式如下：

$$D_N = \sum_{i=1}^{n} w_i N_i \qquad (4.6)$$

$$D_C = \sum_{i=1}^{n} w_i C_i \qquad (4.7)$$

$$D_L = \sum_{i=1}^{n} w_i L_i \qquad (4.8)$$

式中，D_N、D_C、D_L 分别为农业升级功能指数、产品加工功能指数、旅游发展功能指数；N_i、C_i、L_i 分别为农业升级、产品加工、旅游发展指标 i 标准化的值；w_i 为指标 i 的权重；n 为指标数量。

主导功能的确定。由于各指标采用 min-max 标准化处理，取值范围是 0~1，可以将上述评价指数放在同一个框架下进行对比，取值越大表示所具有的该功能越显著，对每个县（市、区）的三项功能指数进行排名，县（市、区）中三项功能指数排名高者则确定以该功能为主导。

4.3.2　功能评价指标体系建构

在指标的选取上，结合上文中的乡村聚落功能转型的变量，根据聚类分析中不同聚类的指标变量属性特征，进行不同功能的指标选取，对表 4.2 中的 12 项表征指标进行分类构建，确定主导功能评价指标体系（图 4.27）。指标体系构建秉持两个原则：首先能够反映不同主导功能内涵，对不同指标进行功能划分；其次考虑数据的有效性与系统性，数据间具有独立性和关联性，能够反映县（市、区）主导功能的特征评价。本书提出了县（市、区）的四种主导功能，主要针对非城镇发展型的有农业升级、产品加工、旅游发展三种主导功能。其中，农业升级功能确定生产地形条件、耕作海拔条件、耕地空间资源、基础设施建设四项评价因子；产品加工功能确定区位优势条件、工业发展基础、市场需求规模、交通便利条件四项评价因子；旅游发展功能确定旅游景区资源、人群消费水平、生态环境资源、水体景观资源四项评价因子。

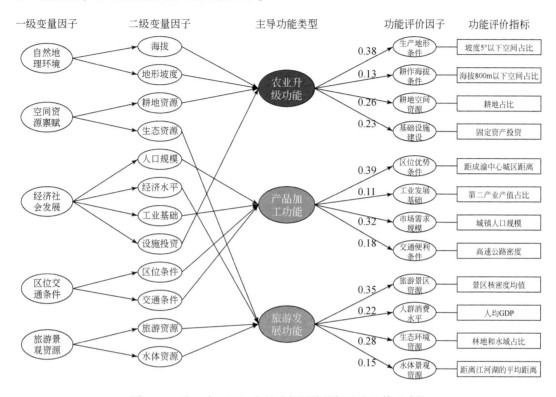

图 4.27　县（市、区）主导功能评价指标选取及体系建构

评价因子权重根据层次分析法（AHP）的平均值与熵值法的平均值综合确定，该方法在降低层次分析法主观赋权的同时，克服了传统熵值法仅依据指标观测值差异计算权重的不合理现象，使权重设定具有较高的可靠性和可信度。同时，评价因子数据采用 min-max 标准化处理，其中区位优势条件和水体景观资源为负向指标，其余为正向指标（表 4.8）。

表 4.8　评价因子及指标体系

功能类型	评价因子	编号	指标	权重	属性
农业升级	生产地形条件	N1	坡度 5°以下空间占比	0.38	+
	耕作海拔条件	N2	海拔 800m 以下空间占比	0.13	+
	耕地空间资源	N3	耕地占比	0.26	+
	基础设施建设	N4	固定资产投资	0.23	+
产品加工	区位优势条件	C1	距成渝中心城区距离	0.39	−
	工业发展基础	C2	第二产业产值占比	0.11	+
	市场需求规模	C3	城镇人口规模	0.32	+
	交通便利条件	C4	高速公路密度	0.18	+

功能类型	评价因子	编号	指标	权重	属性
旅游发展	旅游景区资源	L1	3A 级以上景区核密度均值	0.35	+
	人群消费水平	L2	人均 GDP	0.22	+
	生态环境资源	L3	林地和水域占比	0.28	+
	水体景观资源	L4	距离江河湖的平均距离	0.15	−

4.3.3 县（市、区）主导功能类型识别

在总结出的四类乡村空间类型中，城镇化发展类型的县（市、区）已经不存在传统意义的乡村聚落空间，所以本章主要针对农业升级、产品加工、旅游发展三种主导功能进行评价及最终确定县（市、区）的空间类型。将完全城镇化的成都市锦江区、金牛区等7区和重庆市的江北区、渝中区等9区排除，对保留的125个县（市、区）进行功能评价。将评价因子数值代入模型计算得到如下结果（表4.9），从均值来看，农业升级功能评分最高，为0.574，其次为产品加工和旅游发展，分别为0.413和0.339，总体说明成渝地区的县（市、区）仍然以农业升级功能为主。其中，产品加工的评分波动较大，最大值0.775为成都市北郊的新都区，最小值出现在屏山县，只有0.108，标准差达到0.141，说明该功能两极分化较为严重。

表4.9 县（市、区）主导功能类型评价统计

功能类型	平均值	最大值	最小值	标准差
农业升级	0.574	0.771	0.159	0.115
产品加工	0.413	0.775	0.108	0.141
旅游发展	0.339	0.707	0.160	0.106

结合 ArcGIS 的空间可视化分析，解读不同功能类型评分的空间分布具体情况。对于农业升级功能评价而言，指数得分范围在0.159～0.771。其中，生产地形条件、耕作海拔条件和耕地空间资源较高的区域均集中在盆地内部，主要是在成都平原与川中丘陵地区，基础设施建设减少则围绕两个主城区以及万州区等地呈现较高值；通过加权叠加后的评价结果可以看出，农业升级功能指数较高的区域集中在成渝地区中部，这些地区拥有良好的地形条件和农业资源，对农业升级功能更为有利（图4.28）。

对于产品加工功能评价而言，指数得分范围在0.108～0.775。其中，区位优势条件、交通便利条件和市场需求规模三项单因子主要是以成都市和重庆主城区为高值区域，该区域拥有良好的区位条件和交通基础，可以更为便捷地到达消费核心区；工业发展基础的高值区则分布较为分散，表示其拥有良好的工业基础条件和发展潜力。从加权叠加后的评价结果来看，产品加工功能优势区主要围绕成渝两大核心都市区展开，根据城镇化的发展，人口越集中在两大都市区，其资源禀赋、基础设施、消费需求越能较好地支撑该地区产品

加工功能的发挥（图4.29）。

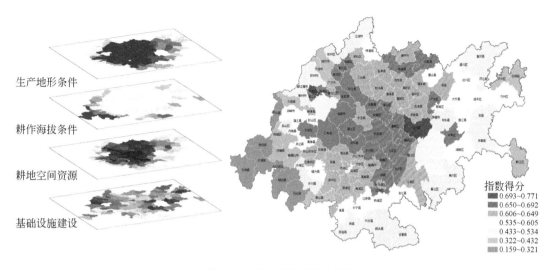

图4.28　农业升级功能评价

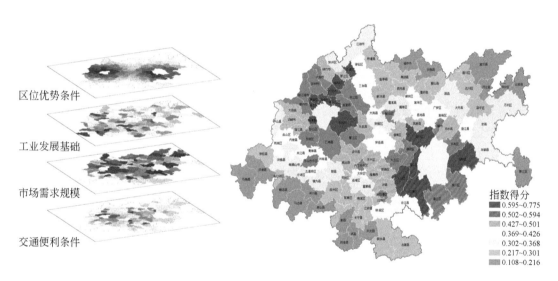

图4.29　产品加工功能评价

从旅游发展功能评价指数计算可以看出，其得分范围在0.160～0.707。其中，旅游景区资源的优势区域在成渝两大中心城区周边且较为集中，而核心区外的江津区、宜宾市翠屏区、万州区分别拥有14个、13个和12个A级景区，这对乡村旅游发展具有一定带动作用；人群消费水平指数则围绕成渝中心呈双圈层式递减；生态环境资源指数则是在成渝地区边缘地区较高；水体景观资源则与长江、嘉陵江、涪江、沱江的分布较为密切。综合来看，旅游发展的功能优势区分布在山体林地资源较为突出的盆地周边，符合目前越来越多的城市人群选择到生态环境良好、休闲旅游资源丰富的城郊地区进行周末游的乡村旅游发展趋势（图4.30）。

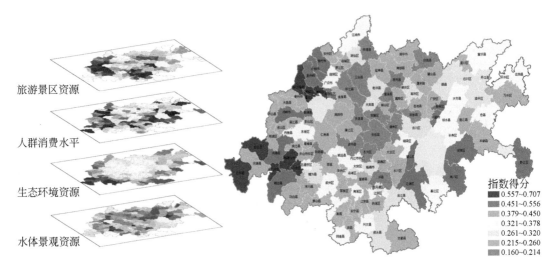

图4.30 旅游发展功能评价

在对三项功能评价的基础上，对125个县（市、区）的三项指数进行排名，通过"比较优势"确定县（市、区）的主导功能类型，即三项功能评分排名靠前则该类型功能主导程度越强，即以该功能为主导（表4.10）。以安居区为例，其农业升级、产品加工和旅游发展的功能评价指数分别为0.6487、0.2994、0.1969，在125个县（市、区）中分别位列第27名、第84名、第120名，故将农业升级作为其主导功能；璧山区三项排名分别为第56名、第11名和第22名，可以看出璧山区的产品加工和旅游发展均位于前列，但产品加工的优势更加突出，故将产品加工作为璧山区的主导功能；将旅游发展功能为主导的以峨眉山市为例，其三项排名分别为第112名、第75名和第7名，可以看出峨眉山市的旅游发展功能较为突出，故将旅游发展作为该市的主导功能。

表4.10 县（市、区）功能评价指数汇总

县（市、区）	农业升级		产品加工		旅游发展		主导功能
	功能指数	指数排名	功能指数	指数排名	功能指数	指数排名	
安居区	0.648 7	27	0.299 4	84	0.196 9	120	农业升级
安岳县	0.670 4	9	0.365 4	54	0.168 1	125	农业升级
安州区	0.498 1	98	0.320 5	76	0.346 4	42	旅游发展
璧山区	0.620 1	56	0.501 3	11	0.380 0	22	产品加工
崇州市	0.467 7	108	0.448 5	23	0.359 4	32	产品加工
船山区	0.661 3	17	0.431 6	31	0.238 7	94	农业升级
翠屏区	0.638 0	39	0.370 2	52	0.355 1	38	旅游发展
达川区	0.578 5	78	0.260 5	98	0.278 5	75	旅游发展
大安区	0.629 9	46	0.345 7	64	0.306 8	59	农业升级
大邑县	0.427 2	114	0.397 8	40	0.363 0	27	旅游发展

续表

县 (市、区)	农业升级		产品加工		旅游发展		主导功能
	功能指数	指数排名	功能指数	指数排名	功能指数	指数排名	
大英县	0.647 2	29	0.355 4	56	0.246 2	89	农业升级
大竹县	0.547 9	85	0.326 4	73	0.306 2	61	旅游发展
大足区	0.656 4	20	0.443 6	26	0.243 5	91	农业升级
丹棱县	0.600 2	68	0.338 1	68	0.319 5	51	旅游发展
垫江县	0.599 2	70	0.350 7	59	0.236 0	99	产品加工
东坡区	0.671 3	7	0.475 5	15	0.300 9	63	农业升级
东兴区	0.662 5	15	0.378 6	48	0.193 2	123	农业升级
都江堰市	0.475 7	105	0.444 3	24	0.439 0	9	旅游发展
峨边县	0.232 0	123	0.194 7	115	0.395 9	17	旅游发展
峨眉山市	0.431 8	112	0.325 5	75	0.443 6	7	旅游发展
丰都县	0.479 1	104	0.296 2	86	0.327 9	50	旅游发展
涪城区	0.688 4	3	0.495 7	13	0.358 1	33	农业升级
涪陵区	0.586 3	73	0.493 4	14	0.406 2	14	旅游发展
富顺县	0.639 4	35	0.314 7	79	0.233 8	100	农业升级
高坪区	0.615 8	60	0.360 2	55	0.252 4	84	产品加工
高县	0.564 9	82	0.207 4	110	0.348 4	40	旅游发展
珙县	0.485 8	102	0.182 1	118	0.360 7	31	旅游发展
贡井区	0.627 8	49	0.272 5	92	0.239 5	93	农业升级
古蔺县	0.519 7	90	0.241 7	103	0.218 9	107	农业升级
广安区	0.666 7	11	0.349 9	61	0.243 2	92	农业升级

注: 仅为部分示例, 或在标题中备注。

对125个县 (市、区) 逐一确定主导功能。最终确定, 农业升级功能主导包含59个县 (市、区), 主要分布在盆中农业优势地区; 产品加工功能主导包含18个县 (市、区), 主要分布在成渝核心都市区周边, 以及部分加工产业相对具有优势的县 (市、区); 旅游发展功能主导共有48个县 (市、区), 主要分布在盆地周边生态环境优越的地区 (图4.31和表4.11)。

表4.11 县 (市、区) 主导功能识别

主导功能类型	数量/个	县 (市、区)
农业升级	59	安居区、安岳县、船山区、翠屏区、达川区、大安区、大英县、大足区、东坡区、东兴区、涪城区、富顺县、高坪区、贡井区、古蔺县、广安区、合川区、嘉陵区、犍为县、简阳市、江阳区、金堂县、旌阳区、井研县、阆中市、乐至县、隆昌市、泸县、罗江区、南部县、南溪区、内江市市中区、蓬安县、蓬溪县、郫都区、渠县、仁寿县、荣昌区、荣县、三台县、射洪县 (现射洪市)、顺庆区、铜梁区、潼南区、五通桥区、武胜县、西充县、叙州区、沿滩区、盐亭县、雁江区、仪陇县、营山县、游仙区、岳池县、长寿区、中江县、资中县、梓潼县

主导功能类型	数量/个	县（市、区）
产品加工	18	璧山区、崇州市、垫江县、广汉市、合江县、江津区、乐山市市中区、邻水县、龙马潭区、彭山区、彭州市、蒲江县、綦江区、青白江区、威远县、新都区、新津县（现新津区）、永川区
旅游发展	48	安州区、大邑县、大竹县、丹棱县、都江堰市、峨边县、峨眉山市、丰都县、涪陵区、高县、珙县、汉源县、洪雅县、华蓥市、夹江县、江安县、江油市、金口河区、开江县、开州区、梁平区、芦山县、马边彝族自治县、绵竹市、名山区、沐川县、纳溪区、南川区、屏山县、前锋区、黔江区、青神县、邛崃市、沙湾区、什邡市、石棉县、通川区、万州区、温江区、荥经县、兴文县、叙永县、宣汉县、雨城区、云阳县、筠连县、长宁县、忠县

图 4.31　成渝地区各县（市、区）的主导功能类型划分

4.4　聚落个体多功能转型类型分析

4.4.1　当前乡村聚落个体类型划分研究

当前关于乡村类型研究所涉及城乡规划学、人文地理学、建筑学、风景园林学、社会学、经济学等学科，导致乡村类型的划分视角和方法不同，也形成了划分结果具有多样化的特征。例如，乡村从经济水平视角可以划分为发达型、相对发达型、发展中类型、相对

落后型和落后型；从主导产业视角可以划分为旅游产业型、工业企业型、休闲产业型、商贸流通型、畜牧养殖型等；从地形地貌视角可以划分为山地型、丘陵型、平原型等；从发展与管制视角可以划分为空间增长型、空间控制型、空间紧缩型等；还可以从社会结构视角可以划分为华南宗族型、中部原子化村庄型、华北小亲族型等[152]（表 4.12）。可见，从不同学科、不同研究视角，可以对乡村个体进行不同类型的划分，因此本书需要对乡村聚落个体的类型进行明确的划分与界定，以便针对不同乡村类型进行针对性的机制剖析、模式提取和规划优化任务。

表 4.12　乡村类型划分视角及典型结果[152]

类型	亚类	典型结果
经济视角	经济水平视角	发达型、相对发达型、发展中类型、相对落后型和落后型
	经济结构视角	农业主导型、工业主导型、商旅服务型和均衡发展型
	主导产业视角	旅游产业型、工业企业型、休闲产业型、商贸流通型、畜牧养殖型等
空间视角	生态环境视角	生态保护优先型、生态保护并重型、城镇化发展型
	地形地貌视角	山地型、丘陵型、平原型
	发展与管制视角	空间增长型、空间控制型、空间紧缩型
	建设类型视角	转化型、改（扩）建型、新建型、保护型、控制型、搬迁型
	区位视角	城中村型、城郊村型、远郊村型
社会视角	权威视角	荣誉型、仲裁型、决策型、主管型
	社会结构视角	华南宗族型、中部原子化村庄型、华北小亲族型

在乡村类型的确定方法上，宏观区域层面可以采用不同变量因子，通过聚类分析、功能评价的方法，对有限的 141 个县（市、区）单元进行正向推导，确定成渝地区乡村聚落功能转型与空间重构的类型是由农业升级、产品加工和旅游发展构成的。但是在聚落个体层面，由于成渝地区乡村聚落数量巨大、个体情况复杂多变，些许的地形差异、细微的区位偏差、不同的种植习惯差异等，均会导致不同类型聚落的功能转型方向不同，进而引发截然不同的空间重构特征，所以通过变量数据正向推导出不同乡村聚落个体类型的方法仍然有待研究与突破。相反地，在实地调研与规划项目实践过程中，利用当地村民、政府工作人员、规划师积累的经验则可以对乡村个体进行快速诊断，识别乡村的个体类型，但前提是需要对乡村类型有一个明确的划分方式与定义。因此，针对聚落个体，本书结合乡村多功能转型的思路，结合县（市、区）主导功能的划分，进一步明确乡村类型的界定与内涵，以把握聚落个体层级的多功能转型方向。

4.4.2　乡村聚落个体类型的划分

1）县（市、区）主导功能指导下的聚落个体类型

从前文分析结果来看，除城镇化发展型的县（市、区）以外，成渝地区乡村地域的县

（市、区）主导功能可以划分为农业升级、产品加工和旅游发展三种类型。从单独的县（市、区）单元来看，县域单元由若干乡村聚落个体单元构成，县（市、区）主导功能的有效发挥依赖于不同个体单元的发展融合，区域内部 A+B+C 的功能组合，是实现区域发展高层次均衡化的重要途径[50]。结合我们观察的实际情况，成渝地区的每个县域单元内部乡村由于资源禀赋差异形成现代种植业、产品加工业、乡村休闲旅游业等不同发展导向，因此可以初步判断乡村聚落个体类型仍然可以划分为农业升级、产品加工和旅游发展三种类型，其不同组合方式构成了县（市、区）的主导功能。其差别是在不同功能主导的县（市、区）中，不同类型聚落个体的数量比例不同、转型阶段不同以及功能成熟度不同[153]（图 4.32）。

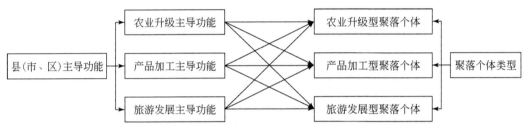

图 4.32　县（市、区）主导动力与聚落个体发展动力的关联

以永川区为例，从主导功能来看，该区以产品加工为主导。在功能评价指数中，农业升级、产品加工和旅游发展指数分别为 0.6544、0.5108 和 0.3424，分别位列 125 个县（市、区）的第 22 位、第 9 位、第 45 位，总体看来，产品加工功能的优势较突出。但其三项指数中，农业升级功能评价指数最高，表明虽然以产品加工为其优势功能，但永川区的农业升级和旅游发展的功能仍然突出，在地区内部仍包含不少以农业升级、旅游发展为主导功能的乡村。例如，凉风垭村、玉峰村和萱花村，分别代表乡村聚落个体的不同功能发展类型（表 4.13）。

表 4.13　永川区不同类型的乡村聚落个体示例

功能类型	典型代表	功能与产业概述	土地利用现状图	现状航拍
农业升级	凉风垭村	以平坝丘陵为主，已组建花椒种植股份合作社，花椒基地规模达到935.82 亩，栽植花椒苗9.5 万株		
产品加工	玉峰村	紧邻三教产业园，主要发展农副产品、休闲食品、调味品及饮料等加工产业，种植柠檬、水稻、玉米、油菜		

功能类型	典型代表	功能与产业概述	土地利用现状图	现状航拍
旅游发展	萱花村	位于茶山竹海景区南部入口处，最高点726.73m，以旅游服务、疗养、娱乐等功能为主导，全村拥有64家农家乐		

2）功能转型类型与乡村产业发展的双向耦合

从乡村产业发展维度进行剖析，进一步解释乡村聚落个体类型主要是农业升级、产品加工与旅游发展三个导向。《国务院关于印发"十四五"推进农业农村现代化规划的通知》中提出"探索差异化、特色化的农业现代化发展模式"，明确以乡村本底资源为依托，在壮大现代种养业、乡村特色产业的基础上，加快发展农产品加工业、农产品流通业，同时大力培育乡村休闲旅游业、乡村新型服务业、乡村信息产业等新业态，构建类型丰富、特色鲜明、协同发展的乡村产业体系。在夯实第一产业的同时，以拓展第二、第三产业为重点，纵向延伸产业链条，横向拓展产业功能，多向提升乡村价值。因此，可以看出，我国的乡村产业也在由传统生产转向多元业态融合发展，逐步实现乡村地域的一二三产联动发展[154]。在此基础上，农业农村部根据乡村产业发展态势，2021年9月调整更新印发《全国乡村重点产业指导目录（2021年版）》，对乡村产业类型进行了进一步明确：将其划分为现代种植业、农产品加工业、农产品流通业等7个大类，规模种养业、优势特色种养业、粮食加工与制造业等70项二级分类（表4.14）。

表4.14 全国乡村重点产业指导目录

一级分类	二级分类
现代种植业	规模种养业、优势特色种养业
农产品加工业	粮食加工与制造业、饲料加工业、粮食原料酒制造业、植物油加工业、果蔬加工业等
农产品流通业	农林牧渔及相关产品批发、农林牧渔及相关产品零售、农林牧渔及相关产品运输等
乡村制造、农田水利设施建设和手工艺品业	肥料制造、农兽药制造、渔业养殖捕捞船舶制造、乡村手工艺品等
乡村休闲旅游业	乡村休闲观光、乡村景观管理、农家乐经营及乡村民宿服务、乡村体验服务等
乡村新型服务业	农资批发、农林牧渔专业及辅助性活动、农林牧渔业专业技术服务、农林牧渔业教育培训、农林牧渔业知识普及
乡村新产业新业态	生物质能开发利用、农林牧渔业信息技术服务、创业创新服务等

资料来源：根据《全国乡村重点产业指导目录（2021年版）》整理。

因此，在《全国乡村重点产业指导目录（2021年版）》基础上，结合县（市、区）

主导功能，可以对乡村聚落个体的类型进一步细化：农业升级型乡村是以现代种植业等为主的第一产业升级的乡村，主要承担了乡村的农业功能；产品加工型乡村是以农产品加工业，农产品流通业，乡村制造、农田水利设施建设和手工艺品业等第一、第二产业融合发展的乡村，激发了乡村的经济功能；旅游发展型乡村以乡村休闲旅游业、乡村新型服务业、乡村新产业新业态等第三产业为主进行发展，额外挖掘了乡村的消费功能[155]（图4.33）。

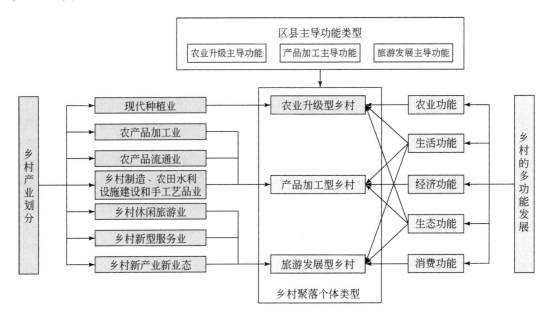

图4.33 乡村聚落个体类型划分

4.4.3 不同类型聚落的界定及其特征

在农业升级、产品加工和旅游发展三种聚落的基本划分之上，进一步从成渝地区不同类型乡村的发展起源、发展方式及发展趋势上对其进行剖析，明确不同乡村聚落的特点，以便于准确划分不同乡村类型。

1）农业功能为主的农业升级型聚落

从发展背景上讲，早在20世纪50~60年代，发达国家开始逐步推进农业机械化，实现农业生产的规模化，大大提高了劳动生产率。而我国当前人均耕地面积（1.36亩）远远低于人均耕地面积世界平均水平（约3.1亩），面临人口数量与农业资源不匹配的现实矛盾，所以我国从2003年的中央1号文件开始，不断引导农业转型升级发展，逐步实现乡村农业现代化目标。在此背景下，农业升级成为我国乡村聚落重要的发展动力。同时，成渝地区是我国重要的粮油产出地和果蔬产地，但是地形条件限制和传统家庭承包制的影响，导致传统农业种植呈现规模小、分散化的特征。在农业升级下，占据成渝大部分乡村地区的粮油作物、瓜果蔬菜、花卉苗木等第一产业，需要通过农用地整理、高标准农田建设、土地流转、规模化经营等方式进行升级，从而提升整体的产出效率，同时改善乡村的人居环境。

从具体实现方式上，农业升级是通过农业规模化、体系化和流程化，将生产空间通过耕地整理、农林复合、技术引入等方式更加高效利用，构建机械化耕种、高效循环的现代化农业生产方式，提高土地生产效率、农业劳动生产率和市场竞争力[156]，从而带来乡村经济社会的提升（图4.34）。在该动力下，乡村聚落依旧以第一产业为主。

(a)粮油作物规模化(大足区长虹村)

(b)柑橘基地规模化(武胜县陈家寨村)

(c)瓜果苗木规模化(成都市月湾村)

(d)经济果林规模化(成都市菠萝村)

图 4.34　成渝地区农业升级型乡村示例

2）经济功能为主的产品加工型聚落

2020 年我国农产品加工业的营业收入超过了 23 万亿元，与农业产值之比接近 2.4∶1，农产品加工转化率达到了 67.5%，但对比发达国家的 85.3% 仍低了近 18.0%[157]。所以，在新一轮科技革命、城镇化、工业化推动下，产品加工成为乡村发展的重要推动力。2018年出台的《农业部关于实施农产品加工业提升行动的通知》，对乡村产品加工产业的发展进行了明确部署：统筹推进初加工、精深加工、综合利用加工和主食加工协调发展。大力支持新型经营主体发展农产品保鲜、储藏、烘干、分级、包装等初加工设施；引导建设一批农产品精深加工示范基地，推动企业技术装备改造升级，开发多元产品，延长产业链，提升价值链。针对不同地域空间的乡村产业，引导"三区"（粮食生产功能区、重要农产品生产保护区、特色农产品优势区）建设规模种养基地，同时鼓励发展产后加工，使农产品就地就近加工转化增值；在大中城市郊区发展主食加工、方便食品及农产品精深加工产业，打造产业发展集群[158]（图 4.35）。

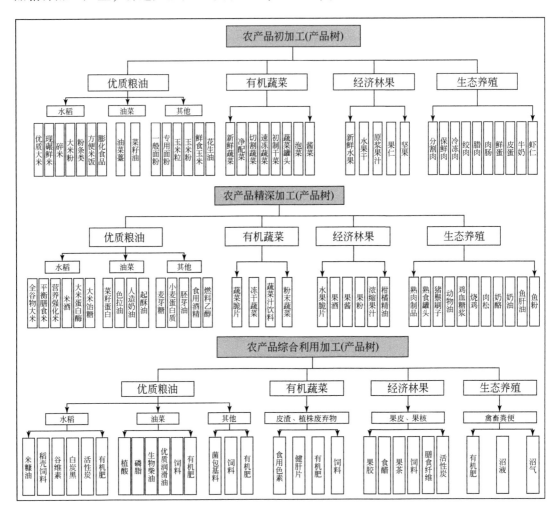

图 4.35 乡村加工产业产品树

资料来源：根据相关政策资料绘制

2017 年，四川省政府办公厅首次单独就农产品加工业发展出台实施意见，印发《关于加快农产品加工业发展的实施意见》，该文件提到：集中发展产地初加工，引导农村经营主体集中发展农产品产地初加工，支持新建、改建清选分级、储藏、保鲜、烘干、包装等设施、设备，提高农产品商品化处理率（图 4.36）。由此可以看出，农业加工是成渝地区乡村聚落提升农产品效益、延伸产业链、增加产品竞争力的有效路径。

3）消费功能为主的旅游发展型聚落

旅游发展是成渝地区乡村聚落个体的重要类型。从发展趋势上讲，《乡村振兴战略规划（2018—2022 年）》《全国乡村产业发展规划（2020—2025 年）》将乡村旅游业作为重

(a)豆瓣加工(郫都区战旗村)

(b)农产品交易中心(彭州市桂桥村)

(c)茶叶加工(永川区石笋山村)

(d)食用菌加工(永川区景圣村)

图 4.36 成渝地区产品加工型乡村示例

点发展类型之一[159]。乡村聚落受到旅游发展的影响,从供给的角度来看,休闲、旅游等服务的诞生主要是农村产业结构调整、村民经济增长的需要;从市场需求的角度来看,由于城市化进程加快,城市居民对乡村观光休闲、度假康养、运动休闲、文化体验等休闲旅游活动的消费需求,使乡村聚落空间受各类休闲旅游活动影响而实现重构优化[160]。在此驱动力下,乡村聚落个体的活动逐渐多元化,休闲旅游产业逐渐取代农业的生产生活主体地位,与乡村聚落空间融合,形成了旅游型乡村。

成渝地区拥有丰富的地形、优美的自然环境、田园风光、特色文化传统等优质本底资源,具有良好的旅游发展基础和潜力 (图 4.37)。乡村旅游业 19 世纪起源于欧洲,在我国发展起步较晚,兴起于 20 世纪 80 年代的传统农家乐模式[161],成都郫都区农科村作为

(a)中国"农家乐"发源地(成都市农科村)

(b)乡村休闲旅游(成都市三圣乡)

| (c)文化体验旅游(成都市柒村) | (d)农旅融合(大足区长虹村) |

图 4.37   成渝地区旅游发展型乡村示例

农家乐起源地，于 80 年代诞生了中国第一家农家乐，短短三四年的时间里，农科村的农家乐由最初的 4 户发展到了 100 多户。此外，21 世纪初成都市三圣乡的"五朵金花"名声享誉全国，成为现代乡村休闲旅游的雏形。

4.4.4   乡村聚落个体类型划分总结

综上所述，可以较为明确地对三种类型乡村进行界定：农业升级型乡村聚落是以农业生产功能为主的乡村，在保护基本农田、耕地红线的前提下，通过土地流转、高标准农田建设、规模化种植养殖、组织化经营提升农业生产效率，其总体依然以第一产业为主[162]；产品加工型乡村聚落是在具有良好区位、交通、加工产业基础的乡村，通过科技革新和消费需求升级，逐步拓展传统低收益的农产品产业链，发展加工、物流、贸易等相关产业，其以乡村经济功能为主，增加产品附加值，提高经济收益，并延伸出第一、第二产业融合发展的业态[163]；旅游发展型乡村聚落是在具有良好生态景观、民俗文化等旅游本底资源，以消费功能为主的乡村，在生活水平提高、乡村休闲体验需求的刺激下，发展形成农耕体验、乡村休闲、田园民宿、研学艺术等旅游服务活动[164]（表 4.15）。

表 4.15   乡村聚落个体功能类型划分

类型划分	类型描述	功能概述	产业类型	示例
农业升级	在以农业生产为主导的乡村，在保护基本农田、耕地红线的前提下，通过土地流转、高标准农田建设、规模化种植养殖、组织化经营提升农业生产效率	农业功能为主，兼顾生活功能、生态功能	第一产业为主	重庆市大足区长虹村

类型划分	类型描述	功能概述	产业类型	示例
产品加工	在拥有良好区位交通条件、加工产业基础的乡村，在科技革新和消费需求升级的前提下，拓展传统低收益的农产品，发展加工、物流、贸易等相关产业，增加产品附加值，提高经济收益	经济功能为主，兼顾生活生态、农业功能	第一、第二产业融合	成都市郫都区战旗村
旅游发展	在具有良好生态景观、民俗文化等旅游本底资源的乡村，在生活水平提高、乡村休闲体验需求的刺激下，发展形成农耕体验、乡村休闲、田园民宿、研学艺术等旅游服务活动	消费功能为主，兼顾生活、生态、农业功能一、三产业整合	第三产业为主；或第一、第三产业融合	成都市崇州市竹艺村

4.5 本章小结

本章综合选取自然地理环境、空间资源禀赋与经济社会发展等内部影响因素，以及公共政策引导、区位交通条件和旅游景区资源等外部影响因素对成渝地区乡村聚落功能转型进行分析。根据变量特征，运用聚类分析模型，判断出成渝地区 141 个县（市、区）分为三类或四类均较合适。当分组数为三类时，分组 1 包含 30 个盆地周边的县（市、区）；分组 2 包含 92 个盆地中部大部分县（市、区）；分组 3 包含 19 个成渝两个中心城区所在的县（市、区）范围。当分组数为四类时，分组 1 包含盆地中部 65 个县（市、区）；分组 2 包含两大核心主城区 17 个县（市、区）；分组 3 包含两个中心城区周边以及其他部分地级市主城区的 31 个县（市、区）；分组 4 包含 28 个盆地周边县（市、区）。在此基础上，根据乡村的农业、经济、消费、生态、生活五个方面功能内涵，将成渝地区县（市、区）多功能转型的主导功能归纳为城镇化发展、农业升级、产品加工、旅游发展四种主要类型。

构建优势功能评价模型，对各县（市、区）功能进行定量化评价。对乡村空间为主的 125 个县（市、区）进行功能评价，评价得分均值中农业升级功能评分最高，反映了成渝地区的县（市、区）仍然以农业升级功能为主。农业升级功能评价值较高的区域集中在成渝地区中部，产品加工功能优势区主要围绕成渝两大核心都市区展开，旅游发展的功能优势区分布在山体林地资源较为突出的盆地周边。通过"比较优势"确定区县的主导功能类型，农业升级功能主导包含 59 个县（市、区），主要分布在盆中农业优势地区；产品加工功能主导包含 18 个县（市、区），主要分布在成渝核心都市区周边，以及部分加工产业相对具有优势的县（市、区）；旅游发展功能主导共有 48 个县（市、区），主要分布在盆地周边生态环境优越的地区。

结合乡村转型的多功能性，将乡村聚落个体类型细化为农业升级型乡村，其是以现代种植业等为主的第一产业升级，承担了乡村的农业功能；产品加工型乡村以农产品加工业、农产品流通业、手工艺品业等第一、第二产业融合发展，发挥乡村的经济功能；旅游发展型乡村以乡村休闲旅游业、乡村新型服务业、乡村新产业新业态等第三产业为主进行发展，提供了乡村的消费功能。同时，成渝地区的每个县域单元内部乡村由于资源禀赋差异形成了现代种植业、产品加工业、乡村休闲旅游业等不同发展导向，而不同类型县（市、区）的差异体现在不同类型聚落个体的数量比例不同、转型阶段不同以及功能成熟度不同。

第5章 | 乡村聚落功能转型的动力机制研究

乡村聚落的功能转型与分化是多种因素综合作用的结果，不同时期转型动力具有明显差别。在传统农业功能主导时期，社会生产力水平相对较低，乡村聚落发展的主导因子是既有的自然资源、生态环境和人口结构等本底条件。进入新时期，工业化、城镇化以及农业的现代化、机械化对乡村多功能的形成与发展产生了至关重要的影响[148]。针对当前乡村聚落的发展背景与动力差异，深入探索乡村类型分化的动力机制，对于推进乡村振兴战略和乡村可持续发展具有重要的启示和指导作用。本章以乡村聚落类型的划分与识别为基础，建构典型分析样本数据库，剖析不同类型聚落形成的影响因素作用强度，深化认知成渝地区乡村聚落功能转型过程及其作用机理，为该地区乡村聚落的空间重构、规划优化奠定研究基础，并提供可参考的依据。

5.1 动力机制分析思路与框架

5.1.1 分析思路

如前文所述，乡村聚落多功能转型与空间重构的过程是极为复杂的。成渝地区乡村聚落的不同功能类型正是在这种复杂的演进过程中，由各种影响因素在不同条件、不同层面作用的物化结果。不同类型乡村聚落个体转型的动因及其机制研究在乡村地理学、乡村规划学中又极其重要，是深入解读乡村聚落发展演变、掌握空间重构内在机理，进而辅助乡村空间健康有序发展、科学振兴乡村的重要手段。所以，需要在掌握成渝地区乡村聚落功能转型与空间重构类型划分的基础上，对乡村聚落个体类型形成的动力机制进行进一步剖析。

在乡村聚落个体层面，不同类型的形成是其功能转型的表征，可以通过现场感受、访谈调查直观感受到，而内在影响因素受到自然条件、资源禀赋、区位交通、经济社会等因素的综合影响，导致其作用机制较为复杂。因此，本章探测不同乡村聚落个体的类型分化动力机制，即结合乡村聚落的类型表征与影响因素变量，建立"类型-动力"的关联，进而剖析类型形成的主要影响因素以及不同类型背后的动力作用机制。

在动力机制分析方法的建立思路上，若采用传统规划学的个案分析和定性总结则难以对成渝地区数量巨大的乡村聚落进行客观描述，缺乏普适性[109]。在相关研究领域，乡村聚落空间重构的动力机制研究方法逐渐从定性分析转向指标体系、统计学模型等定量研究方式[165]。此外，在信息化、数字化等现代发展浪潮下，人工智能技术成为我国重点探索与应用的重要方向，积极运用大数据挖掘、机器学习方法，更加全面、科学地分析乡村聚落类型分化过程及其机制，提升完善当前研究范式显得愈发重要。所以本章引入机器学习方法，在可获得的数据的支撑上，尽可能扩大样本量，力求客观描述对成渝地区乡村聚落"类型–动力"的互动机理。

在具体流程上，可以分为数据库建构、机器学习模型输入与输出、类型分化动力机制解析三个部分（图5.1）。数据库建构方面，主要是对可以获取类型划分和转型动力因子的数据进行收集，并对数据进行数字化转译，形成"类型–动力"综合分析数据库；机器学习模型输入与输出由聚落个体的类型划分作为因变量，类型分化动力因子作为自变量，将其输入机器学习模型进行训练并验证有效性后输出；类型分化动力机制解析是根据机器学习模型输出的特征重要性进行解读，探测影响聚落功能转型的因子的重要性，并进行总结归纳，并根据不同类型的驱动因子特征，结合重要性对农业升级、产品加工和旅游发展三类转型的具体动力机制进行分析总结。

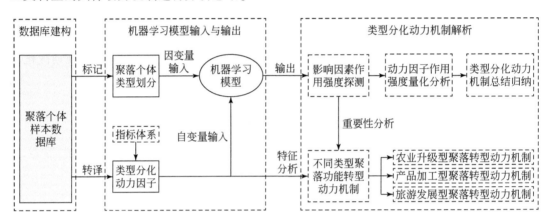

图 5.1　乡村聚落类型分化动力机制分析框架

5.1.2　方法选择：基于 GBDT 模型的解析方法

当前，结合 GIS 的叠加分析和空间统计功能，采用熵权法、多元线性回归、地理探测器、因子分析、聚类分析、时空地理加权回归[4,20,166,167]等方法对用地变化的综合影响进行探测是定量化动力机制分析的主流趋势。随着学科融合和新技术理念的融入，数字化分析、人工智能算法、大数据等技术手段不断更新迭代，为解决科学问题提供了新的契机和途径[168]。在学科融合发展的趋势下，机器学习方法已在地理学、生态环境学研究中用于空间演变、土地变化的相关研究[169]，如支持向量机、K近邻、神经网络、地理探测器、元胞自动机、随机森林、GBDT 等经典机器学习算法已在相关研究中取得了有价值的研究成果，证明机器学习对于空间研究的重要意义[170]。

在模型选取上，基于树的集成算法主流模型（如决策树、随机森林、GBDT 等），擅长处理非线性关系，在复杂的、特征未知的大量多维非平衡数据集的分析决策中具有显著优势，体现出良好的学习效果[171]。其中，基于梯度增强算法的 GBDT 模型具有预测精度高、构建过程简便、能处理连续和离散数据、结果可解释等优点[172]，对于乡村转型类型的影响因素和动力机制研究有极佳适用性和算法优势[173]，因此本书选取该模型进行机器学习研究。

本章基于 GBDT 模型，构建聚落个体多功能转型动力机制解析的机器学习方法，对聚落多功能类型的主导动力进行识别、提取。具体方法是将聚落重构的类型"标签"与"动力"因素（区位条件、自然地理情况、空间资源、社会经济发展情况等）相关联，形成一套完整的数据集，运用机器学习算法计算不同"类型特征"与"动力因素"的耦合关系，提取不同影响因素的作用强度。在构建乡村聚落重构的跨时空尺度综合数据库的基础上，分四个步骤实现：聚落空间重构类型特征标记、多维驱动数据的分析与转译、机器学习模型参数设置与训练、动力因素识别与机制解析[174]（图 5.2）。

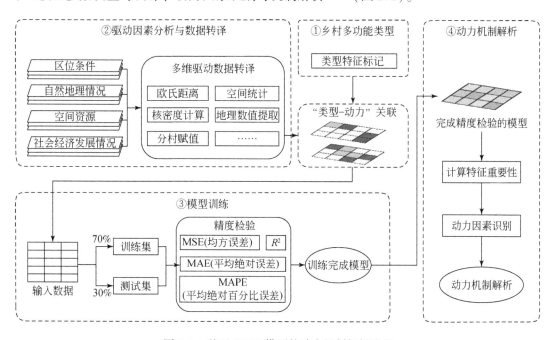

图 5.2　基于 GBDT 模型的动力机制解析流程

5.2　动力分析指标体系建构

动力分析指标体系建构应立足于乡村地域系统和重构内容的复合性，基于适应自然条件、提高经济效率、保护生态环境、维护社会公平、资源高效利用的价值取向加以综合考量[70]。为保证宏观层面与微观层面动力因素自变量的一致性，聚落个体层级的动力指标体系是在成渝地区县（市、区）功能评价变量因子指标体系的基础上，根据个体层级的数据要求进行进一步遴选与细化。

5.2.1　基于聚类分析结果的变量重要性判断

前文宏观层面 141 个县（市、区）的空间聚类分析中，分组结果是由 12 个变量计算得出的，在运算过程结束后可以得到变量的"重要性"排序，用于筛选对分类结果具有重要贡献的变量因子，排除掉重要程度不高的因子，从而实现指标体系的"遴选"。在用 ArcGIS 的分组分析工具计算后输出的报表文件中，会记录每个变量的 R^2 值，该值反映了在分组流程之后原始数据中的变化的保留程度，特定变量的 R^2 值越大，变量越能更好地对要素进行区分。根据四类分组结果的报表文件，海拔、景区资源、经济水平的 R^2 值分别为 0.81、0.79、0.77，均是对类型划分的重要驱动因子，紧随其后的是地形坡度、生态资源、耕地资源、设施投资、交通条件和人口规模；区位条件、工业基础、水体资源的 R^2 值都不超过 0.50（图 5.3）。

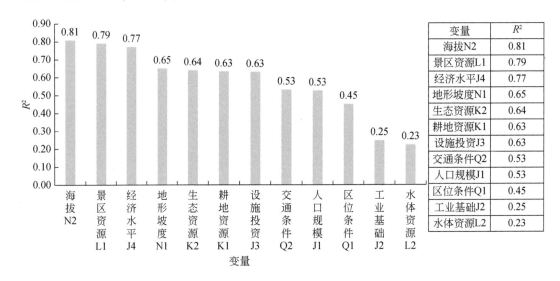

变量	R^2
海拔N2	0.81
景区资源L1	0.79
经济水平J4	0.77
地形坡度N1	0.65
生态资源K2	0.64
耕地资源K1	0.63
设施投资J3	0.63
交通条件Q2	0.53
人口规模J1	0.53
区位条件Q1	0.45
工业基础J2	0.25
水体资源L2	0.23

图 5.3　聚类分析结果中的变量因子 R^2 值

5.2.2　基于随机森林算法的变量重要性判断

由聚类分析过程得到的 R^2 具有一定"共线性"误差，不能准确反映各项指标的重要性程度，因此为了保证变量因子实际贡献度的准确性，还需要采用非线性、可解释的随机森林（random forest）算法进一步分析分类结果的变量因子重要程度。随机森林算法可以有效地处理共线性或相互作用的数据，从而完成特征变量的重要程度评估[175]。将 141 个县（市、区）的四类分组结果作为因变量 Y，各项驱动因子数值作为自变量 X 进行随机森林算法计算。在具体设置中，将数据按照 7∶3 的比例划分训练集和测试集，设置 100 棵决策树数量，树的最大深度为 10。通过模型运算，准确率为 0.977，召回率为 0.977，精确率为 0.979，F_1 值为 0.977，说明模型预测结果较好，可以采用模型运算的特征重要性对驱动因子的重要程度进行判断（表 5.1）。

表 5.1 驱动因子的随机森林训练结果

	准确率	召回率	精确率	F_1
训练集	1	1	1	1
测试集	0.977	0.977	0.979	0.977

注：准确率，即预测正确样本占总样本的比例；召回率，即实际为正样本的结果中，预测为正样本的比例；精确率，即预测为正样本的结果中，实际为正样本的比例；F_1，即精确率和召回率的调和平均。

从随机森林计算的结果来看，重要性前三位的是经济水平、海拔和景区资源，分别为 17.10%、13.40%、10.60%，与用 ArcGIS 的分组分析工具计算的 R^2 值有较小出入，整体可以说明这三项驱动因子是判断动力类型最重要的因子。此外，区位条件、设施投资、耕地资源、工业基础和生态资源的重要性在 7% 及以上，前八项因子累计贡献超过 80%；地形坡度、交通条件、人口规模和水体资源对类型划分的贡献较小（图 5.4）。

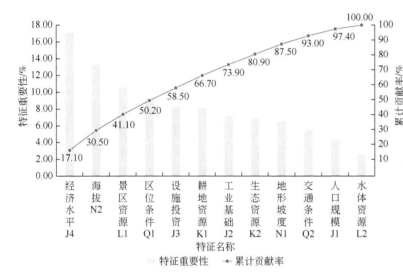

图 5.4 随机森林算法分析的驱动因子重要性

5.2.3 聚落个体动力分析指标体系

综合分组工具和随机森林的驱动因子重要性判断，确定聚落个体重构动力因子。可以看出，海拔、景区资源和经济水平对于动力类型判断至关重要；其次为设施投资、耕地资源、生态资源、地形坡度；区位条件和交通条件的重要性进一步降低；而工业基础、人口规模、水体资源等对动力类型的判定影响程度不大，因此将这 3 项指标剔除，确定 9 个驱动因子指标（图 5.5）。自然地理环境包括地形坡度和海拔两项；空间资源禀赋包括耕地资源和生态资源两项；经济社会发展包括设施水平和经济水平两项；区位交通条件则包括区位条件和交通条件两项；旅游景观资源包括景区资源一项。

针对聚落个体尺度，对 9 个动力因子所需的量化指标进行细化。根据数据精度需求和数据可获取情况，地形坡度、海拔分别采用村域平均坡度和村域平均海拔作为指标；耕地

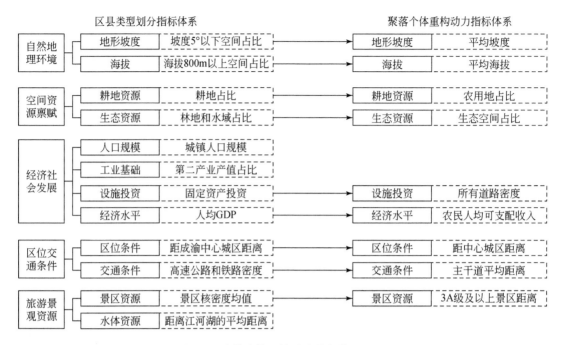

图 5.5 聚落个体重构动力指标体系遴选

资源和生态资源则根据数据精度更高的国土变更调查数据计算出的农用地占比与林地和水域占比进行表示；设施投资则采用所有道路的密度进行表示，来反映该村的基础设施完善情况；经济水平则以农民人均可支配收入作为指标，来反映乡村的经济发展状况；区位条件根据乡村尺度特征，细化为距县（市、区）中心城区平均距离，代表乡村到达县（市、区）行政中心、经济中心的便利程度；交通条件则采用距主要道路平均距离表示，来反映乡村对外交流的通畅度，以及城乡要素流动的便捷度；景区资源采用距 3A 级及以上景区的平均距离作为指标，来反映乡村受到旅游景区的带动情况（表 5.2）。

表 5.2　聚落个体重构动力指标体系

驱动类型	驱动因子	编号	指标	计算方式
自然地理环境	地形坡度	N1	平均坡度	DEM 空间分析/（°）
	海拔	N2	平均海拔	DEM 空间分析/m
空间资源禀赋	耕地资源	K1	耕地占比	土地利用空间统计/%
	生态资源	K2	林地和水域占比	土地利用空间统计/%
经济社会发展	设施水平	J1	所有道路密度	道路长度/村面积/（m/km²）
	经济水平	J2	农民人均可支配收入	镇村统计数据/元
区位交通条件	区位条件	Q1	距中心城区平均距离	欧氏距离分析/m
	交通条件	Q2	距主要道路平均距离	欧氏距离分析/m
旅游景观资源	景区资源	L1	距 3A 级及以上景区平均距离	欧氏距离分析/m

5.3 分析样本选取及概况

5.3.1 样本选择

综合考虑样本的典型性和数据的可获取性，选取三个典型县（市、区）中的795个乡村聚落作为分析样本，来进行乡村聚落多功能转型的动力机制研究。典型性是指转型发展过程中重构剧烈，且在成渝范围内具有示范效应的乡村聚落；数据可获取性是因为聚落个体层级的空间、经济、社会数据的精度要求较高，获取具有一定难度，所以在可收集数据的基础上进行选择。最终选择三个县（市、区）分别是：农业升级主导的简阳市、产品加工主导的永川区和旅游发展主导的南川区中的795个乡村聚落（图5.6）。具体从样本的典型性和数据获取两个方面进行说明。

图 5.6 乡村类型识别的样本选取

资料来源：左图自绘；右图各县（市、区）政府网站

从《成渝地区双城经济圈建设规划纲要》中的区位及功能可以看出，简阳市、永川区、南川区均位于双城经济圈的都市圈范围内，它们受到成渝两大千万级城市带动辐射的同时，也成为成渝相向发展的重要战略支点、成渝直线特色经济带发展的直接受益者。所以，以此三县（市、区）作为分析样本，在一定程度上具有成渝地区乡村聚落个体经济、社会、空间转型发展的典型性（图5.7）。

同时，从前文测度的重构指数来看，在141个县（市、区）中简阳市、永川区、南川区的重构指数均较高，具有较强的代表性（表5.3）。从2000～2020年整体重构程度来看，三个县（市、区）重构指数分别为0.470、0.408、0.403，在141个县（市、区）的排名分别位列第6位、第20位和第24位，其中简阳市2010～2020的重构指数更是排到了

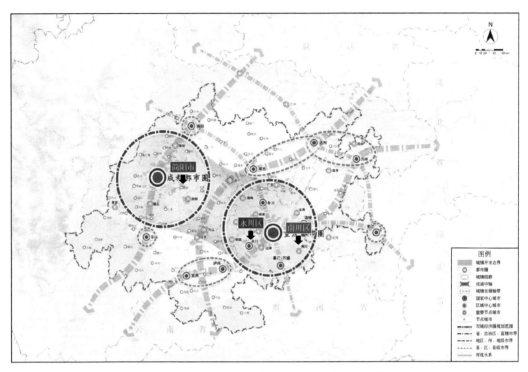

图 5.7   选择样本在成渝地区双城经济圈的区位
资料来源：根据《成渝地区双城经济圈国土空间规划（2021—2035 年)》改绘

第 3 位。因此，可以看出，三者均为乡村聚落重构较为显著的县（市、区），其乡村聚落个体的重构特征及动力机制在成渝地区具有一定的研究价值和代表性。

表 5.3   样本县（市、区）的重构指数统计

县（市、区）	2000～2010 年		2010～2020 年		2000～2020 年	
	重构指数	排名	重构指数	排名	重构指数	排名
简阳市	0.348	92	0.463	3	0.470	6
永川区	0.433	17	0.406	24	0.408	20
南川区	0.458	9	0.350	69	0.403	24

样本数据的可获取性则是在国家重点研发计划《村镇聚落可持续发展作用机理与设计优化》（2018YFD1100304）的数据收集的基础上，对所获取的县（市、区）数据进行筛选、处理，确定能够支撑研究的样本。成渝地区全域尺度的土地利用解译数据将难以准确分析聚落个体的重构变化，样本县（市、区）的空间数据是由课题组从各县（市、区）自然资源部门收集的 2012 年、2018 年第二次全国土地调查变更数据，经济社会数据则由自然资源局、农业农村局、文化和旅游发展委员会等各部门进行收集，以及通过田野调查、问卷调研等方式进行实地采集，来作为本研究的基础支撑。

5.3.2 样本概况

从三个县（市、区）共提取 795 个乡村聚落进行动力机制的探析（表 5.4）。其中，简阳市作为农业升级型县（市、区），有较好的自然条件和优质的土地资源，以水稻、小麦、玉米、油菜等粮食作物和畜牧业为主，其中水稻是当地最主要的农作物之一，将城镇建设区和天府国际机场用地筛选排除，提取出 386 个行政村单元；永川区东距重庆中心城区 55km，农产品加工产业一直是永川区乡村聚落转型发展的重点，提取除城镇建成区、规划区以及国有林场以外的共 177 个村级行政单位；南川区位于重庆南部，离重庆市中心约 88km，拥有良好的区位条件、生态环境和文化资源，是一个典型的山水资源型乡村地区，通过土地利用和行政区划数据，提取南川区除中心城区和国有林地外的 232 个行政村作为分析样本。

表 5.4　典型样本概况

县（市、区）	产业发展成效	样本量/个	乡村聚落空间图示
简阳市	近年来，简阳市积极推进高标准农田建设，实施土地整理等项目，提高土地利用效率和农作物产量。同时，成立多家农业龙头企业，引导农民转型升级，以规模化生产替代小农户个体耕种，实现农业生产的精细化、标准化和品牌化。至 2020 年，累计流转土地 66.7 万亩，建成高标准农田 8.67 万亩，农业规模经营率提升至 60%，在高标准农田建设和规模化种植方面已经取得了一定的成就	386	图例 □行政村
永川区	2015 年，永川区建设农业科技园区，按照"生产+加工+经营+科技"全产业链发展要求，园区以发展茶叶、食用菌、名优水果、蔬菜基地建设为基础，做实农产品加工业，推动产品加工链条全环节升级、全链条增值。永川区"十四五"规划提出，培育农产品加工示范企业 20 家，建设茶加工厂 10 个，建设菌种研发繁育、原料生产供应、工厂化生产、产品深加工 4 个基地，建设豆豉加工基地 5 个，对 16 个镇的主导发展方向进行了明确，其中 7 个镇提出要以农产品生产及加工发展为主导方向	177	图例 □行政村

续表

县（市、区）	产业发展成效	样本量/个	乡村聚落空间图示
南川区	近年来，作为重庆市知名旅游目的地，南川区积极推动乡村旅游的发展，挖掘本地的民俗文化和特色美食，打造了多个具有地方特色的乡村旅游产品，如农家乐、采摘园、温泉度假村等。总体来说，南川区的乡村旅游发展已经初具规模。2021 年，南川区乡村旅游人数达到2024.74 万人次，实现综合收入68.67 亿元，已培育永安村、三汇村、南湖村、龙山村、银杏村五片民宿集群，全区民宿、农家乐总量达到 900 余家，旅游接待床位数超过 2 万个	232	图例 □ 行政村

5.3.3　自变量数据处理：乡村类型标记

依据前文的乡村聚落类型划分及界定，对 795 个乡村聚落单元进行逐一标记。具体方法分为四步：①根据所获取的土地利用资料，对农业、生态的比例进行分析，初步判定超过 80% 耕地和 80% 生态用地的村庄分别属于农业升级型和旅游发展型。②通过收集的国土空间规划、村庄规划、农业园区专项规划、旅游发展专项规划等资料，对所有聚落类型进行补充完善和修正更新，形成第一版（1.0 版）类型标记。③在此基础上，通过网络报道检索、高德地图、POI 数据分析等网络途径，对具有典型性的乡村聚落进行验证和进一步修正，完成第二版（2.0 版）类型标记。④通过实地调研、村民访谈和相关部门访谈，对第二版标记中的部分乡村聚落进行抽样检验，对其中存在冲突的聚落类型进行修正，并最终确认形成第三版（3.0 版）（图 5.8）。

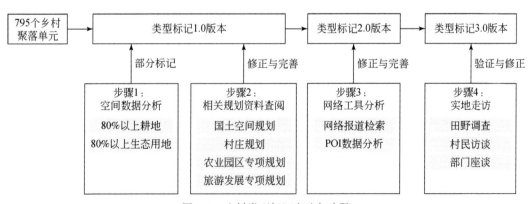

图 5.8　乡村类型标记方法与步骤

（1）根据土地利用结构初步判定农业升级和旅游发展两个聚落类型。根据姜棪峰等[176]的研究，乡村土地利用结构与乡村的多功能性具有重要的对应关系，其将土地利用功能分为生产、生活、生态、文化四种主要功能。其中，以耕地为代表的农业用地承担了乡村主要的生产功能，即本书的农业升级功能；以草地、林地、水体为代表的用地承担了乡村的生态功能，同时也是乡村生态休闲旅游的主要承载空间，即本书的旅游发展功能。本研究结合成渝地区乡村土地利用结构的实际情况，将判断的初始阈值设置在80%，即超过80%的耕地和80%的生态用地作为判定农业升级和旅游发展的乡村聚落个体类型的初步标准（图5.9）。

(a)大足区长虹村——农业升级功能

(b)南川区龙山村——旅游发展功能

图5.9 乡村土地利用结构与功能的对应示例

（2）通过相关规划资料对所有类型进行补充完善和修正更新，形成第一版类型标记。以永川区收集的资料为例，根据研究团队掌握资料，以及《重庆样本和市永川区国民经济和社会发展第十四个五年规划和二○三五年远景目标纲要》《重庆市永川区旅游发展总体规划修编（2018—2030年)》等与乡村功能定位相关的全区专项规划，以及200余个乡村规划，从中梳理每个乡村转型发展的主要功能，确定乡村类型的1.0版本（图5.10）。

（3）通过网络检索、POI数据对具有典型性的乡村聚落进行验证和修正，完成第二版类型标记。以南川区数据检索为例，首先，通过检索工具对"南川区乡村旅游""南川区乡村加工""南川区农业园区"等关键词进行搜索，提取文章中关于典型乡村的产业介绍，确定不同乡村的功能类型，如南川区的永安村、三汇村、南湖村、龙山村、银杏村等是南川区打造的五片民宿集群，周边民宿、农家乐总量达到900余家，故将其标记为旅游

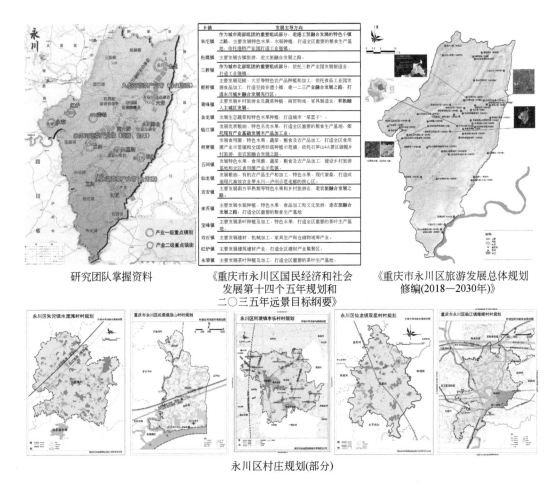

研究团队掌握资料 《重庆市永川区国民经济和社会发展第十四个五年规划和二〇三五年远景目标纲要》 《重庆市永川区旅游发展总体规划修编(2018—2030年)》

永川区村庄规划(部分)

图5.10　永川区与乡村功能类型相关的规划资料示意（部分）

资料来源：根据收集相关资料整理

发展型。其次，通过 POI 数据对乡村聚落进一步定位与标记修正，形成乡村类型的 2.0 版本（图 5.11）。

（4）通过实地调研、村民访谈和相关部门访谈，进行随机抽样检验和修正，并最终确认形成乡村类型的 3.0 版本。从调研情况来看，2.0 版本的类型标记已经具有相当高的准确性，符合前文对乡村类型的基本界定，从准确率讲，笔者共调研了三个县（市、区）中的 33 个村，其中 31 个村庄的类型判定满足要求，准确率达到 93.9%。两个未准确识别的乡村分别是永川区白云寺村和简阳市大山村，白云寺村从用地结构上属于农业空间占主导，但在实地调研过程中，该村以茶产业为主要特色，并着力发展茶叶加工，因此修正为产品加工类型；大山村位于简阳市西部龙泉山脚下，同样以耕地、园地为主导，但在调研过程中发现，该村以"樱桃"特色种植、农家乐、采摘体验为主要产业，其相关经济收入占到总收入的 70% 以上，因此将其修正为旅游发展类型（图 5.12）。

图 5.11 南川区乡村功能类型网络检索示意（部分）
资料来源：根据网络信息整理

(a)农业升级型乡村　　　　(b)产品加工型乡村　　　　(c)旅游发展型乡村

图 5.12 乡村类型的实地调研及确认（部分）

采用上述方法，完成三个县（市、区）795 个乡村聚落单元的标记工作，共标记出农业升级型聚落 434 个、产品加工型聚落 206 个、旅游发展型聚落 155 个（表 5.5）。其中，简阳市三种类型乡村分别为 244 个、96 个和 46 个，农业升级型聚落的比例高达 63%；永川区分别为 86 个、58 个和 33 个，产品加工型聚落比例 33%，为三个县（市、区）最高；南川区则为 104 个、52 个、76 个，旅游发展型聚落同样高达 33%，远高于简阳市和永川区。

表5.5　三个县（市、区）795个乡村聚落样本类型标记结果　　　（单位：个）

类型	农业升级	产品加工	旅游发展	图示
简阳市	244	96	46	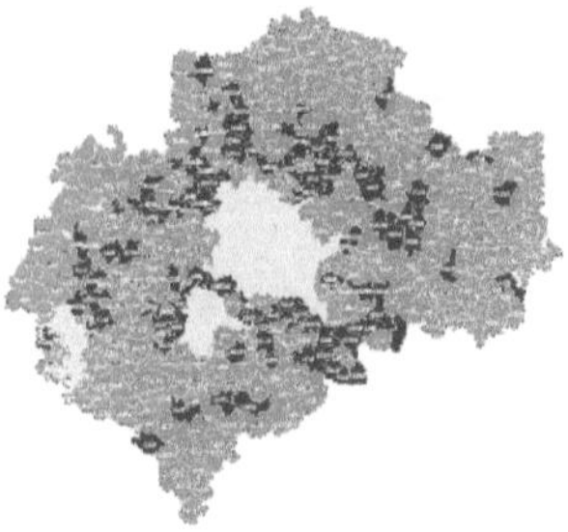
永川区	86	58	33	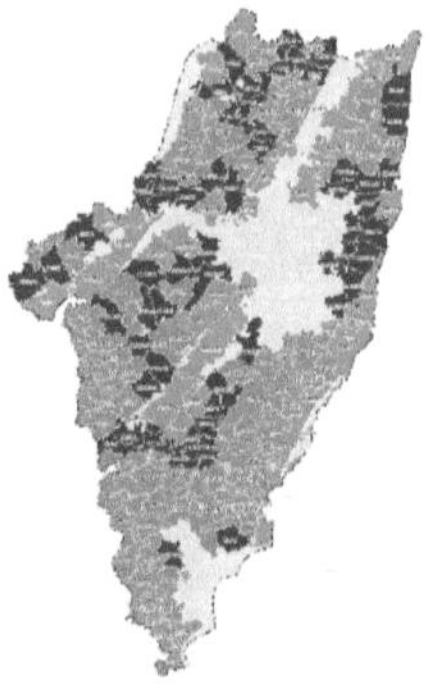
南川区	104	52	76	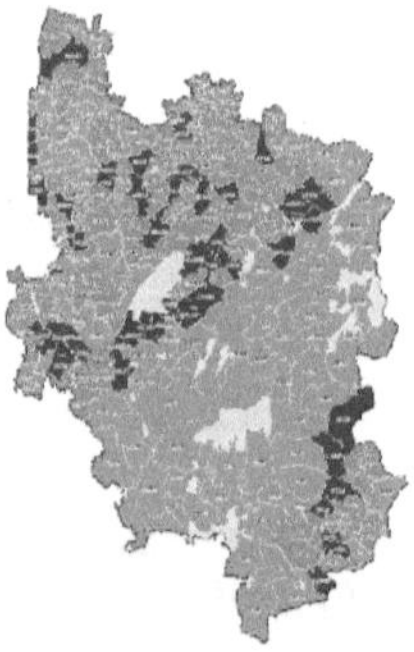
共计	434	206	155	
图例				■ 农业升级　■ 产品加工　■ 旅游发展

5.4　乡村多功能转型的动力因素探测

5.4.1　自变量数据处理：动力因子转译

对三个县（市、区）共795个乡村聚落个体样本的空间数据进行处理。首先，根据地方自然资源部门提供的2012年和2018年土地利用变更调查数据，结合卫星遥感影像解译，对典型案例重构前后的土地利用进行校正，得到转译后的"三生"空间矢量数据以及相关统计数据（表 5.6）。

表 5.6 样本县（市、区）的 2012 年、2018 年"三生"空间转译

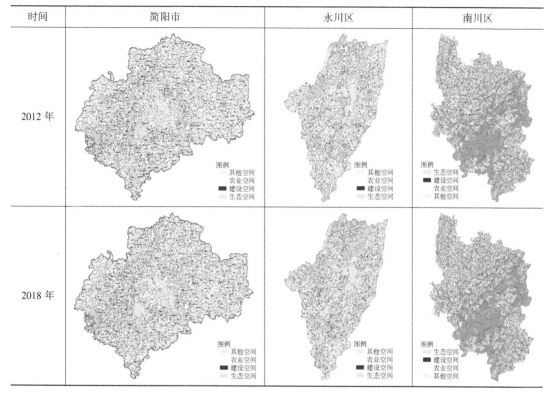

时间	简阳市	永川区	南川区
2012 年			
2018 年			

运用欧氏距离方法（Euclidean istance）计算各个特征点距市区、镇区、核心景区、主要道路、水系资源的距离属性；运用空间采集的 DEM 海拔数据分析统计海拔值和坡度值；通过土地利用数据、收集的相关规划数据和现场调研数据，得到乡村的生态资源、农业资源、人口密度、人均收入、道路密度等（图 5.13 ～图 5.15）。

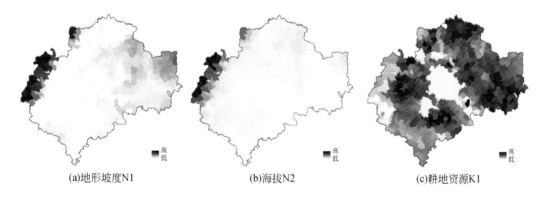

(a)地形坡度N1　　　　　　　　(b)海拔N2　　　　　　　　(c)耕地资源K1

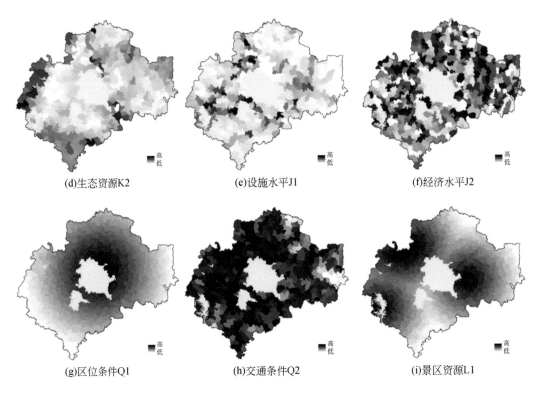

(d)生态资源K2　　　　　　(e)设施水平J1　　　　　　(f)经济水平J2

(g)区位条件Q1　　　　　　(h)交通条件Q2　　　　　　(i)景区资源L1

图5.13　简阳市386个乡村单元的驱动因子数字化转译

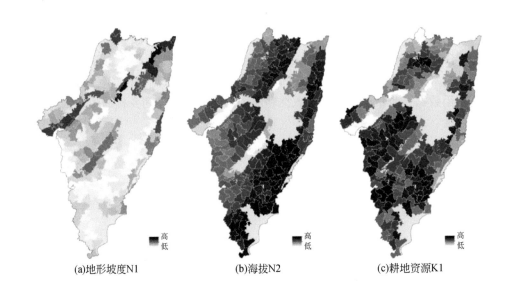

(a)地形坡度N1　　　　　　(b)海拔N2　　　　　　(c)耕地资源K1

(d)生态资源K2   (e)设施水平J1   (f)经济水平J2

(g)区位条件Q1   (h)交通条件Q2   (i)景区资源L1

图 5.14　永川区 177 个乡村单元的驱动因子数字化转译

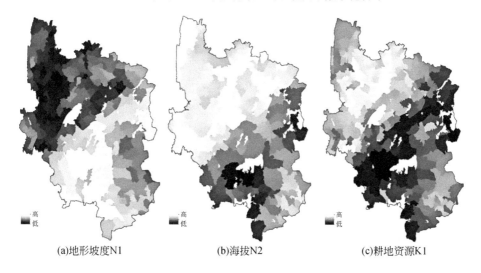

(a)地形坡度N1   (b)海拔N2   (c)耕地资源K1

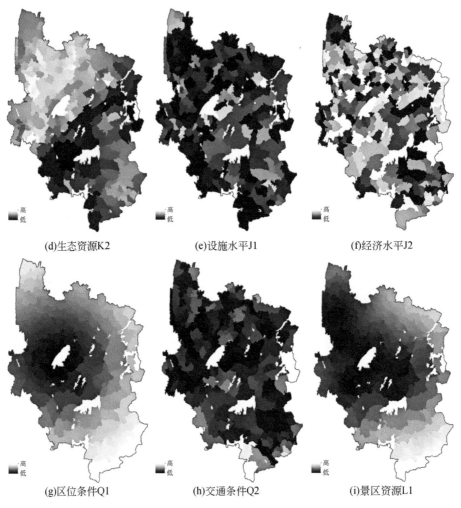

图 5.15　南川区 232 个乡村单元的驱动因子数字化转译

5.4.2　模型训练与检验

　　将前文标记的 795 个聚落类型特征作为因变量，形成"标签"数据，将 9 项驱动因子量化数据作为自变量，形成包含 795 个聚落的"类型-动力"数据集（表 5.7），输入GBDT 模型中。

表 5.7　聚落个体的"类型-动力"数据集（示例）

村	类型	地形 坡度 N1	海拔 N2	耕地 资源 K1	生态 资源 K2	设施 水平 J1	经济 水平 J1	区位 条件 Q1	交通 条件 Q2	景区 资源 L1
八仙村	1	2.83	423.89	0.70	0.15	17.72	19 196	9 404	895	11 455
丽星村	1	2.12	425.00	0.68	0.15	21.00	17 723	17 588	223	13 269
勤耕村	1	2.73	420.06	0.72	0.17	22.67	17 673	10 846	651	11 869

续表

村	类型	地形坡度 N1	海拔 N2	耕地资源 K1	生态资源 K2	设施水平 J1	经济水平 J1	区位条件 Q1	交通条件 Q2	景区资源 L1
石梁村	1	2.68	418.62	0.74	0.15	18.30	15 383	11 149	975	13 184
长河村	1	2.16	417.30	0.75	0.12	48.14	16 124	13 882	329	14 238
保安村	3	12.70	731.79	0.55	0.38	38.14	19 424	32 868	229	9 960
全安村	3	13.37	734.47	0.56	0.39	29.70	14 166	31 091	894	10 338
新场村	3	13.92	649.57	0.41	0.53	37.36	19 638	32 676	542	7 940
共乐村	1	1.63	443.20	0.80	0.11	18.56	19 795	17 409	1 092	18 694
建安村	2	2.04	444.13	0.71	0.15	25.73	19 179	16 470	382	19 287
莲花堰社区	2	2.57	435.51	0.71	0.16	93.15	13 931	10 822	233	16 625
飞鹅社区	1	2.36	431.65	0.77	0.14	17.92	16 847	11 014	612	8 819
深湾村	2	3.49	427.73	0.71	0.18	20.65	19 942	9 075	276	8 419
万家堂社区	2	3.16	434.93	0.72	0.18	14.75	19 168	10 468	282	7 064
江南社区	2	2.99	422.48	0.69	0.16	40.53	16 209	7 985	454	2 726
三大湾村	3	13.86	743.09	0.56	0.42	21.09	20 914	25 716	392	5 897
桅杆村	1	2.22	461.12	0.84	0.08	21.21	19 746	21 375	612	7 409
蒋家桥村	1	4.83	407.84	0.78	0.13	45.68	13 826	18 081	748	9 581
接龙社区	1	2.97	400.53	0.80	0.12	22.48	20 543	22 252	2 068	12 379
农民村	1	4.39	411.99	0.72	0.20	24.95	16 172	20 838	854	13 295
⋮	⋮	⋮	⋮	⋮	⋮	⋮	⋮	⋮	⋮	⋮

注：类型中，1 代表农业升级；2 代表产品加工；3 代表旅游发展。

具体参数按照 7∶3 的比例随机分为训练样本和测试样本，"基学习器"数量为 100、学习率为 0.1、树最大深度为 10，叶子节点最大数量为 50 进行设置。检验参数包括准确率、召回率、精确率和 F_1 值四项指标，具体含义见表 5.8。

表 5.8　GBDT 模型检验参数

检验参数	含义
准确率	预测正确样本占总样本的比例，准确率越大越好
召回率	实际为正样本的结果中，预测为正样本的比例，召回率越大越好
精确率	预测为正样本的结果中，实际为正样本的比例，精确率越大越好
F_1	精确率和召回率的调和平均，精确率和召回率是互相影响的，虽然两者都是一种期望的理想情况，然而实际中常常是精确率高，召回率就低；或者召回率低，精确率就高

从训练模型的参数评估结果可以看出，训练集的准确率、召回率、精确率、F_1 均为 1，测试集的准确率、召回率、精确率、F_1 均在 0.87 左右，意味着回归模型的准确度高，该学习模型性能较为突出，整体训练结果良好（表 5.9）。此外，从测试数据的混淆矩阵热力图同样可以看出，测试集中农业升级、产品加工、旅游发展三种类型分别预测正确

125 个、52 个和 30 个，准确率分别为 93.3%、76.5% 和 81.1%，预测效果较好，其中以农业升级型准确率最高（图 5.16）。

表 5.9   GBDT 模型评估结果

数据集	准确率	召回率	精确率	F_1
训练集	1.000	1.000	1.000	1.000
测试集	0.866	0.866	0.868	0.864

注：检验参数结果保留小数点后三位。

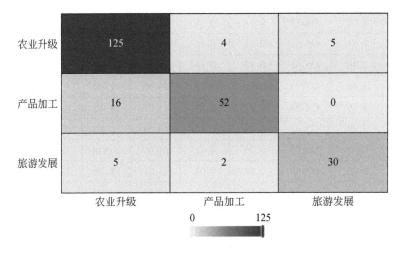

图 5.16   GBDT 模型测试数据的混淆矩阵热力图

行代表真实的类别；列代表预测的类别

5.4.3   作用程度："人为因素"作用大于"自然因素"

在训练数据、测试数据通过精度检验后，输出模型的特征重要性指标，判断乡村聚落多功能转型的主导因素。在 GBDT 模型中，特征重要性（variable importance）是一个衡量每个输入特征对模型预测结果贡献的指标（0%~100%），表示每个特征在模型的最终"决策"中发挥作用的程度，反映了乡村聚落重构驱动力因子的作用强度。从结果可以看出，聚落的设施水平是影响一个聚落发展导向最为重要的因素，贡献达到 21.1%；其次为经济水平、耕地资源、生态资源和交通条件，特征重要性从 14.7% 到 12.1%，前五项驱动因子累计贡献率超过 75%；而海拔、区位条件、地形坡度和景区资源的重要性程度逐渐降低，均未超过 10%（图 5.17）。

因此，可以将聚落重构导向的动力因素大致划分为两类：一类是设施水平、经济水平和交通条件三项权重较高的因子（特征重要性总和为 47.9%）构成的"人为因素"；另一类是耕地资源、生态资源和海拔（特征重要性总和为 34.6%）构成的"自然因素"。可以看出，在成渝地区乡村聚落多功能发展导向决策中，自然资源禀赋固然重要，但人为因素

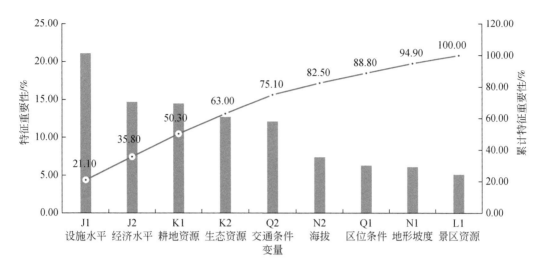

图 5.17　聚落扩张的驱动因子重要性分析

还是占据了主导地位。例如，通过设施投资、路网建设和农民收入提升等方式，可以在一定程度上弥补空间资源不足、地形条件限制、区位不佳等客观缺陷，使乡村聚落由传统的农业型村庄向产品加工或旅游发展主导功能进行转向。

5.5　不同功能类型乡村的动力机制剖析

在主导类型划分的驱动力重要性识别的基础上，对不同类型聚落的驱动因子量化数据进行分析统计，以判别不同类型聚落的驱动力主要特征（表 5.10）。从统计数据来看，农业升级型驱动因子的主要特征为坡度平缓（平均值为 4.6°）、海拔最低（482.5m）、耕地占比最高（68%）、生态占比最低（22%）、经济收入最低 13 086 元、景区资源最差；产品加工型聚落驱动因子的主要特征为设施水平最高（23.8km/km²）、经济收入最高（15 593 元）、区位条件最好、交通最为便利；旅游发展型聚落的主要特征为地形丰富、海拔最高（683m）、耕地资源较少（占比 45%）、生态资源丰富（占比 48%）、设施水平较差（11.3km/km²）、区位条件较差、交通条件不佳，以及景区条件最好（图 5.18）。

表 5.10　不同类型聚落的驱动因子量化统计

类型	地形坡度 N1/(°)	海拔 N2 /m	耕地资源 K1/%	生态资源 K2/%	设施水平 J1 /(km/km²)	经济水平 J2/元	区位条件 Q1/m	交通条件 Q2/m	景区资源 L1/m
农业升级	4.6	482.5	68	22	15.7	13 086	20 720	1 178	11 824
产品加工	6.5	553.7	57	30	23.8	15 593	16 856	630	10 219
旅游发展	10.7	683.0	45	48	11.3	13 745	22 097	1 483	10 036

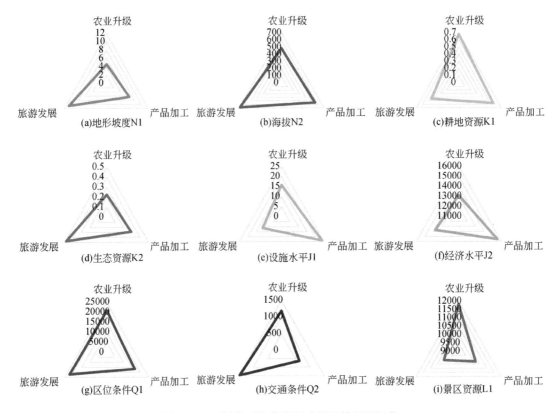

图 5.18   不同类型聚落的驱动因子特征可视化

5.5.1   农业升级：地形、耕地资源支撑和收入因素刺激

从驱动因素的特征分析来看，农业升级的动力作用机制可以分为四个部分：首先，耕地资源富集、地形条件良好、海拔较低等，为农业升级奠定了良好的基础。其次，由于传统农业导致的人均收入不足，进一步刺激了农业升级转型。然后，生态资源和景区资源的不足，限制了聚落的旅游发展。最后，基本农田保护、农用地整治、高标准农田建设等政策和现代化种养殖技术的提升，进一步为农业升级提供了保障。在这些驱动因素的共同作用下，成渝地区大量的传统农业型乡村聚落采取农业升级的路径，具体方式包括规模化流转农用地、生产的专业化组织、机械化操作、集约化用地，同时对人居环境进行提升，配套相应的公共服务设施，实现生活品质的提升（图 5.19）。

以简阳市尤安村为例，该村的农业升级转型动力机制较为典型。该村点面积为4.4km²，耕地资源 2632 亩，2007 年全村全力整改基础设施，完成全村 27km 村组道路建设、11 口塘堰整治、60 亩良田整治；2009 年，尤安村发展油桃产业 800 亩，初步奠定了以桃产业为主的发展思路；2012 年，对产业进行调整，先后发展了莲藕、胭脂脆桃等产业，现全村已种植胭脂脆桃、油桃 1200 亩，莲藕 400 亩，形成了 "田种莲藕土种桃" 的优质主导产业；2017 年 5 月，尤安村组织成立简阳尤安村祥瑞土地股份合作社，争取并获

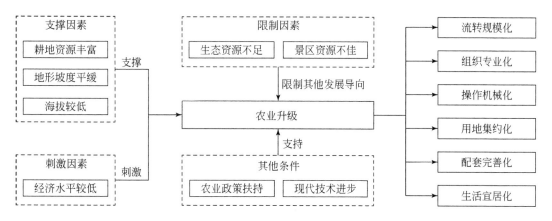

图 5.19　农业升级型聚落的动力作用机制

准实施新农村田园综合体项目，成员以宅基地建设用地指标入股合作社，参与新农村田园综合体项目建设。2019 年，全村土地整理 3000 亩，桃产业基地达到 5000 亩，积极带动全村农户大力发展以胭脂脆桃和莲藕为主的主导产业，主要农作物耕种收综合机械化水平达 95%，高标准农田占比达到 91%，主导产业收入占农民家庭经营性收入比例达 82%。村民人均可支配收入达到 31 000 元，集体经济达 4000 余万元。在此过程中，尤安村不断调整用地的使用效率，腾退闲置宅基地，规模化发展相关产业，集中布置居民点组团（图 5.20）。

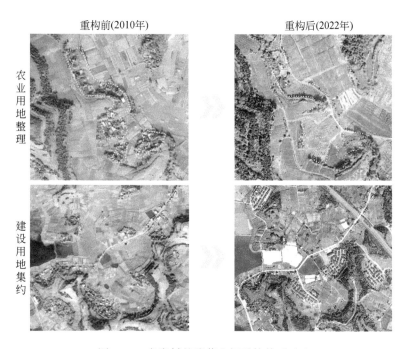

图 5.20　尤安村的聚落空间重构前后对比

人居环境方面，尤安村依托建设用地增减挂钩、幸福美丽新村等项目，人居环境得到了极大的改善。新建党群服务中心 1600㎡、改造文化广场 2000㎡，同步打造党员活动室、社保服务中心、农村书屋、日间照料中心、老人活动中心、儿童之家、舞蹈室、娱乐室、医疗站等配套基础设施（图 5.21）。

(a)整体空间格局

(b)村民服务中心

(c)日间照料中心

(d)生活组团内部

图 5.21　尤安村聚落形态优化

5.5.2　产品加工：区位条件支撑和基础交通设施的带动

产品加工型聚落的动力作用机制从四个方面进行解析：首先，从支撑性因素来看，靠近消费市场是加工产业选址的重要维度，所以良好的区位条件是产品加工的主要动力之一，此外收入水平较高也是产品加工型聚落的重要支撑因素，无论是村集体还是村民个人，高收入的乡村聚落更具有催化加工产业、引进外来力量的潜力。其次，良好的基础设施和便利的交通是乡村与城市要素流动的重要保障，是带动聚落加工转型最为重要的驱动因素。然后，政府的政策倾斜、基础设施投资，以及外来资本的市场运作，是产品加工聚落得到资金与技术支持的外部驱动因素，同时这些投入会进一步提升乡村聚落的设施水平和交通便利程度，但具有一定的不确定性和随机性。最后，其他因素共同刺激乡村的产品加工转型，如周边工业园区的配套需求，或是外部消费市场的产品需求等。在驱动因素的共同作用下，通过土地流转以提升效率、农产品的产业链延伸、加工企业的市场化运作、国土空间的高效重组利用、建设用地组团分工和服务设施的升级完善等具体运作方式，共同推进乡村聚落的产品加工转型升级（图5.22）。

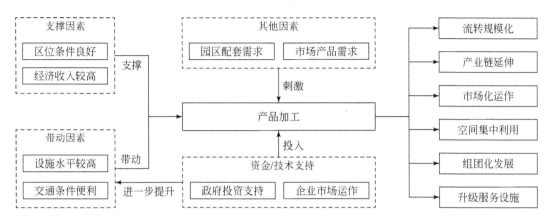

图5.22 产品加工型聚落的动力作用机制

以笔者调研的成都市郫都区战旗村为例，阐述产品加工型典型乡村的转型动力机制。转型发展前的战旗村以传统种植业为主，呈现出独具特色的林盘式聚落布局模式，每个林盘内都有十几户人家，仍然是一种较为分散的聚居模式。该村产业发展先后经历农业规模化、农产品加工升级，最后走向农、工、旅融合阶段。但总体来讲，奠定其空间格局与经济社会快速腾飞是在乡村引入产品加工产业的时期。

2003年，战旗村在政策引领下率先搞土地集中经营；2006年，在土地增减挂钩试点政策下实现农用地整合、集中居住；2011年，战旗村成立农业股份合作社后，发展现代农业、农副产品加工，以村集体为主导开办调味品公司、食品公司等；2020年，战旗村尝试自主开发经营第一个文旅综合体项目。重构后，战旗村由原先48个村庄居民点，现整合为包含9个地块的功能混合型聚落，其中包含1个占地约16hm²的集中式新农村社区，3个食品加工、销售的生产组团，以及2个以旅游发展为主的组团。其中，居住组团不仅承担了本村的安置，也作为周边五村连片的带动核心，建设用地规模增加较为显著，产品加工组团主要是以乡村特色产业（郫县豆瓣及其他调味品的加工制作）为主进行布局。从建设空间利用上来说，战旗村的建设用地规模有所增长，其功能更加分化，产生了集中居住用地、产品加工用地和旅游设施用地，总村庄建设用地约40hm²，其中村庄居住用地仅占42%，其余大量建设用地用于产业发展与设施配套，为拓展现代农业产业链、构建现代产业体系提供了充足的用地保障（图5.23）。

5.5.3 旅游发展：海拔、生态资源支撑和景区资源辐射

旅游发展型聚落的动力作用机制同样可以从四个方面进行解析：首先，地形丰富、海拔较高、生态环境良好等起到了一定的支撑作用，特别是海拔和生态两项因素，该类型聚落平均海拔接近700m，同时生态空间比例接近50%，已经具有良好的避暑、康养的基础条件。其次，由于靠近A级旅游景区，得到一定的辐射带动作用，于是可引导聚落发展旅

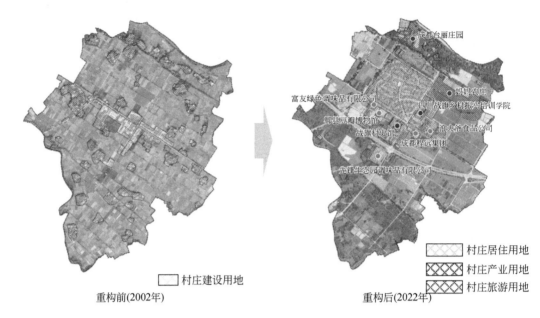

重构前(2002年)　　村庄建设用地　　重构后(2022年)

村庄居住用地
村庄产业用地
村庄旅游用地

图 5.23　战旗村聚落空间重构前后变化

游相关产业。然后，耕地不足、设施水平不高，一定程度上限制了农业升级和产品加工的转型方向，故而选择旅游发展是较为可行的方案。最后，其他外部条件的刺激，如远离城市的区位条件、城市人群乡村体验的需求、政府旅游发展增长的政策倾斜以及旅游相关公司和个人的市场化运作等，共同推动乡村聚落的旅游发展。通过旅游发展的转型，乡村聚落的生态空间得到进一步保护，提升了环境景观质量，潜在自然资源和人文资源得以挖掘，同时政府和市场的资金投入提升了聚落内外部空间品质，改善了基础设施，完善了旅游和村民服务设施（图 5.24）。

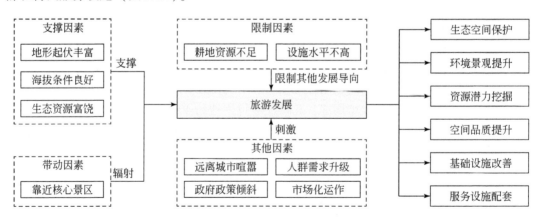

图 5.24　旅游发展型聚落的动力作用机制

以永川区黄瓜山村为例，对旅游发展类型乡村的转型动力机制进行说明。黄瓜山村平均海拔在 600m 以上，依托丰富的梨树资源、良好的环境资源优势，从 2009 年开始建设环境生态化、产品多样化、项目体验化、产品直销化的生态观光农业园；2012 年，黄瓜山村开始实施转型，利用邻近永川主城区的区位优势，以及山地田园特色旅游资源，以吸引游客为发展方向，探索"一三产联动"的发展模式，依托农家乐休闲、果蔬采摘，打造全市著名的乡村旅游目的地（图 5.25）。2017 年后，黄瓜山村的聚落建设逐步向精品化转变，原有的如梨博园一类的大规模粗放式经营场所被拆改，工业场所不断缩减，而保留的聚落群体对整体风貌进行了统一，对基础设施进行了提升，并开始了多元化探索。2020 年，黄瓜山村有 3A 级景区 1 个，星级以上农家乐 30 余个，年游客接待量达到 60 万余人次，第三产业总产值达到 4977 万元，农民人均纯收入高达 2.1 万元。

(a)民宿项目开发

(b)休闲旅游项目开发

(c)民宿项目开发

(d)居民点建设

图 5.25　永川区黄瓜山村的旅游功能转型

随着旅游业的发展进步，逐步出现高端民宿、采摘体验、乡村休闲等业态，乡村产业向着可持续发展的方向进行。其也因为旅游业的带动，聚落空间逐步向"宜散则散、宜聚则聚"的方向转变，生态环境也随着旅游业的发展逐步优化，水生态修复、林地修复等成为吸引游客的重要手段（图 5.26）。

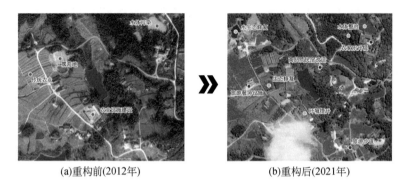

(a)重构前(2012年)　　　　　　　　(b)重构后(2021年)

图5.26　黄瓜山村聚落空间重构前后变化情况

5.6　本章小结

　　本章综合考虑了样本的典型性和数据的可获取性，选取农业升级主导的简阳市、产品加工主导的永川区和旅游发展主导的南川区中的 795 个乡村聚落作为分析样本进行乡村聚落多功能转型的动力机制研究。按照空间数据分析、相关规划资料查阅、网络工具分析、实地走访 4 个步骤，完成 795 个乡村聚落单元的标记工作，共标记出农业升级型聚落 434 个、产品加工型聚落 206 个、旅游发展型聚落 155 个。

　　驱动因子遴选与指标体系建构。综合分组工具和随机森林的驱动因子重要性判断，确定在聚落个体尺度，根据尺度精度和数据的可获取情况确定 9 个驱动因子，分别是地形坡度、海拔、耕地资源、生态资源、设施投资、经济水平、区位条件、交通条件、景区资源。结果显示，聚落的设施水平是影响一个聚落发展导向最为重要的因素，贡献达到 21.1%；其次为经济水平、耕地资源、生态资源和交通条件，特征重要性从 14.7% 到 12.1%，前五项驱动因子累计贡献率超过 75%。因此，将聚落重构导向的动力因素划分为设施水平、经济水平和交通条件构成的"人为因素"（特征重要性总和为 47.9%）及耕地资源、生态资源和海拔（特征重要性总和为 34.6%）构成的"自然因素"，人为因素占据了主导地位。

　　不同功能类型乡村的动力机制。驱动因子统计数据显示，农业升级型驱动因子的主要特征为坡度平缓、海拔最低、耕地占比最高、生态占比最低、经济收入最低、景区资源最差；产品加工型聚落驱动因子的主要特征为设施水平最高、经济收入最高、区位条件最好、交通最为便利；旅游发展型聚落的主要特征为地形丰富、海拔最高、耕地资源较少、生态资源丰富、设施水平较差、区位条件较差、交通条件不佳，以及景区条件最好。农业升级的动力作用机制可以分为四个部分：耕地资源富集、地形条件良好、海拔较低等，为农业升级奠定了良好的基础；传统农业导致的人均收入不足，进一步刺激了农业升级转型；生态资源和景区资源的不足，限制了聚落的旅游发展；基本农田保护、农用地整治、高标准农田建设等政策和现代化种养殖技术的提升，进一步为农业升级提供了保障。产品加工型聚落的动力作用机制从四个方面进行解析：靠近消费市场是加工产业选址的重要维度，所以良好的区位条件是产品加工的主要动力之一，收入水平较高也是产品加工型聚落的重要支撑因素；良好的基础设施和便利的交通是乡村与城市要素流动的重要保障，是带动聚落加工转型最为重要的驱动因素；政府的政策倾斜、基础设施投资，以及外来资本的市场运作，是产品加工聚落得到资金与技术支持的外部驱动因素；其他因素共同刺激乡村的产品加工转型，如周边工业园区的配套需求，或是外部消费市场的产品需求等。旅游发展型聚落的动力作用机制从四个方面进行解析：地形丰富、海拔较高、生态环境良好等起到了一定的支撑作用；由于靠近 A 级景区，得到一定的辐射带动作用，于是可引导聚落发展旅游相关产业；耕地不足、设施水平不高，一定程度上限制了农业升级和产品加工的转型方向；其他外部条件的刺激，如远离城市的区位条件、城市人群乡村体验的需求、政府旅游发展增长的政策倾斜以及旅游相关公司和个人的市场化运作等，共同推动乡村聚落的旅游发展。

第6章 乡村聚落功能适应性空间重构规律与模式

乡村聚落空间重构规律是乡村多功能转型的空间形态外显。在乡村多功能转型发展后，乡村聚落的演变呈现出一种有别于传统演化规律的全新特征[177]。因此，客观、科学地解析乡村聚类空间重构的特征及其差异，对于新时代乡村转型发展具有重要的意义。本章建构了15个重构典型的案例样本数据库，以"三生"空间和聚落形态为研究要素，揭示不同功能类型的聚落重构特征及内在规律，总结形成不同类型聚落的空间响应模式，进而从理论和实践策略上把握未来乡村发展的走向，为成渝地区乡村聚落多功能转型提供有益的参考与借鉴。

6.1 典型样本选取及分析要素

由于成渝地区乡村聚落数量巨大、类型丰富，不同功能类型的乡村聚落所显示出的重构规律差异性同样较大。因此，有必要对不同类型中重构具有较强典型性、示范性，以及对规划设计具有启示意义的案例进行剖析，进一步剖析内在转型规律，提炼出适宜于不同类型乡村发展的重构优化模式。

6.1.1 典型样本选取

前文构建了三个县（市、区）795个典型样本，虽然已经能代表成渝地区相对较高的发展水平，但由于内部差异同样较大，所以需要结合实地调研、收集网络信息，进一步选取在各个县（市、区）甚至成渝地区具有显著示范效应、重构典型效应的案例作为分析对象，以此提炼出的重构规律和空间响应模式才能代表成渝地区未来转型的方向和特征。

针对农业升级、产品加工和旅游发展的三种类型乡村，各选取四个典型案例作为进一步分析重构特征的样本库。农业升级典型案例是简阳市具有显著示范效应的尤安村、菠萝村、月湾村、荷桥村；产品加工典型案例选取永川区石笋山村、景圣村、玉峰村和简阳市接龙村；旅游发展典型案例选取南川区龙山村、铁桥村，永川区黄瓜山村、八角寺村。典型案例的产业发展和基本情况见表6.1。

此外，考虑到案例的广泛性，根据实地调研情况和能获取的资料情况，增加重庆市大足区长虹村、成都市郫都区战旗村、重庆市铜梁区六赢村分别作为农业升级、产品加工和旅游发展三种类型的典型案例一并进行分析。这三个案例一定程度上代表了成渝地区范围内功能转型和空间重构的最高层次水平，其中长虹村建成高标准农田1200余亩，打造近300亩科研试验田和五彩水稻，设有全国仅三个的"袁隆平院士专家工作站"；战旗村作为

表6.1 典型案例选择概况

类型	案例村	产业特征	现状照片
农业升级	简阳市尤安村	规模化种植胭脂脆桃、油桃1200亩,莲藕400亩,形成了"田种莲藕土种桃"的优质主导产业	
	简阳市菠萝村	村土地流转,规模化种植经营2600亩晚白桃、200亩高品质的柑橘和110亩樱桃	
	简阳市月湾村	位于江源五丰农业园,园区内13个村12000亩"高标准农田",柑橘苗33万株,月湾村种植高品质柑橘300余亩	
	简阳市荷桥村	蓝剑集团在荷桥村流转土地近2900亩,打造特色农场、共享农场于一体的高标准现代农业园区;已建成清华同方智慧农场1600余亩,有机农夫循环产业100余亩	
	大足区长虹村	稻油轮作,打造近300亩科研试验田和五彩水稻、油菜花大地艺术景观;建成高标准农田1200余亩,恒温大棚、钢架大棚等设施农业320亩,设有"袁隆平院士专家工作站"	
产品加工	永川区石笋山村	打造石笋山生态农业园区,依托猕猴桃、茶园、果园1000亩,建设产品深加工的现代化茶厂、果酒厂和茸血酒厂	
	永川区景圣村	位于圣水湖现代农业园区,拥有上千亩食用菌生产基地,形成了以原材料、生产、研发、加工、流通为一体的食用菌产业园区,拥有三家食用菌养殖场(共约220亩)	

类型	案例村	产业特征	现状照片
产品加工	永川区玉峰村	紧邻永川区三教产业园，以精品蔬菜、优质水果、高产粮田为基础，打造农业产业链延伸、食品加工业为发展主导方向的现代农业示范村	
	简阳市接龙村	德青源（简阳）现代蛋鸡产业示范项目，青年鸡区存栏100万只，蛋鸡区存栏300万只，对周边地区提供500余个就业岗位，惠及周边3000余户农户	
	郫都区战旗村	以有机蔬菜、农副产品加工、食用菌工厂化生产等主导的农业产业为主导，另包含榨油坊、酱油坊、郫县豆瓣坊等"乡村十八坊"	
旅游发展	南川区龙山村	海拔在1000m以上，有丰富的森林资源和独特的地形地貌优势，森林覆盖率达90%以上，为市级"绿色村庄"，全村已有星级农家乐86家，家庭式农家乐20多家	
	南川区铁桥村	依托蓝莓栽种，兴建农特产品超市、茶体验中心、农家乐等设施，2020年接待游客3万人次，年收入超过200万元，人均纯收入接近2万元，为"重庆市第二批乡村旅游重点村"	
	永川区黄瓜山村	全村以特色农业、乡村旅游为主导产业，盛产梨、葡萄、草莓、猕猴桃等特色名优水果，有农家乐49个，年游客接待量100万人次，有"中华梨村"的美誉。入选"第一批全国乡村旅游重点村"	
	永川区八角寺村	通过莲藕种植带动荷莲加工、休闲观光，打造永川区一二三产业融合发展试点园区和4A级生态农业景区"十里荷香"项目，入选"中国美丽休闲乡村"	

续表

类型	案例村	产业特征	现状照片
旅游发展	铜梁区六赢村	2015 年,依托着万亩荷塘,六赢村结合第一、第三产业,发展乡村旅游,成功创建国家 3A 级旅游景区"荷和原乡",年游客 20 余万人。入选"第二批全国乡村旅游重点村"	

成都市最早一批开展土地整理和村集体统筹经济发展的乡村,形成了以有机蔬菜、农副产品加工、郫县豆瓣、食用菌等为主导的产业,2021 年产值 1.3 亿元,带动农户就近就业 160 余人,2021 年荣获"全国乡村振兴示范村"称号;六赢村打造"荷和原乡"的乡村旅游景点,是成渝地区著名的乡村旅游目的地和示范地,2017 年成功创建国家 3A 级旅游景区,2020 年荣获"第二批全国乡村旅游重点村"称号。

6.1.2 村域尺度:"三生"空间的测度方法

首先将原始土地利用数据根据"三生"空间进行整合(表 6.2),运用 ArcGIS 对村域用地进行重分类处理,划分为生活空间、生态空间、农业空间、其他空间四类整体性空间进行研究,将林地、水库、河流水面、草地、自然保留地划分为生态空间;耕地、园地、其他农用地、设施农用地划分为农业空间;将村庄建设用地(宅基地)、村庄公共服务设施用地等划分为生活空间;城镇建设用地、采矿用地、交通运输用地及其他用地作为其他空间。

表 6.2 "三生"空间重分类用地类型与原用地类型相对应一览表

序号	原解译用地类型	重分类用地类型
1	耕地、园地、其他农用地、设施农用地	农业空间
2	林地、水库、河流水面、草地、自然保留地	生态空间
3	村庄建设用地(宅基地)、村庄公共服务设施用地	生活空间
4	城镇建设用地、采矿用地、交通运输用地及其他用地	其他空间

本书结合景观生态学关于景观格局指数的描述方法,对典型案例的生活空间、生态空间、农业空间的具体变化情况进行测度,归纳每个模式的空间规律。景观生态学是以生态学和地理学为基础,强调景观的整体性和异质性,主要研究由不同生态系统所组成的整体(即景观)的组成类型、动态变化、功能及其在生态发展过程中相互作用的学科[178]。随着地理信息系统(GIS)、遥感(RS)和全球卫星导航系统(GNSS)等技术的引入,景观格局指数模型的发展取得了重大进步。景观格局指数通过定量方式表述景观格局的特征及内部关系,并在时间维度上对比景观格局指数的变化来反映景观格局特征的演变[179]。例如,刘莹等[180]采用乡村聚落斑块总面积、斑块平均规模、斑块数量、最大斑块占总面积

比例等指数对 1990～2020 年攀枝花市乡村聚落格局进行研究，得到乡村聚落规模呈阶梯式增长，空间上集聚度增强，形态逐渐复杂且破碎化的结论；吴健生等[181]采用斑块密度、边缘密度、聚集度指数、香农多样性指数分析了深圳市近 20 年城市景观格局演变，发现深圳市建筑用地景观优势性逐步增强，呈集中开发形态，景观多样性和均匀性增加等结论。因此，分析各类景观格局指数的构成是乡村聚落空间格局研究中的重要依据。

具体方法上，运用 Fragstats 软件对每个案例的"三生"空间 TIF 文件进行指标计算，在 Fragstats 软件中大概有 300 个指标对景观格局进行了描述，相关研究表明，适宜于聚落格局测度的指标具有一定的限制[182]；同时考虑本书研究的主要目的，即提取乡村聚落"三生"空间景观格局重构特征，因此综合筛选四个景观格局指数作为指标（表6.3）。

表6.3 "三生"空间景观格局测度指标

维度	指数名称	公式	说明
用地比例与转化	斑块所占景观面积比例（percent of landscape，PLAND）	$PLAND = \sum_{j=1}^{n} a_{ij} \times \dfrac{100}{A}$	a_{ij} 为 i 类斑块第 j 个斑块的面积；A 为景观的总面积
生活空间优势度	最大斑块指数（largest path index，LPI）	$LPI = \max_{j=1}^{n} (a_{ij}) \times \dfrac{100}{A}$	a_{ij} 为 i 类斑块第 j 个斑块的面积；A 为景观的总面积
农业空间规整度	景观形状指数（landscape shape index，LSI）	$LSI = \dfrac{0.25E}{\sqrt{A}}$	E 为农业类型斑块总周长；A 为景观的总面积
生态空间连续性	边缘密度（edge density，ED）	$ED = \dfrac{E}{A} \times 10000$	A 为景观的总面积；E 为斑块边缘总长度

1）土地利用结构

采用斑块所占景观面积比例（percent of landscape，PLAND）指数测度生活、生产、生态空间用地比例结构及其转化关系。该指数表示某一斑块类型的总面积占景观整体面积的百分比，直观反映聚落重构前后的生活空间、生态空间和农业空间的总体变化情况，从而分析不同用地之间的增、减态势。

2）生活空间优势度

采用最大斑块指数（largest path index，LPI）对生活空间的最大用地斑块进行测度。该指数表示最大的斑块与景观总面积的比值，值越大，该类型斑块优势越明显，可用于判定单一生活用地的优势度。在建设用地集约高效利用的政策导向下，可以通过该指数判定生活空间相对集聚的程度，以及核心聚落的面积增加情况。

3）农业空间规整度

采用景观形状指数（landscape shape index，LSI）对农业空间的规整性进行测度。该指数表示斑块的形状复杂度，值越小，景观形状越规则或景观中的边缘总长度越小，越近似一个正方形斑块，能直接反映农用地整治、高标准农田建设的成效，表征农业用地的整体质量。

4）生态空间连续性

采用边缘密度（edge density，ED）测度生态空间的连续性。该指数表征空间被边界分割的程度，值越小，表明空间形状越整合，被边界分割的程度越低，可以反映生态空间的整合情况与整体质量情况。

6.1.3 聚落尺度：空间形态的测度方法

本书综合测度建筑的聚散特征、街巷网络的拓扑结构和公共服务设施的配置和距离情况，以反映不同类型乡村在聚落层面的重构特征。

1）建筑的聚散特征

在不同功能导向下，聚落建筑的集中和分散程度会有一定的差异。聚落的聚散性是指建筑的疏密程度，其是综合反映聚落整体空间形态的重要特征之一[183]。因此，对聚落的聚散特征进行分析有助于测度聚落的集中化程度，以此探寻聚落肌理形态重构的特征规律。根据相关研究，建筑的聚散特征与建筑之间的平均距离密切相关[184]。建筑之间的相互距离较大的聚落整体密度较低；相反地，建筑之间的相互距离较小的聚落密度则较高（图6.1）。

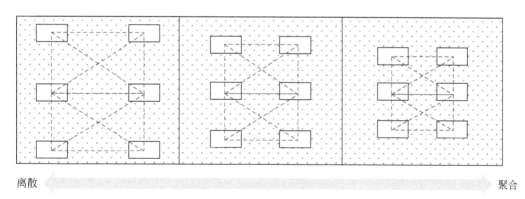

离散 ——————————————————————————————→ 聚合

图6.1　建筑的聚散特征示意

其测度方法主要是将聚落中每一个建筑都抽象为一个点，通过两两建筑之间的空间联系线，计算建筑之间的平均距离，这个空间距离系统反映了聚落的聚散特征[185]（图6.2）。

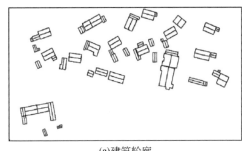 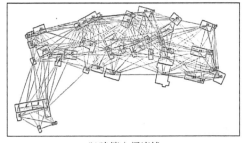

(a)建筑轮廓　　　　　　　　　　　　　　　　　　(b)建筑空间连线

图6.2　建筑聚散特征的测度方法[186]

2）道路的拓扑结构

此外，乡村聚落空间形态的规律还体现在道路（街巷）要素的组织关系中[187]。基于拓扑理论与思想的乡村聚落形态研究，用网络结构图示来表达乡村人居环境与空间形态的现状与规律，以揭示隐含在乡村繁杂空间关系中的内在逻辑性和组织性[188]。道路系统网络决定了聚落整体空间的组织秩序和空间衍生规律，表达了乡村街道密度、街道宽度、街道通行能力与街道网络整体通达性等形态特征[189]。拓扑分析技术将聚落空间系统简化为拓扑结构系统，实现对聚落空间发展规律整体性和系统性的把握[190]（图6.3）。本书主要通过拓扑结构提取，分析不同类型聚落的空间组织关系，并运用道路密度指标对网络的稠密程度进行测度，以反映重构前后聚落的道路系统变化规律（表6.4）。

卫星影像(空间平面)　　　　　　街巷肌理(网络提取)　　　　　　空间解析(拓扑结构)

图6.3　道路网络的拓扑分析方法

表6.4　道路网络密度测度指标说明

指标	计算方式	说明
道路密度	$L = \dfrac{\sum\limits_{i=1}^{n} l_i}{S}$	L 为街巷密度；l_i 为第 i 个街巷的长度；S 为用地面积

3）设施的功能混合

乡村聚落多功能发展最直观的表现之一便是建筑功能的混合，即设施的多样性。不同类型聚落服务设施的服务主体、功能不同，因此具有多样化的特征，通过对建筑功能的混合程度进行分析，可以反映聚落多功能发展的程度[191]。在《乡村公共服务设施规划标准》（CECS 354—2013）中，乡村的基本公共服务设施可以分为管理、教育、医疗保健、文体科技、社会福利和商业 6 种类型（表 6.5）。同时，乡村公共服务设施还需要针对不同类型进行差异化设置，如农业主导的聚落对农机存放、管理用房的需求，产品加工对加工设施的需求，以及旅游型聚落对游客中心、旅游商店、公共厕所等旅游服务功能的需求。

表 6.5　乡村公共服务设施类型

指标	项目名称
乡村管理设施	村委会、经济服务站
乡村教育设施	小学、幼儿园、托儿所
乡村文体科技设施	技术培训站、文化活动室、阅览健身场地
乡村医疗保健设施	卫生所
乡村社会福利设施	敬老院、养老服务站
商业设施	百货店、超市

资料来源：根据《乡村公共服务设施规划标准》（CECS 354—2013）》整理。

空间信息熵（空间熵）可以对空间功能混合度进行较为准确地识别与评价，实现建筑功能混合度的定量化测度，并为规划设计提供有力的依据与支撑[192]。信息熵的数字高低反映的是空间功能的均衡程度，其值越小，代表空间由某一种功能占据主导，其他功能较弱；反之，值越高则表明不同功能的空间类型数越多、各类型的面积相差越小、分布越均衡。聚类设施功能混合度可以采用以下公式进行计算（表 6.6）。

表 6.6　功能混合度测度指标说明

指标	计算方式	说明
功能混合度	$H = -\sum_{i=1}^{N} P_i \times \ln P_i$	H 为功能混合度（信息熵）；P_i 为第 i 类建筑面积比例；N 为建筑类型数量

本书计算功能混合度时，将建筑功能归纳为三类，即居住建筑、服务建筑和生产建筑。其中，服务建筑包括基本公共服务设施和不同类型聚落需求的差异化设施，如农机存放站、游客中心、转运服务站等；生产建筑则是加工建筑和配套的管理用房，以及半永久化的设施农用地等。

6.2　"三生"空间重构规律分析

以 2012 年、2018 年国土变更调查数据为基准，通过卫星影像数据、现场调查收集等方式，对15个案例的"三生"空间进行整合、校正，形成聚落空间重构前、后的基础数据库（表6.7），并运用ArcGIS的栅格输出工具，将15个案例的2期矢量数据输出为5m×5m的TIF栅格文件。

表 6.7　典型案例重构前后"三生"空间数据处理

类型	案例	重构前	重构后	案例	重构前	重构后
农业升级	尤安村			菠萝村		
	月湾村			荷桥村		
	长虹村					
产品加工	石笋山村			景圣村		
	玉峰村			接龙村		
	战旗村					

续表

类型	案例	重构前	重构后	案例	重构前	重构后
旅游发展	龙山村			铁桥村		
	黄瓜山村			八角寺村		
	六赢村					

6.2.1 用地结构：适应不同功能的空间响应

1）典型案例总体重构规律

分析 15 个案例重构前后的四类空间占比总体变化，以总结成渝地区典型乡村聚落的转型发展趋势。15 个案例总体的农业空间和生活空间的比例下降，生态空间和其他空间的比例上升，其中变化较为显著的是农业空间比例下降了近 3 个百分点，从 65.3% 下降至 62.2%；同时其他空间的比例约上升了 3 个百分点，由重构前的 4.3% 上升至重构后的 7.6%；生活空间比例由 8.7% 下降至 8.4%；生态空间变化幅度不大，重构前后分别为 21.7% 和 21.8%（表 6.8）。可以发现，近年来，成渝地区大力投资基础设施导致的建设项目用地需求增加，造成农业空间普遍呈减少趋势。同时，生活空间略微减少，说明 15 个典型案例已逐渐进入乡村建设用地"精明收缩"阶段，不再是自由发展与无序扩张。此外，生态空间整体上升是因为成渝地区长江上游生态屏障的重要功能定位，生态环境保护责任重大，实施了多轮"退耕还林还草"，生态空间的逐步修复表明该政策在发展典型的乡村地区起到了良好的成效。

表 6.8　典型案例重构前后"三生"空间比例　　　　　　（单位：%）

类型	案例	重构前				重构后			
		农业空间	生态空间	生活空间	其他空间	农业空间	生态空间	生活空间	其他空间
农业升级	尤安村	70.2	17.2	9.1	3.5	71.8	17.0	6.5	4.7
	菠萝村	82.2	5.2	10.5	2.0	83.8	4.4	7.9	3.9
	月湾村	79.7	11.2	6.1	3.0	80.2	10.4	5.0	4.3
	荷桥村	64.6	24.2	7.2	4.0	62.6	27.2	6.1	4.1
	长虹村	80.4	5.4	12.1	2.1	81.3	3.2	12.0	3.5
产品加工	石笋山村	65.7	24.6	6.4	3.4	62.4	23.3	5.3	9.0
	景圣村	72.2	13.0	11.5	3.3	68.5	10.9	12.7	8.0
	接龙村	71.7	17.9	7.5	3.0	64.2	17.1	8.7	10.0
	玉峰村	70.6	5.2	16.3	8.0	61.3	4.2	18.9	15.6
	战旗村	74.1	9.3	14.6	1.9	58.3	9.6	13.5	18.7
旅游发展	龙山村	10.6	80.8	2.3	6.3	9.7	81.1	2.5	6.8
	铁桥村	69.3	21.1	5.1	4.5	67.5	21.3	5.2	6.0
	黄瓜山村	58.5	27.6	8.4	5.5	58.3	27.7	9.3	4.8
	八角寺村	43.9	40.9	7.8	7.4	39.7	44.0	6.2	10.1
	六赢村	66.3	21.9	5.9	6.0	64.2	25.4	6.2	4.1
汇总		65.3	21.7	8.7	4.3	62.2	21.8	8.4	7.6

2）不同类型重构规律

从空间占比的大小来看，三类乡村的面积占比均是农业空间>生态空间>生活空间>其他空间，其中农业升级型和产品加工型的农业空间占比普遍大于70%，这一比例特征明显体现了成渝地区乡村的空间利用特点，而旅游发展型聚落的生态空间占比接近40%，接近农业空间规模，表明生态环境对于旅游型乡村聚落的重要性。除此之外，产品加工型聚落的其他空间占比较高也是其重要特征。

针对不同功能类型的重构变化，分析其采取的用地空间响应方式，进一步采用"三生"空间比例变化来分析不同功能类型的乡村重构变化趋势。农业升级型的农业空间呈上升趋势，均值从75.4%进一步上升至75.9%，同时生活空间从9%下降至7.5%。而产品加工型的农业空间和生态空间的比例下降，生活空间和其他空间的比例上升，说明该类型乡村的产业发展以建设为主，对建设用地的需求较大。旅游发展型的生态空间不断优化，从原有的38.5%进一步上升至39.9%，生活空间的比例大致不变，其他空间小幅度上升，依然具有可持续发展的动力，以配套完善设施为主；同时农业空间略微减少，表明该类型乡村对于耕地的依赖性不强，存在逐步退出的可能性（表6.9和图6.4）。

表6.9 不同类型重构前后"三生"空间比例 （单位：%）

聚落类型	重构前				重构后			
	农业空间	生态空间	生活空间	其他空间	农业空间	生态空间	生活空间	其他空间
农业升级平均值	75.4	12.6	9.0	2.9	75.9	12.4	7.5	4.1
产品加工平均值	70.9	14.0	11.3	3.9	62.9	13.0	11.8	12.3
旅游发展平均值	49.7	38.5	5.9	5.9	47.9	39.9	5.9	6.4

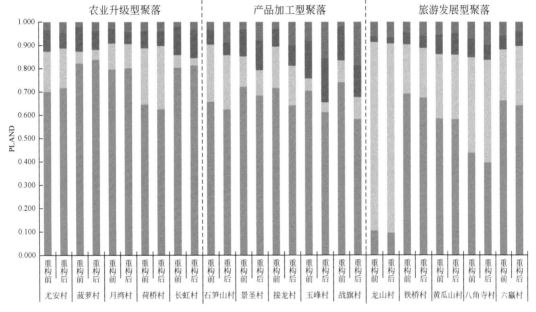

图6.4 典型案例的PLAND变化

3）用地结构重构模式提取

农业升级型案例的用地变化的总体规律是以"农业空间增加，保障农业功能"为主要特征，即农业空间增加，生活空间（农村建设用地）减少，生态空间减少。生活空间由于政策引导下的宅基地腾退、集中居民点建设，将原有分散的、低效的建设用地进行空间置换，形成用地更为集约的聚落，所以整体用地呈现减少趋势；农业空间的增加是由于耕地保护政策，以及建设用地增减挂钩政策中严格的"耕地占补平衡"，并且大多数丘陵、平原型聚落在宅基地退出时复垦为耕地，从而增加了农业空间的规模；生态空间则由于农业升级的聚落大多位于平原、丘陵地区，原有林地以"林盘"的方式散落式分布，在耕地升级、集中居民点建设过程中，非生态保护红线的林地则作出了"牺牲"，以保障农业生产和居民生活（图6.5）。

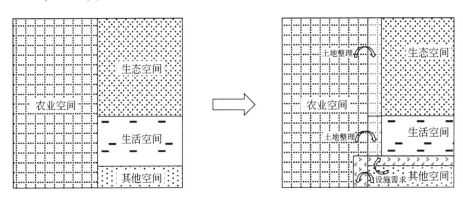

图6.5　农业升级型聚落用地结构重构模式

产品加工型案例的用地变化的总体规律是以"建设空间增加，提升经济功能"为主要特征，即生活空间和其他空间规模增加，农业空间和生态空间规模减小的趋势。该类型的村庄一般是产业基础良好、带动周边村落发展的中心村，产品加工的相关产业对建设用地需求较大，同时承担了更多的居住、产业需求，导致生活空间的规模大幅上升，其一定程度上牺牲了农业空间与生态空间（图6.6）。

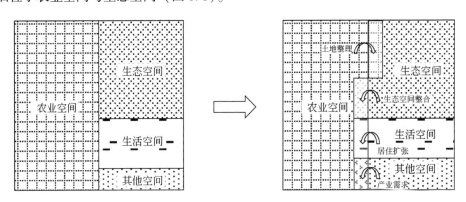

图6.6　产品加工型聚落用地结构重构模式

旅游发展型案例的用地变化的总体规律是以"生活生态增长，保障旅游功能"为主要特征，即生活空间和生态空间的用地比例呈现了略微上升的趋势。通过分析各项用地之间的变化趋势，旅游发展型村庄的整体重构特征不显著，平均增加5.00%和0.15%，农业空间降低3.00%，转化为旅游服务设施、旅游项目用地，或者是退耕还林，促进乡村的生态化（图6.7）。

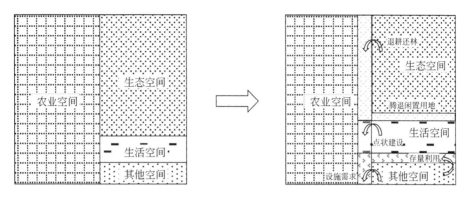

图 6.7　旅游发展型聚落用地结构重构模式

6.2.2　生活空间：伴随功能分化的格局重塑

1）典型案例总体重构规律

最大斑块指数（LPI）是对生活空间的最大用地斑块进行测度，判定单个生活用地的优势度，可以通过该指数在一定程度上判断生活空间集聚程度。采用 LPI 对 15 个案例进行测度，平均值从重构前的 0.84 上升到 1.29，增幅为 53.54%，因此可以判断典型乡村聚落在重构中不断呈现整合集聚的态势（表 6.10）。

表 6.10　典型案例的生活空间最大斑块指数（LPI）变化

类型	村名	重构前	重构后	变化数量	变化幅度/%
农业升级	尤安村	0.42	1.12	0.70	166.67
	菠萝村	0.33	0.78	0.45	136.36
	月湾村	0.64	0.92	0.28	43.75
	荷桥村	0.46	0.99	0.53	115.22
	长虹村	0.47	0.78	0.31	65.96
农业升级平均值		0.46	0.92	0.45	97.84
产品加工	石笋山村	1.25	1.44	0.19	15.20
	景圣村	2.49	3.05	0.56	22.49
	接龙村	0.53	0.92	0.39	73.58
	玉峰村	1.56	2.57	1.01	64.74
	战旗村	1.78	3.59	1.81	101.69
产品加工平均值		1.52	2.31	0.79	51.97

类型	村名	重构前	重构后	变化数量	变化幅度/%
旅游发展	龙山村	0.31	0.42	0.11	35.48
	铁桥村	0.44	0.58	0.14	31.82
	黄瓜山村	0.94	0.99	0.05	5.32
	八角寺村	0.23	0.33	0.10	43.48
	六赢村	0.72	0.82	0.10	13.89
旅游发展平均值		0.53	0.63	0.10	18.87
汇总均值		0.84	1.29	0.45	53.54

2) 不同类型聚落生活空间重构规律

从不同类型来看，重构前农业升级、产品加工和旅游发展的最大斑块指数（LPI）平均值分别为 0.46、1.52 和 0.53，可以看出农业升级型和旅游发展型的乡村均是以小、散的宅基地为主，而产品加工则相对会更加聚集，具有集中发展的基础。从变化来看，三个类型分别提升 0.45、0.79 和 0.10，产品加工类型的生活空间集聚程度上升趋势较为明显，形成了大型用地斑块；其次为农业升级型，变化幅度超过了 90%，其中，尤安村和菠萝村的最大斑块指数增加最为剧烈，相较重构前分别增加了 166.67% 和 136.36%，两村在农业升级的过程中对聚落的整合程度较高，从原有分散式林盘转变为较为集中的布局方式（图 6.8）。旅游发展型乡村的生活空间优化较少采取拆村并点和大规模新村建设，更加注重小规模、分散化。其发展的过程基本是以自身资源优势，通过生态化的乡村旅游吸引外来资本、村民返乡建设，从而产生集聚效应，慢慢发展成为乡村旅游目的地，故空间上也基本上保持着原有空间格局。建设空间重构一般体现出渐进演替、功能更新的特征变化[193]。

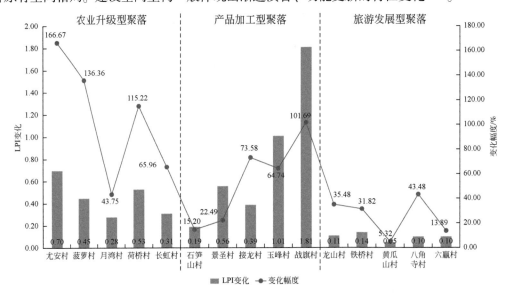

图 6.8 典型案例的生活空间最大斑块指数（LPI）变化

3) 生活空间重构模式提取

根据对最大斑块指数变化规律的解读和案例实际情况，可以进一步总结出不同类型乡村聚落的生活空间响应模式。农业升级型的生活空间是在成渝地区原有小、散、乱的居民点的基础上，按照"小、组、微、生"进行空间整合，形成集约化利用的空间格局，并配套完善的服务设施，最大限度地发挥乡村农业功能的同时提升乡村的生活功能；产品加工型的生活空间是在居民点适当整合的同时，根据加工产业和配套服务需求，形成居住组团、产业组团、服务配套组团等功能分布的格局，保障和提升乡村的农业功能、经济功能和生活功能；旅游发展型的生活空间则是根据实际情况，对偏远不便、服务配套欠缺、嵌入生态空间中的散居居民点进行腾退，形成较为集中、服务完善的空间组团，同时根据旅游需求，增加旅游服务功能相关设施，整体保障和提升乡村的生态功能、消费功能和生活功能（表6.11）。

表 6.11　不同类型聚落生活空间变化规律与模式

类型	变化规律	空间响应模式
农业升级	按照"小、组、微、生"进行空间整合，形成集约化利用的空间格局，配套完善的服务设施，发挥乡村的农业功能，提升乡村的生活功能	
产品加工	居民点适当整合，形成居住组团、产业组团、服务配套组团等功能分布的格局，保障和提升乡村的农业功能、经济功能和生活功能	

类型	变化规律	空间响应模式
旅游发展	腾退偏远不便、服务配套欠缺、嵌入生态空间中的散居居民点，形成较为集中、服务完善的空间组团，整体保障和提升乡村的生态功能、消费功能和生活功能	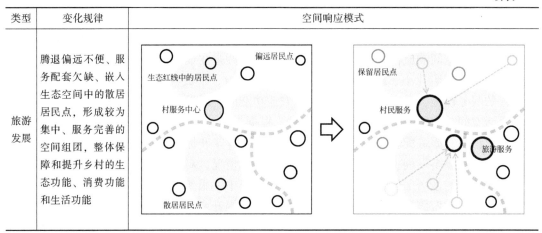

6.2.3　农业空间：高标准改造下的规整升级

1）典型案例总体重构规律

成渝地区丘陵、山地为主的地形条件容易导致农用地形状复杂，不便于开展规模化和机械化耕种，故采用景观形状指数（LSI）对农业空间的规整性进行测度，用于反映农业用地质量，其表示斑块的形状复杂度，值越小景观形状越规则，农业空间的质量越高。从15个案例测度的整体结果来看，LSI均值从14.34下降到13.21，降低幅度为7.88%，说明典型案例的农业空间逐步规整化（表6.12）。

表6.12　典型案例的农业空间景观形状指数（LSI）变化

类型	村名	重构前	重构后	变化数量	变化幅度/%
农业升级	尤安村	17.42	12.40	−5.02	−28.82
	菠萝村	10.99	9.34	−1.65	−15.01
	月湾村	13.05	11.15	−1.90	−14.56
	荷桥村	11.30	8.98	−2.32	−20.53
	长虹村	9.11	8.32	−0.79	−8.67
农业升级平均值		12.37	10.04	−2.33	−18.84
产品加工	石笋山村	12.76	13.35	0.59	4.62
	景圣村	9.22	9.06	−0.16	−1.74
	接龙村	14.40	13.87	−0.53	−3.68
	玉峰村	8.65	7.73	−0.92	−10.64
	战旗村	6.46	4.10	−2.36	−36.53
产品加工平均值		10.30	9.62	−0.68	−6.60

类型	村名	重构前	重构后	变化数量	变化幅度/%
旅游发展	龙山村	18.25	18.63	0.38	2.08
	铁桥村	24.71	24.56	-0.15	-0.61
	黄瓜山村	24.13	22.11	-2.02	-8.37
	八角寺村	19.78	19.11	-0.67	-3.39
	六赢村	14.85	15.45	0.60	4.04
旅游发展平均值		20.35	19.97	-0.38	-1.87
汇总均值		14.34	13.21	-1.13	-7.88

2）不同类型聚落农业空间重构规律

从不同类型来看，农业空间的规整化程度从高到低分别为农业升级、产品加工和旅游发展。对于农业升级型乡村而言，农业空间的景观形状指数（LSI）从12.37下降至10.04，降幅18.84%，表明农业空间的规模化与规整化是该类型乡村重构的重点，结合前文农业空间的规模增加，说明在土地整理过程中，规模增长的同时对用地形状进行规整及高标准农田改造，从而提升了机械化水平。对于产品加工型乡村而言，农田规整化程度本身较高（重构前LSI为10.3），下降幅度为6.60%，不及农业升级型乡村，但整体仍然是较为规整化的农田形态，即说明农业空间的高效提升是产品加工产业发展的基础，农业加工需要大量的农产品供给，如茶叶、食用菌、蔬菜等，均需要农业用地的集中流转和规模化种植来支撑加工产业，整体提升加工企业的效益，所以农业空间的规模化、标准化是产品加工的必要条件和首要条件。对于旅游发展型乡村而言，农业空间LSI从20.35变化为19.97，整体变化不大，表明该类型村庄发展过程中较少对农业空间进行大规模改造（图6.9）。

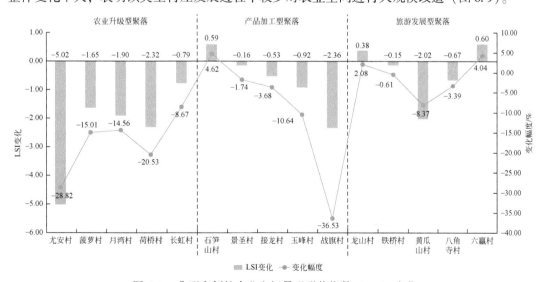

图 6.9 典型案例的农业空间景观形状指数（LSI）变化

以农业升级型的长虹村和月湾村为例，其农业空间的不规则度分别从9.11、13.05下降至8.32、11.15，农用地更为规整，便于规模化种植，可改善原有小农经济条件下的包产到户情况。长虹村从2017年开始，对农用地进行整治，建成五彩水稻基地500余亩，2018年袁隆平院士重庆工作站落地长虹村，2021年在隆平五彩田园举办了中国农民丰收节，农用地的高效利用成为关键；月湾村所在的江源镇以"智慧农业柑橘产业园"为核心，围绕柑橘产业积极推进产业发展及配套基础设施建设，月湾村作为园区中心，已流转土地近2600亩，平整土地1500余亩，种植柑橘1200余亩，极大地提升了农业空间的产出效益（图6.10）。

图6.10 长虹村、月湾村的农业空间规整度提升

3）农业空间重构模式提取

根据农业空间规整度（景观形状指数LSI）的变化规律，结合案例实际情况，总结农业空间的重构模式。在原有破碎化、分散化的原始农田格局的基础上，农业升级型聚落主要采取土地整理、高标准农田改造、规模化流转等方式，对农用地进行规整，同时对腾退的宅基地进行复垦，以实现连片、完整的农业空间，提升该类型乡村的农业生产功能；产品加工型聚落则将农用地规整作为产业链条发展的前置条件，在加工产业、物流运输产业引入乡村的同时，原有破碎的农业空间产出不足，也不便于机械化、现代化生产，因此需要进行必要的整理，形成高效生产、加工增值、运输贸易的产业链条整体升级，故农用地的规整化是该类型提升经济功能的必要前提；而旅游发展型聚落的农业空间重构模式与前两者略有不同，乡村旅游产业的介入、城市居民的前往，正是受到乡村独有的田园景观和自然风景的吸引，因此该类型聚落的农业空间较少采用大规模整理和重构，而是在田间种植产品和游览体验上下功夫，如开展瓜果采摘、田野体验、研学教育等活动，对必要的旅游路径进行升级改造，实现通畅便捷的旅游体验，进而激发乡村的消费功能（图6.11）。

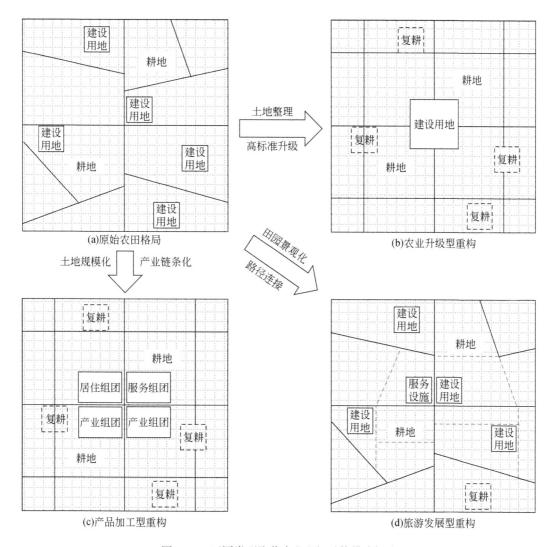

图 6.11　不同类型聚落农业空间重构模式提取

6.2.4　生态空间：旅游功能植入的品质提升

1）典型案例总体重构规律

采用边缘密度（ED）测度生态空间的连续性，该指数表征空间被边界分割的程度，值越小，表明被边界分割的程度越低，其可用于反映生态空间的连续性与整体质量情况。整体看来，15 个村的 ED 平均值从 67.57 下降至 64.39，降幅 4.71%，表明典型案例的生态空间质量变化趋向良好（表 6.13）。

表 6.13　典型案例的生态空间边缘密度（ED）变化

类型	村名	重构前	重构后	变化数量	变化幅度/%
农业升级	尤安村	90.04	87.13	−2.91	−3.23
	菠萝村	65.35	65.58	0.23	0.35
	月湾村	43.64	45.40	1.76	4.03
	荷桥村	46.35	45.51	−0.84	−1.81
	长虹村	86.56	81.46	−5.10	−5.89
农业升级平均值		66.39	65.01	−1.38	−2.08
产品加工	石笋山村	84.08	82.57	−1.51	−1.80
	景圣村	39.74	37.22	−2.52	−6.34
	接龙村	58.66	58.78	0.12	0.20
	玉峰村	50.26	46.81	−3.45	−6.86
	战旗村	30.97	27.91	−3.06	−9.88
产品加工平均值		52.74	50.66	−2.08	−3.94
旅游发展	龙山村	105.46	100.12	−5.34	−5.06
	铁桥村	96.77	89.67	−7.10	−7.34
	黄瓜山村	105.38	100.69	−4.69	−4.45
	八角寺村	43.78	36.82	−6.96	−15.90
	六赢村	66.5	60.15	−6.35	−9.55
旅游发展平均值		83.58	77.49	−6.09	−7.29
汇总均值		67.57	64.39	−3.18	−4.71

2）不同类型聚落生态空间重构规律

从不同类型来看，生态空间质量提升最显著的是旅游发展型（−7.29%），其次是产品加工型（−3.94%），最后为农业升级型（−2.08%）。旅游发展型乡村生态空间的连续性上升较为显著，在发展过程中进行了生态空间的整合，其原因有两方面：一是旅游业的发展，对高品质的生态空间需求促使生态不断修复；二是在"退耕还林还草"过程中，加强了林地的"缝合"（图 6.12）。产品加工型乡村的生态空间的破碎度有所降低，但不显著，生态空间的向好发展是在加工业介入后对破碎的用地进行整理后形成的，与旅游发展型乡村的形成机制不大相同。农业升级型乡村的破碎度降低近−2.08%，结合该类型生态空间的规模降低的趋势，可以看出，农业升级下的乡村聚落在重构发展时，优先保障农业用地的高效和建设用地的宜居，这在一定程度上会对村域的生态空间进行破坏，导致生态空间规模下降，连续性降低。其产生是由成渝地区丘陵地形导致的，传统乡村位于山丘顶部不利于耕作和建设的位置保留为林地，但生产技术的革新进步、规模化机械化的耕作方式，会对原始山地条件进行一定的改造，使其适合农业的连续耕作。

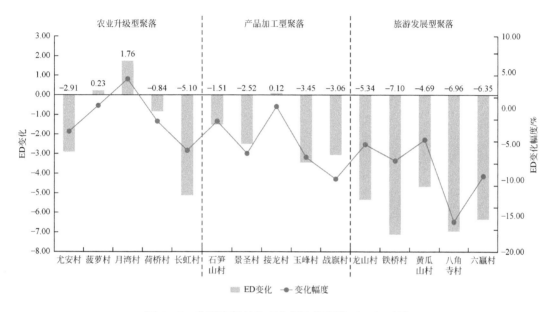

图 6.12　典型案例的生态空间边缘密度（ED）变化

3）生态空间重构模式提取

根据生态空间的连续性（边缘密度 ED）的变化规律，结合案例实际情况，总结生态空间的重构模式。对于农业升级型聚落而言，由于大部分农业升级型聚落的地形条件是丘陵和平原，原有的生态空间大部分是自然形成的林盘式或环丘式格局，整体呈散落状分布，因此，在重构时对林盘的价值进行评估的同时，根据农业产业化的需求，对农业用地进行规模化和规整化升级，在一定程度上会"牺牲"原有林地；产品加工型聚落的生态空间与农业升级类型较为一致，对破碎化的林地进行整理，服务于产业的发展，同时对能形成整体的生态空间进行提升；对于旅游发展型聚落而言，生态空间是其旅游产业发展的保障，因此重构时大多采用保留的方式，同时对重要的景观节点和廊道沿线进行生态景观的提升，使生态空间的价值得到最大的发挥（图 6.13）。

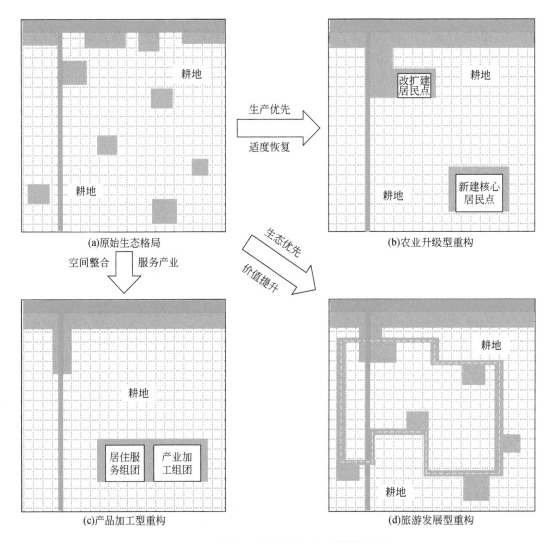

图6.13 不同类型聚落生态空间重构模式提取

6.3 聚落形态重构规律分析

在"三生"空间重构特征分析的基础上，分别选取三个聚落形态重构典型的案例进行特征变化分析与测度。农业升级型以简阳市尤安村、菠萝村和荷桥村为例，来进一步分析空间形态变化特征。对三个典型聚落重构前、后的卫星影像进行转译，形成矢量数据，以便进行重构后的建筑肌理和街巷网络分析（表6.14）。

产品加工型选择聚落形态重构具有代表性的郫都区战旗村、简阳市接龙村、永川区石笋山村进行分析，对重构前后的空间肌理进行解译、提取（表6.15）。

表 6.14 农业升级案例的空间形态数据矢量转译

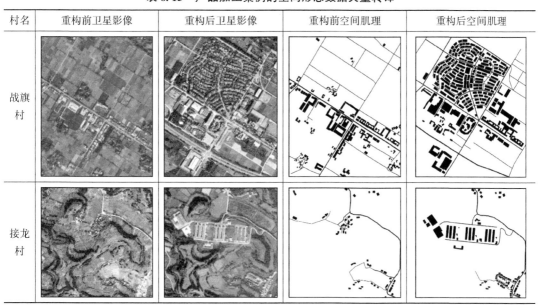

表 6.15 产品加工案例的空间形态数据矢量转译

村名	重构前卫星影像	重构后卫星影像	重构前空间肌理	重构后空间肌理
石笋山村				

旅游发展型的乡村聚落形态重构特征测度选择山地休闲旅游的南川区龙山村、以果蔬采摘著名的"中华梨村"永川区黄瓜山村，以及景区式开发的永川区八角寺村为案例，进行重构前后的聚落形态特征提取（表6.16）。

表6.16 旅游发展案例的空间形态数据矢量转译

村名	重构前卫星影像	重构后卫星影像	重构前空间肌理	重构后空间肌理
龙山村				
黄瓜山村				
八角寺村				

6.3.1 建筑聚散特征：农业升级型拆并整合，旅游发展型更新优化

1）建筑平均距离计算

对15个案例的建筑网络节点进行分析。首先，在 ArcGIS 中计算每个建筑质心的坐标，并记录到数据表，通过 Python 代码建立建筑两两之间的空间联系并导出至数据表，再运用 ArcGIS 的 "XY 转线" 工具生成建筑节点连线，最后根据数据的特征情况进行处理。在数据清理时，考虑到建筑间的关系一般超过一定距离后，便不再具有较强的关联性，同时对肌理的影响也就较弱。因此，以农村步行的度量方式，以 "一里路"（500m）为界线，将建筑之间距离超过500m的连线删除，最后生成建筑节点连线图，通过 ArcGIS 进行可视化（表6.17）。

表6.17 典型案例的建筑节点网络分析

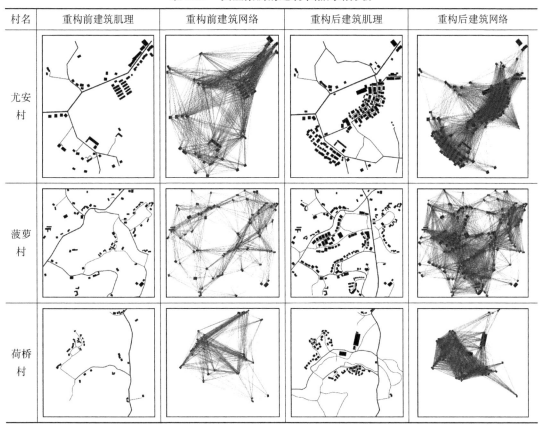

村名	重构前建筑肌理	重构前建筑网络	重构后建筑肌理	重构后建筑网络
尤安村				
菠萝村				
荷桥村				

村名	重构前建筑肌理	重构前建筑网络	重构后建筑肌理	重构后建筑网络
战旗村				
接龙村				
石笋山村				
龙山村				
黄瓜山村				

续表

村名	重构前建筑肌理	重构前建筑网络	重构后建筑肌理	重构后建筑网络
八角寺村				

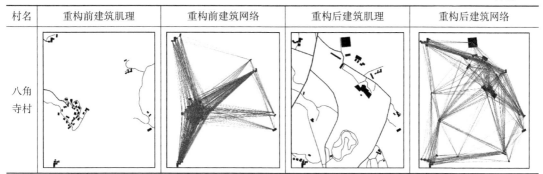

2) 不同类型聚落的建筑聚散重构特征

分析生成的建筑连线统计表,可以看出,聚落建筑中的平均距离一般在 20~150m,其中处于成都平原地区的战旗村的联系最为紧密,重构前平均距离为 32.6m,重构后继续集中到平均距离 20.1m,其代表成渝地区最为集中式的布局方式;相对而言,重构前丘陵地区的尤安村、荷桥村、接龙村、八角寺村等的平均距离均超过了 100m,说明丘陵地区的聚落整体较为分散,从数据上印证了成渝地区乡村聚落"小、散"的特征(表 6.18)。

表 6.18 典型案例建筑平均距离统计

案例	时期	连线数量/条	平均值/m	标准差/m
尤安村	重构前	1312	110.7	205.8
	重构后	4853	66.2	135.0
菠萝村	重构前	1114	74.1	168.5
	重构后	3424	34.2	165.4
荷桥村	重构前	614	143.6	266.2
	重构后	1777	103.6	189.4
战旗村	重构前	4188	32.6	195.3
	重构后	6318	20.1	186.2
接龙村	重构前	856	140.6	242.8
	重构后	2665	102.9	167.9
石笋山村	重构前	2562	93.7	200.4
	重构后	2803	88.8	193.8
龙山村	重构前	1178	101.7	222.0
	重构后	1612	97.2	209.5
黄瓜山村	重构前	1600	103.3	234.9
	重构后	2061	91.4	210.8
八角寺村	重构前	990	168.4	235.4
	重构后	699	155.5	263.1

对比不同类型聚落形态的聚散特征,从平均距离和标准差的变化进行分析,若平均距

离越小、标准差越小，则代表聚落更为集聚。可以发现，三个类型的平均距离与标准差均减小，说明聚落在不断集中，形成更为紧凑的聚落形态。其中，农业升级型下降幅度最为明显，平均距离从 213.5m 下降至 163.3m，标准差从 109.4m 下降到 68.0m；产品加工型聚落从 212.8m 下降至 182.7m，同样下降幅度较大，形成了更为集约式的布局形式；相对而言，旅游发展型的聚落形态变化则不大，平均距离从 230.8m 略微下降到 227.8m，空间整体而言还是较为松散的格局，保持了原有的特征（表6.19）。

表6.19　不同类型重构前后建筑平均距离统计

类型	重构前		重构后	
	平均距离/m	标准差/m	平均距离/m	标准差/m
农业升级	213.5	109.4	163.3	68.0
产品加工	212.8	88.9	182.7	70.6
旅游发展	230.8	124.5	227.8	114.7

从 9 个案例的具体情况可以看出，农业升级型的 3 个聚落的平均距离无论是数量还是幅度都是最高的，表明该类型进行了较大幅度的拆并、整合。此外，旅游发展型的八角寺村平均距离出现了略微上升，是由于其旅游开发过程中，以景区开发的方式进行打造，对原有聚落建筑进行转移，而新增建筑则是为旅游功能考虑，肌理不会太过紧凑，所以导致平均距离上升，呈现出分散化的发展状态（图6.14）。

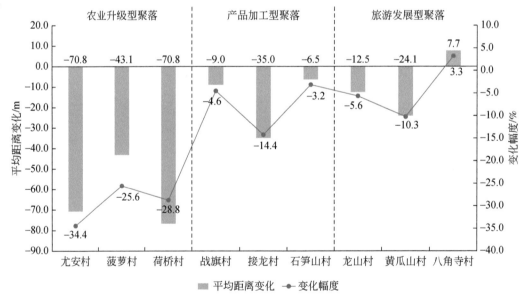

图6.14　典型案例的建筑平均距离变化

3）建筑肌理重构模式提取

结合案例重构情况来看，成渝地区原始空间肌理均较为分散，平均距离在 200m 以上，而不同类型聚落的重构响应模式产生了功能的不同适应情况。农业升级型建筑更加集聚，形成配套更加完善的新型居民点；产品加工型在集约用地基础上形成产居组团功能混合、空间分离的建筑形态；旅游发展型则在原有建筑基础上呈点状式更新优化（图6.15～图6.17）。

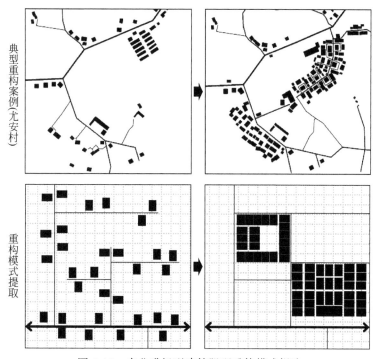

图 6.15　农业升级型建筑肌理重构模式提取

图 6.16　产品加工型建筑肌理重构模式提取

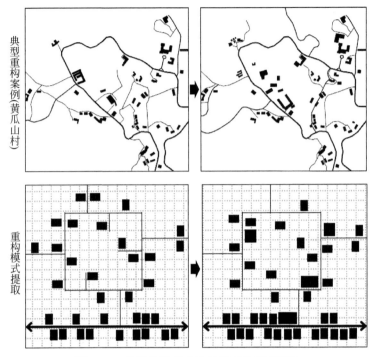

图 6.17　旅游发展型建筑肌理重构模式提取

6.3.2　道路网络密度：产品加工型、旅游发展型次级路升级，农业型支路织密

1）道路网络密度计算

对 9 个案例的道路系统拓扑结构和网络密度进行分析。首先在 ArcGIS 中提取重构前后的道路信息，转译为矢量数据，方便分析道路长度、拓扑分级提取的操作。对典型案例的道路系统分级以卫星影像分析为主，并辅以网络地图数据，从宏观范围对道路的结构进行判断，进而提取出主路、次路和支路 3 个等级（表 6.20）。

表 6.20　典型案例道路系统分级处理

类型	村名	重构前道路系统	重构后道路系统	村名	重构前道路系统	重构后道路系统
农业升级	尤安村			菠萝村		

续表

类型	村名	重构前道路系统	重构后道路系统	村名	重构前道路系统	重构后道路系统
农业升级	荷桥村					
产品加工	战旗村			接龙村		
	石笋山村					
旅游发展	龙山村			黄瓜山村		
	八角寺村					
图例		主路　　　次路　　　支路				

在矢量道路数据的基础上，提取出道路的总体长度，并根据道路所在的范围进行路网密度计算。整理后发现，总体路网的平均密度从 53.7m/hm² 上升到 96.5m/hm²，增长近 80%，表明成渝地区在最近 10 年基础设施建设成效显著（表 6.21）。

表 6.21　典型案例重构前后的路网密度变化

案例	重构前		重构后	
	道路长度/m	路网密度/(m/hm²)	道路长度/m	路网密度/(m/hm²)
尤安村	2 300.5	71.6	4 427.1	137.9
菠萝村	4 358.9	70.5	6 654.7	107.6
荷桥村	2 458.3	33.6	6 548.8	89.5
战旗村	7 079.0	83.7	12 720.3	150.4
接龙村	3 135.9	34.8	3 557.1	39.5
石笋山村	6 646.0	50.5	13 938.5	105.9
龙山村	2 746.3	34.9	3 360.2	42.7
黄瓜山村	6 130.2	72.0	7 292.1	85.7
八角寺村	1 973.3	32.1	6 741.8	109.7
平均	4 092.0	53.7	7 249.0	96.5

2）不同类型聚落的道路网络重构特征

3 个类型的路网密度均呈增加趋势，其中以农业升级型的聚落变化最大，从重构前的 58.6m/hm² 上升到重构后的 111.7m/hm²，为之前近两倍，同时对比绝对数值，农业升级的路网优势同样巨大，由于耕作规模化、机械化的要求，该类型的聚落对道路设施进行了大量投入，提升了道路的长度和质量。对比而言，产品加工和旅游发展的路网密度均上升了 42.3m/hm²、33m/hm²，同样对道路进行织密和升级，但由于产品加工和旅游发展主要依赖于主干道路，对整体的路网密度影响不大（表 6.22 和图 6.18）。

表 6.22　不同类型距离重构前后路网密度统计

类型	重构前		重构后	
	道路长度/m	路网密度/(m/hm²)	道路长度/m	路网密度/(m/hm²)
农业升级	3 039.2	58.6	5 876.9	111.7
产品加工	5 620.3	56.3	10 072.0	98.6
旅游发展	3 616.6	46.3	5 798.0	79.3

从不同类型聚落的道路拓扑结构构成来看，农业升级型聚落主要是对支路进行了加密，占比从 35.5% 增长到 48.6%，增加了"毛细血管"的密度，从而便捷了农业生产和居民生活；而产品加工型和旅游发展型的聚落则是针对次路进行了提升，占比分别从 12.9%、20.8% 上升到 33.8%、39.6%，提升从内部到主干路的可达性（表 6.23）。针对具体案例，农业升级型的 3 个聚落支路占比均在不断上升，以荷桥村的变化幅度最大，占比从 44% 上升到 66%；产品加工型的战旗村、接龙村，对次路的提升较高；旅游发展型的 3 个聚落对次路均进行了较大的投入，同时黄瓜山村、八角寺村还对主路进行了一定程度改造，提升了对外的通达性（图 6.19）。

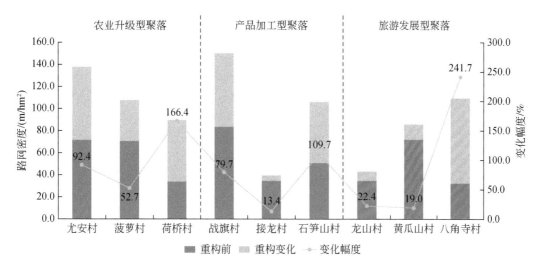

图 6.18　典型案例路网密度变化

表 6.23　不同类型聚落重构前后的主路、次路、支路占比　　　　（单位：%）

类型	重构前			重构后		
	主路占比	次路占比	支路占比	主路占比	次路占比	支路占比
农业升级	30.2	34.3	35.5	14.6	36.9	48.6
产品加工	24.6	12.9	62.5	18.5	33.8	47.7
旅游发展	20.4	20.8	58.8	22.6	39.6	37.8

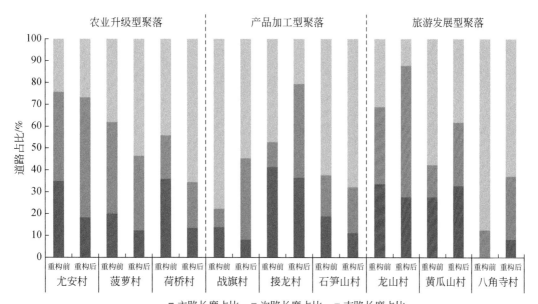

图 6.19　典型案例的不同等级道路占比变化

3）道路系统重构模式提取

结合案例重构情况来看，成渝地区原始道路系统不完善、密度不高，总体路网的平均密度仅为 53.7m/hm²，重构后上升到 96.5m/hm²，路网体系完善化、结构合理化。针对不同类型重构特征进行提取，农业升级型在原有道路基础上，对道路系统进行整体完善，将原有断头路进行连接，形成通畅的路网体系，同时结合现代化乡村社区建设，增加了支路的密度，提升了通达性；产品加工型则主要是依托原有道路骨架，增加次路与主路的连接性，同时对道路整体密度进行提升，在便捷村民出行的同时，提升产品运输能力；旅游发展型是对原本等级不高、体系不完善的道路进行等级提升，形成通畅便捷的环路体系，增加内外互通的可达性，同时对支路（田间路）进行梳理，选择性优化形成游览体系的一部分，提升旅游服务功能（表6.24）。

表6.24　不同类型聚落道路系统重构模式提取

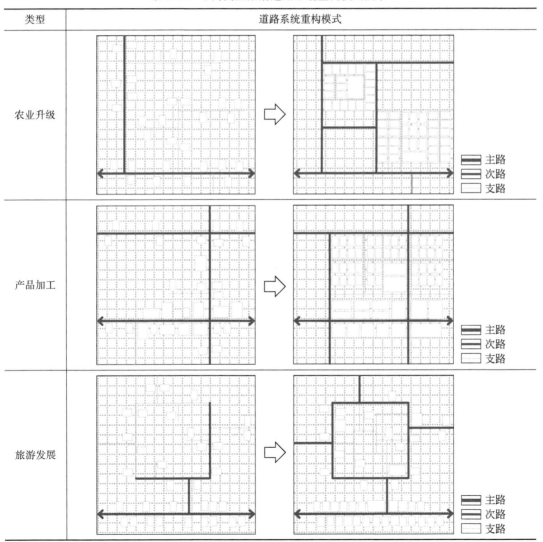

6.3.3 建筑功能混合：3 个类型均呈提升，设施逐步完善

1）建筑功能混合度计算

对 9 个聚落的重构前后建筑进行解译，形成建筑空间肌理的矢量数据库，同时对矢量数据进行分类，通过遥感影像对比、POI 对照和现场调研记录等方式，将聚落建筑分为居住、服务和生产 3 种功能，进而采用信息熵对功能混合度进行计算（表 6.25）。

表 6.25 典型案例的建筑功能数据处理

类型	村名	重构前建筑功能	重构后建筑功能	村名	重构前建筑功能	重构后建筑功能
农业升级	尤安村			菠萝村		
	荷桥村					
产品加工	战旗村			接龙村		
	石笋山村					

续表

类型	村名	重构前建筑功能	重构后建筑功能	村名	重构前建筑功能	重构后建筑功能
旅游发展	龙山村			黄瓜山村		
	八角寺村					
图例		□ 居住建筑　■ 服务建筑　■ 生产建筑				

对 9 个案例的建筑构成情况进行统计，获得居住建筑、服务建筑和生产建筑的面积数据与占比情况，为信息熵计算提供基础数据（表 6.26）。

表 6.26　典型案例重构前后不同功能建筑面积及占比

案例	时期	指标	居住建筑	服务建筑	生产建筑	共计
尤安村	重构前	面积/m²	13 308	382	2 649	16 339
		占比/%	81.4	2.3	16.2	100.0
	重构后	面积/m²	18 980	7 002	9 266	35 248
		占比/%	53.8	19.9	26.3	100.0
菠萝村	重构前	面积/m²	18 371	740	0	19 111
		占比/%	96.1	3.9	0	100.0
	重构后	面积/m²	46 493	8 560	4 054	59 107
		占比/%	78.7	14.5	6.9	100.0
荷桥村	重构前	面积/m²	8 107	0	0	8 107
		占比/%	100.0	0	0	100.0
	重构后	面积/m²	14 832	2 252	4 408	21 491
		占比/%	69.0	10.5	20.5	100.0
战旗村	重构前	面积/m²	41 031	4 542	8 747	54 320
		占比/%	75.5	8.4	16.1	100.0
	重构后	面积/m²	91 704	18 831	61 278	171 813
		占比/%	53.4	11.0	35.7	100.0

续表

案例	时期	指标	居住建筑	服务建筑	生产建筑	共计
接龙村	重构前	面积/m²	15 090	0	0	15 090
		占比/%	100.0	0	0	100.0
	重构后	面积/m²	13 079	1 312	34 783	49 174
		占比/%	26.6	2.7	70.7	100.0
石笋山村	重构前	面积/m²	18 969	0	0	18 969
		占比/%	100.0	0	0	100.0
	重构后	面积/m²	17 811	1 135	29 313	48 259
		占比/%	36.9	2.4	60.7	100.0
龙山村	重构前	面积/m²	15 314	0	0	15 314
		占比/%	100.0	0	0	100.0
	重构后	面积/m²	10 613	6 793	0	17 406
		占比/%	61.0	39.0	0	100.0
黄瓜山村	重构前	面积/m²	15 542	1 792	962	18 296
		占比/%	84.9	9.8	5.3	100.0
	重构后	面积/m²	15 778	9 962	3 269	29 009
		占比/%	54.4	34.3	11.3	100.0
八角寺村	重构前	面积/m²	8 363	0	0	8 363
		占比/%	100.0	0	0	100.0
	重构后	面积/m²	17 811	1 135	29 313	48 259
		占比/%	36.9	2.4	60.7	100.0

2) 不同类型聚落的建筑功能重构特征

从不同功能类型的建筑构成来看，重构前三种类型的居住建筑占比均值都达到了85%及以上，是典型的传统乡村，其他功能性建筑很少；重构后建筑功能出现了分化，农业升级型聚落的居住建筑面积下降到69.3%，服务建筑和生产建筑分别提升至15.4%和15.3%，功能逐步完善；产品加工型聚落的居住建筑占比下降到45.5%，同时生产建筑面积大幅度提升至46.6%；而旅游发展型聚落功能更为融合，39.8%居住建筑占比的情况下，剩下由16.1%的服务建筑和44.0%的生产建筑构成（表6.27），服务建筑除了包括新建的游客中心、体验展览中心外，不少居住建筑转向融合的旅游服务功能的"农家乐"或"民宿"，同时，农旅融合发展的黄瓜山村和八角寺村为了兼顾梨产业、莲藕产业，还建设了较大规模的生产型建筑。

通过功能混合度的计算结果来看，9个案例在经历了聚落空间重构后，功能混合度均发生了较为显著的提升。三个类型的均值分别从0.10、0.10和0.08上升至0.36、0.35和0.34，都是从低混合度上升至较为理想的功能混合状态（表6.28）。

表 6.27　不同类型聚落重构前后各类建筑面积及占比

类型	指标	重构前			重构后		
		居住建筑	服务建筑	生产建筑	居住建筑	服务建筑	生产建筑
农业升级	面积/m²	13 262	374	883	26 768	5 938	5 910
	占比/%	91.3	2.6	6.1	69.3	15.4	15.3
产品加工	面积/m²	25 030	1 514	2 916	40 864	7 093	41 791
	占比/%	85.0	5.1	9.9	45.5	7.9	46.6
旅游发展	面积/m²	13 073	597	321	14 734	5 963	16 291
	占比/%	93.4	4.3	2.3	39.8	16.1	44.0

表 6.28　典型案例重构前后功能混合度

案例	功能混合度		
	重构前	重构后	变化
尤安村	0.24	0.44	0.20
菠萝村	0.07	0.28	0.21
荷桥村	0.00	0.35	0.35
农业升级平均值	0.10	0.36	0.26
战旗村	0.31	0.41	0.10
接龙村	0.00	0.30	0.30
石笋山村	0.00	0.33	0.33
产品加工平均值	0.10	0.35	0.25
龙山村	0.00	0.29	0.29
黄瓜山村	0.23	0.41	0.18
八角寺村	0.00	0.33	0.33
旅游发展平均值	0.08	0.34	0.26

其中，重构后整体混合功能最高的是尤安村，居住建筑、服务建筑和生产建筑的占比分别为 53.8%、19.9%、26.3%，配套设施相对比较完善（图 6.20）。功能混合度上升最为显著的是荷桥村，从原来传统农业发展的"省定贫困村"发展到人均收入近 20000 元的"明星村"，其聚落发生了多功能融合的转变，新增了党群服务中心、百家堂（宗祠）、家风馆等设施，还新建了现代化养鸡场、农业科技中心等（图 6.21）。

3）建筑功能重构模式提取

成渝地区传统乡村聚落的建筑功能较为单一，居住建筑占比均值都达到了 90% 以上，其他功能性建筑很少；重构后三种类型的居住建筑占比分别降至 67%、39%、51%，功能混合度也相应地分别从 0.10、0.10、0.08 上升至 0.36、0.35 和 0.34，表明功能混合的程度不断提升。结合案例具体重构情况，提取建筑功能的空间响应模式。农业升级型聚落由

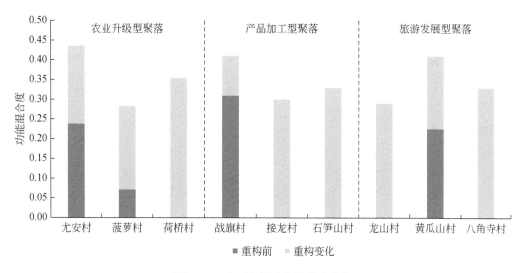

图 6.20　典型案例功能混合度变化

图 6.21　尤安村与荷桥村的功能混合发展情况

原始单一的居住建筑和基本的村公共服务设施（一般为村委会），通过整合新建配套完善的公共服务设施、农业产业设施等，如活动中心、文化中心、日间照料中心、农机存放站等，同时围绕公共服务设施布局居住建筑，更好地服务于村民；产品加工型聚落的建筑由纯居住建筑、家庭式作坊，通过统一规划、整合集聚，形成居住、加工、物流、基本公共服务、产业配套服务等不同的功能集群，提升了空间的混合功能；旅游发展型聚落的建筑则是在原有建筑基础上，通过缝补式地增加旅游相关服务设施，有条件地重新选址布局村民服务设施，此外原有居住建筑通过旅游功能植入以实现建筑的功能混合，如通过改建、扩建、翻新等，实现餐饮、住宿、商业等功能（表 6.29）。

表 6.29   不同类型聚落建筑功能重构模式提取

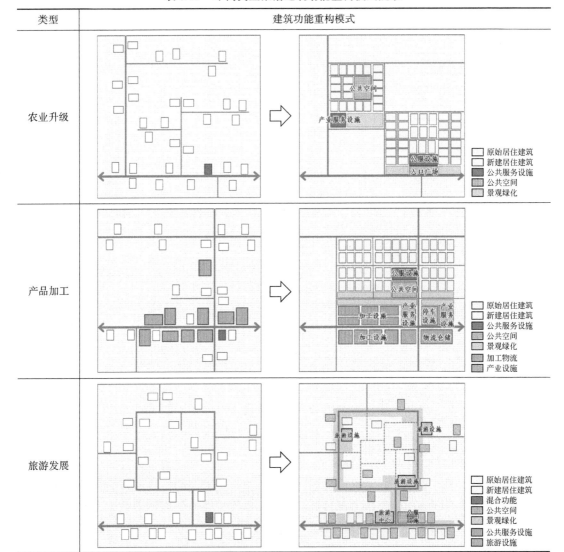

6.4   不同类型聚落的重构响应模式总结

6.4.1   农业升级型聚落：农业功能为核心的集约化重构

1）村域空间：农业空间规模化，生活空间集约化

从重构特征的变化来看，农业升级型聚落是以适当提升农业空间的规模与质量，集约化、核心式布局乡村生活空间为主要的空间响应模式（图 6.22）。在基本农田保护、集约

化布局、设施配套要求等政策下，通过"建设用地增减挂钩""耕地占补平衡"对空间进行腾挪转移，从而保障了农业空间的规模。

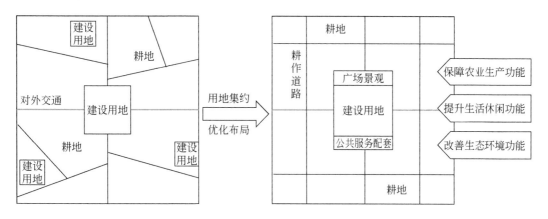

图 6.22 农业升级型聚落村域空间重构响应模式

当大部分丘陵与平原条件下的宅基地退出时，复垦为耕地还可以在一定程度上增加农业空间的规模。此外，通过农用地整理、高标准农田建设对耕地质量进行提升。生活空间则是在政策引导下逐步将闲置、低效宅基地腾退，适当集中建设，将原有分散的、低效的建设用地进行空间置换，形成用地更为集约的聚落；同时增加生活性与生产性道路等基础设施建设。

2）聚落空间：肌理重建，生活功能提升显著

成渝地区以山地、丘陵为主的地形条件和以传统农业为主的产业特征导致村庄零散分布。空间形态上除了部分聚落依托道路或水系布局，大部分呈现出散点分布的状态，缺乏清晰的空间结构和完善的服务设施。同时，现状农村人口聚居度较低，不利于农业集约化、规模化的发展。在前文解析的聚落空间重构规律中，农业升级型乡村聚落通过收缩宅基地规模，鼓励建设一户一宅的集中式农村公寓，将未利用地和闲置宅基地进行统一规划建设，实现用地和建筑布局的集约化、配套设施和公共空间的完善化等，促进乡村聚落空间生活功能重组。在此过程中进行了较大幅度的拆并整合，建筑平均距离与标准差均减小，平均距离从 213.5m 下降至 163.3m，标准差从 109.4m 下降到 68m，聚落不断集中、形态更为紧凑。另外，由于耕作规模化、机械化的要求，路网密度从重构前的 58.6m/hm² 上升到重构后的 111.7m/hm²，最后农业升级型聚落的居住建筑面积占比从 91.3% 下降到 69.3%，服务建筑和生产建筑分别提升至 15.4% 和 15.3%，功能逐步完善。

在聚居点建设过程中，成都市创新了一种"小规模、组团化、微田园、生态化"的聚居点规划布局模式。成渝地区大部分农业升级型聚落形态重构时，应充分遵循该布局模式，以小规模化、组团布局的方式与现有乡村田园肌理和生态环境融合，适度控制聚居组团环境容量并缩减耕作半径，实现聚居形态的生产、生活、生态融合，极大地提升传统乡村聚落的生活功能（图 6.23）。

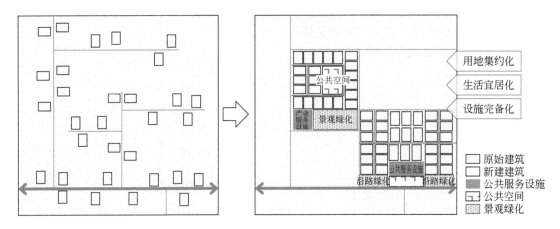

图 6.23　农业升级型聚落空间形态重构响应模式

6.4.2　产品加工型聚落：经济功能为核心的组团化重构

1）村域空间：空间利用高效化，建设用地组团化

从产品加工型典型聚落的重构特征分析可以发现，该类型乡村聚落整体上遵循集约高效、组团发展的重构原则。首先是农业用地在现代农业生产、加工物流贸易的需求下，生产用地由小到大、由零散到集聚，实现生产用地规模化，提高农用地产出效率。相比于传统零散小规模生产，用地规模化能充分利用土地资源，并将人力资源、物质资源集中，减少人力、设施浪费，从而降低成本、提高生产规模，进而提高市场占有率并获得更大利润。在此基础上，建设空间将原有散乱布局的居民点进行整合，同步对非农建设用地进行组团化发展，重点保障产业用地规模，道路交通等辅助性设施用地增加，提高服务范围和效率；最后，生态空间逐步完善，为生态化发展和第一、第二、第三产业融合奠定基础（图 6.24）。

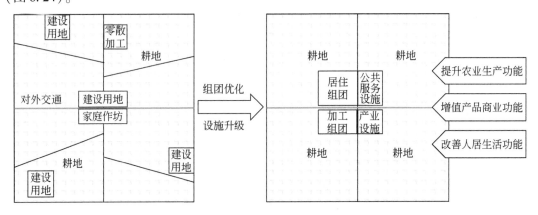

图 6.24　产品加工型聚落村域空间重构响应模式

同时，该类型聚落中承载主要功能的集中组团规模不断增大。但是，与农业升级的聚落不同，产品加工的聚落生活空间不是单纯地对小散聚落进行整合，新建集中居民点，而是中心式、组团化发展。在生活组团集中发展的基础上，根据产业需求进行产业功能的空间拓展，从而形成居住型组团、产业型组团和服务型组团相互联动发展。进一步根据不同组团的分布情况，可以发现其符合产业区位理论的基本原理，在有限的土地资源和配套资源下，加工组团和服务组团往往处于利于其发展的区位交通条件、资源优异位置处，相互聚集形成团块状（图6.25）。

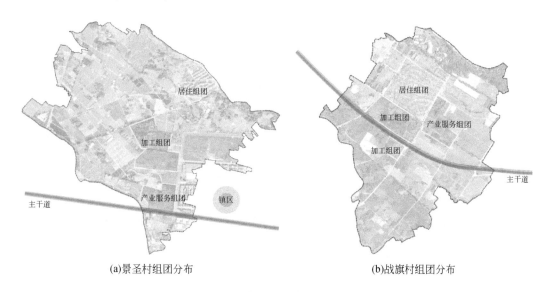

(a)景圣村组团分布   (b)战旗村组团分布

图6.25　产品加工型聚落的组团化分布

2）聚落空间：功能重组，产居空间协调布局

长期以来，成渝地区乡村采用的是分散且效率低下的以家庭为单元的小农经济模式，同时乡村地区缺乏必要的生产、加工配套设施，导致农产品生产和加工方式相对滞后，处于一种传统农业生产状态。随着农产品加工受到国家层面和成渝地区层面的重视，各种专业生产性设施逐渐引入，如产品加工集群、产业服务设施体系、现代冷链物流设施等在乡村布局，极大地提升了产业服务水平，促进了乡村产业发展。在前文解析的重构规律中，产品加工型聚落的平均距离从212.8m下降至182.7m，形成了更为集约式的布局形式，路网密度上升了42.3m/hm²，对道路进行织密和升级，居住建筑占比下降到45.5%，生产建筑面积大幅度提升至46.6%，整体功能混合情况较为突出。

在具体空间形态的重构模式上，产业加工型乡村的形态重构模式和农业型的生活圈式布局模式略有区别，由于生产生活模式的改变，分化出居住属性组团和产业属性组团。在产业组团内部，农产品加工的功能建筑逐渐迁移至较为集中的建筑组团，形成较为统一的空间肌理，同时在沿路便捷的位置设置生产性服务设施，同时服务生产与生活。在居住组团内部，在集约用地的需求下形成紧凑式的居住建筑肌理空间，为产业用地腾挪建设用地指标；同时以优先服务村民生活为原则，对基本公共服务设施和公共空间进行设置，形成靠近居住组团的服务核心建筑集群（图 6.26）。

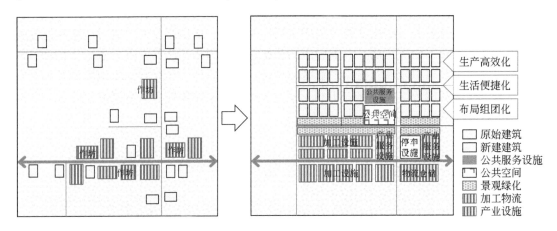

图 6.26 产品加工型聚落空间形态重构响应模式

6.4.3 旅游发展型聚落：消费功能为核心的点状式重构

1）村域空间：生态空间连片化，空间利用旅游化

旅游发展带动的乡村聚落以建设用地略微集聚、生态功能修复、完善配套设施为主要响应模式。旅游发展前提下，首先保障聚落的生态空间整体性，在政策引导下，使原始交通不便、过于分散、破坏生态的宅基地逐步退出，退变为林地，形成连续成片、生物友好的生态环境景观。旅游发展型乡村的建设用地通过存量优化来解决发展需求，通过建设用地指标的转移来满足相应的旅游服务中心、体验展示中心等配套设施建设，挖掘存量空间中具有价值的点，采用类似民宿、网红景点的方式带动乡村旅游产业，同时对道路进行升级，以满足游客需求（图 6.27）。

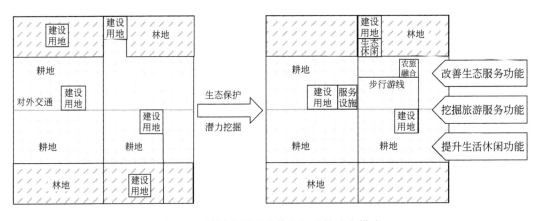

图 6.27 旅游发展型聚落空间重构响应模式

2）聚落空间：肌理延续，建筑功能复合利用

在农耕社会的小农经济影响下，乡村聚落单体的空间生长具有自下而上的内向型特征，传统乡村建筑空间主要承担居住和微型生产功能。对于旅游发展型聚落来说，聚落内部空间结构是打造乡村聚落特色空间体验的基础，其本身具有特色性，所以在自上而下的重构过程中，一般不对原有空间结构进行大的调整，对乡村聚落的形态改变不大，而是更加注重对空间肌理的维护，甚至会对原有空间轴线特征等进行强化。在前文的重构规律分析中，旅游发展型的聚落形态变化则不大，平均距离从230.8m略微下降到227.8m，基本保持了原有的建筑分布格局特征；路网密度变化较小，主要是对次路进行升级，串接内外部空间；建筑功能更为多元化，服务建筑如游客中心、体验展览中心等，占比达到约25%，同时居住建筑在休闲旅游产业的介入下，住宿接待、餐饮服务等大量服务型功能涌入，与传统乡村建筑空间承载力和功能适配度产生差异，促使转向融合旅游服务功能的农家乐或民宿。

在具体的重构模式上，成渝地区旅游发展型聚落的空间形态营建基本延续了传统"田、林、水、院"的空间格局，挖掘现状空间的潜力，激发当前建筑的不同功能属性，塑造原始乡土文化魅力。在建筑功能完善层面，一方面不断适应乡村旅游发展需求，适量新建建筑以完成核心旅游产业体系建设、满足旅游综合服务以及村域公共服务和管理需求；另一方面基于存量空间特色和内涵，对现有历史价值的林盘院落进行保护和改造，植入文化创作、休闲观光、文化展示等现代功能，使其成为新经济的载体，以满足旅游产品建设和游客需求。此外，道路与景观同步重构，在提升聚落的道路通达性的同时打造宜人的乡村特色景观（图6.28）。

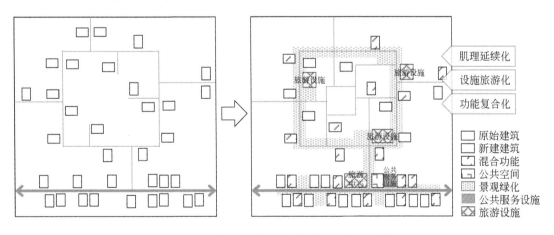

图6.28　旅游发展型聚落空间形态重构响应模式

6.5　本章小结

本章针对农业升级、产品加工和旅游发展的三个类型乡村，各选取5个典型案例，以

"三生"空间和聚落形态为研究要素进行重构规律提取与空间响应模式总结。采用用地比例与转化发现 15 个案例总体的农业空间和生活空间的比例下降，生态空间和其他空间的比例上升，其中变化较为显著的是农业空间比例下降了近 3 个百分点，同时其他空间的比例约上升了 3 个百分点。从不同类型来看，农业升级型以农业空间增加、保障农业功能为主要特征，产品加工型以建设空间增加、保障加工功能为主要特征，旅游发展型以生活生态增长、保障旅游功能为主要特征。采用最大斑块指数（LPI）分析生活空间优势度，生活空间和生态空间的用地比例呈现了上升的趋势，平均值从重构前的 0.84 上升到 1.29，在重构中不断呈现整合集聚的态势，三个类型分别提升了 0.45、0.79 和 0.10，产品加工类型的生活空间集聚程度上升趋势较为明显，形成了大型用地斑块，两种主要措施是用地扩张和选址集中布局，相较于农业升级型和产品加工型，旅游发展型案例的最大斑块指数上升幅度不大。农业空间规整度采用景观形状指数（LSI）测度，发现整体均值从 14.34 下降到 13.21，农业空间逐步规整化，农业空间的规整化程度从高到低分别为农业升级型、产品加工型和旅游发展型。生态空间采用边缘密度（ED）测度生态空间的连续性，15 个村的 ED 平均值从 67.57 下降至 64.39，生态空间质量趋向良好质量提升最显著的是旅游发展型，其次是产品加工型，最后为农业升级型乡村。对形态重构典型的 9 个案例进行测度，发现建筑聚散特征是农业升级型拆并整合，旅游发展型更新优化，聚落整体在不断集中，形成更为紧凑的聚落形态，农业升级型下降幅度最为明显，平均距离从 213.5m 下降至 163.3m，相对而言，旅游发展型的聚落形态变化则不大，保持了原有的特征。道路网络密度的规律是产品加工型、旅游发展型次级路升级，农业型支路织密，9 个案例总体路网的平均密度从 54m/hm² 上升到 97m/hm²，表明成渝地区在最近 10 年基础设施建设成效显著，以农业升级型的聚落变化最大，从重构前的 58.6m/hm² 上升到重构后的 111.7m/hm²，农业升级型聚落主要是对支路进行了加密，增加了"毛细血管"的密度，产品加工型和旅游发展型的聚落则是针对次级路进行了提升。从不同功能类型的建筑构成来看，重构前三种类型的居住建筑占比均值都达到了 85% 及以上，是典型的传统乡村，重构后建筑功能出现了分化，农业升级型聚落的居住建筑面积下降到 69.3%，服务建筑和生产建筑分别提升至 15.4% 和 15.3%，功能逐步完善，产品加工型聚落的居住建筑占比下降到 45.5%，同时生产建筑面积大幅度提升至 46.6%，而旅游发展型聚落功能更为融合；通过功能混合度计算发现，9 个案例功能混合度均发生了较为显著的提升，三个类型的均值分别从 0.10、0.10 和 0.08 上升至 0.36、0.35 和 0.34，都是从低混合度上升至较为理想的功能混合状态。

不同类型聚落的重构空间响应模式总结。农业升级型聚落以适当提升农业空间的规模与质量、集约化、核心式布局乡村生活空间为主要空间响应模式；产品加工型整体上遵循集约高效、组团发展的重构原则，提高农用地产出效率，将原有散乱布局的居民点进行整合，同步对非农建设用地进行组团化发展；旅游发展带动的乡村聚落以建设用地略微集聚、生态功能修复、完善配套设施为主要响应模式，保障聚落的生态空间整体性，交通不便、过于分散、破坏生态的宅基地逐步退出，退变为林地，形成连续成片、生物友好的生态环境景观。

第7章 乡村聚落功能适应性重构的规划优化策略

多功能转型发展、空间剧烈重构背景下，既有规划模式和主观经验已不能适应当前乡村聚落的发展。因此，亟须依据村庄现实基础和未来前景，科学明确建设重点村庄和产业发展路径，指导乡村职能定位、产业选择、空间建设的类型化策略，确定村庄分类优化的措施[91]。本章在功能转型类型划分的基础上（农业升级、产品加工和旅游发展），结合乡村聚落空间重构的规律和响应模式，提出功能适应性重构框架下的规划优化策略和措施。

7.1 乡村聚落功能转型的类型识别方法探索

乡村振兴战略背景下，结合多功能转型理论，探索乡村振兴的差异化路径和分类指导的基本方法成为研究热点[194]。基于前文分析，县（市、区）聚类分析与优势功能评价已经对成渝地区141个县（市、区）的功能类型进行了系统性分析与逐一确定，但针对当前成渝地区乡村数量多、个体情况复杂、规划任务重、难以针对所有乡村进行功能类型识别的现状情况，仍然需要构建流程化的功能类型识别方法。

7.1.1 基于功能评价的类型识别方法建构

通过构建功能评价模型，以定量化分析成渝地区不同动力作用下的转型发展类型。评价模型计算方式沿用前文县（市、区）优势功能评价模型的分析思路，针对乡村聚落个体的3种类型进行建构，具体分为四个步骤：数据库构建、指标体系遴选、综合功能评价模型建构、对3种类型乡村进行识别（图7.1）。

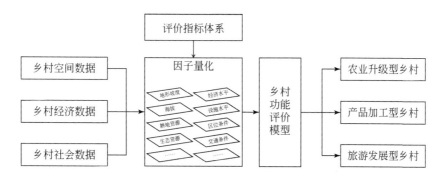

图 7.1 乡村类型识别方法的构建

计算方式参考前文县（市、区）优势功能评价的计算方法［式（4.6）~式（4.8）］，在乡村聚落个体层级进行细化，具体计算方式如下：

$$SD_N = \sum_{i=1}^{n} w_i N_i \qquad (7.1)$$

$$SD_C = \sum_{i=1}^{n} w_i C_i \qquad (7.2)$$

$$SD_L = \sum_{i=1}^{n} w_i L_i \qquad (7.3)$$

式中，SD_N、SD_C、SD_L 为聚落个体的农业升级指数、产品加工指数、旅游发展指数；N_i、C_i、L_i 为农业升级、产品加工、旅游发展指标 i 的单项分值；w_i 为指标 i 的权重；n 为指标数量。对各指标采用 min-max 标准化处理。该三项动力数值越高表明该类型功能越强，反之，则功能越弱。乡村类型的确定，是通过 SD_N、SD_C、SD_L 三项的最终分值进行比较，取分值较大者为主要功能类型。

7.1.2 评价指标体系建构

以行政村为基本单元，分别确定不同类型乡村的功能评价因子。在评价指标体系的建构思路上，综合考虑县（市、区）主导功能识别的指标体系（表4.2）和聚落个体层面的变量因子（表5.2）两个方面，对聚落个体功能评价与类型识别的指标体系进行建构。前文不同类型聚落类型分化的动力机制剖析中，不同评价因子对农业升级、产品加工和旅游发展三个功能转型的"敏感程度"不同，选择相应的指标进行建构。农业升级确定为地形条件、农地资源、经济水平三项评价因子；产品加工选择区位条件、基础设施、交通条件三项评价因子；旅游发展选择景区资源、生态资源、海拔三项评价因子。因子权重根据前文各项评价因子的重要性分析，运用层次分析法（AHP）综合确定，三类驱动力的权重总和分别为1，使其加总的分值可以进行横向比较。指标属性代表评价因子的正负向性，正向指标越大则赋值越高，反之负向指标越大则赋值越低（表7.1）。

表7.1 乡村聚落个体功能评价因子指标体系

类型	评价因子		指标	计算方式或来源	权重	属性
农业升级	地形条件	A1	平均坡度	DEM 空间统计	0.26	负向
	农地资源	A2	农用地占比	土地利用空间统计	0.33	正向
	经济水平	A3	农民人均可支配收入	相关资料统计	0.41	负向
产品加工	区位条件	B1	距中心城区平均距离	ArcGIS 空间分析	0.22	负向
	基础设施	B2	道路密度	空间分析统计	0.41	正向
	交通条件	B3	距主干道平均距离	矢量数据空间统计	0.37	负向
旅游发展	景区资源	C1	距核心景区平均距离	POI 空间分析统计	0.36	负向
	生态资源	C2	生态用地占比	土地利用空间统计	0.24	正向
	海拔	C3	平均海拔	DEM 空间统计	0.40	正向

7.1.3 评价因子赋值方法

从评价方法的赋值标准上来讲，由于成渝地区地形地貌复杂丰富，资源禀赋差异巨大，若采用固定标准的赋值形式，会导致不同类型县域的乡村功能评价因子的得分标准难以统一，从而导致评价结果出现偏差。例如，雅安市的石棉县、汉源县整体海拔在 800m 以上，而盆地中部县（市、区）基本上整体处于 500m 以下，若采用统一的海拔赋值方式会导致得分难以准确评价不同的动力因子作用。所以，不能采用固定不变的标准对评价因子进行赋值，需要采用各县域行政区内部评价因子各自的数据特征进行分级赋值的方式。因此，采用堪萨斯大学的乔治·弗雷德里克·詹克斯（George Frederick Jenks）提出的"自然断点法"[195] 进行分级赋值。自然断点法运用了聚类的思维，Jenks 认为该方法的意义在于，任何数列都存在一些自然的转折点和断点，这些断点均具有统计学意义，可以将数列划分为相似的组群。其计算方式是，对分组进行初始划分，并通过不断迭代比较不同分组数据，尽可能地减少组内平方差之和，最大化内部相似性，同时使外部的组与组之间差异性最大，来确定最佳分类[196]。

在运用过程中，将县（市、区）各行政村评价因子采用自然断点法划分为五级，并根据各评价因子的正负属性分别赋值，划分为 0.2、0.4、0.6、0.8 和 1.0 五个分值，通过前文确定的评价模型进行加权叠加，最终得到每类驱动力的评价分值（图 7.2）。

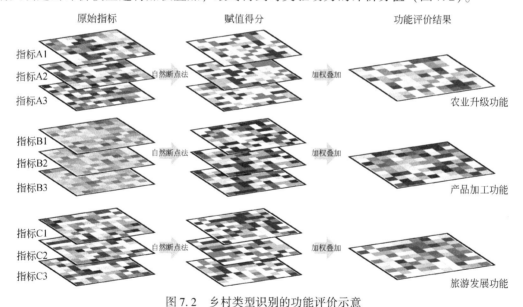

图 7.2 乡村类型识别的功能评价示意

7.1.4 方法应用——以大足区为例

本节以成渝地区区位条件优越、产业基础良好、发展势头强劲的大足区为例，对构建的乡村聚落动力识别方法进行实证检验。

　　大足区位于重庆市西部，东距重庆市 55km，西离成都市 155km，西北紧邻四川省的安岳县，作为重庆地区的"桥头堡"，将建设成渝地区双城经济圈协同发展示范区。2022年，全区总面积 1436km²，辖 6 街 21 镇，2020 年常住人口 83.56 万人。2022 年，大足区拥有良好的农业基础，共有优质粮油面积达 55 万亩，硒锶油菜薹 10 万亩，是全市百亿级油菜基地核心区；同时引进国家杂交水稻工程技术研究中心重庆分中心、重庆市农业科学院大足分院和乡村振兴研究基地等科研机构（平台）作为产业升级的科技动力。在成渝地区双城经济圈的规划下，大足区和安岳县共同建设大足安岳农业园区和现代高效特色农业发展示范区。通过土地利用数据、行政区划数据分析，将城镇建成区、规划区和国有林地扣除外，研究确定 287 个行政村作为乡村动力分析的基本单元（图 7.3）。

图例

　　行政村

图 7.3　大足区行政村单元

通过 DEM、土地利用、景点 POI、道路交通矢量等数据对 9 项驱动力因子进行分析，并以村级为单元进行数据统计（图 7.4）。

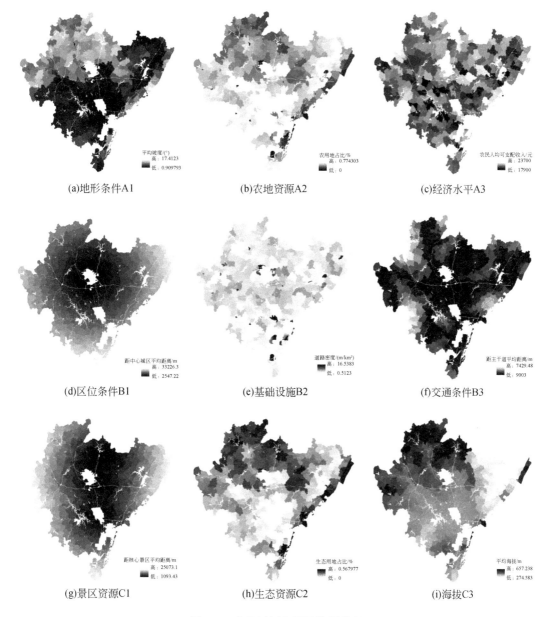

图 7.4　大足区评价因子数据整理

再将数据按照自然断点法，将 9 项评价因子的数值分为 5 级，按照 0.2、0.4、0.6、0.8 和 1.0 进行赋值，确定 287 个村的 9 项因子得分（图 7.5）。

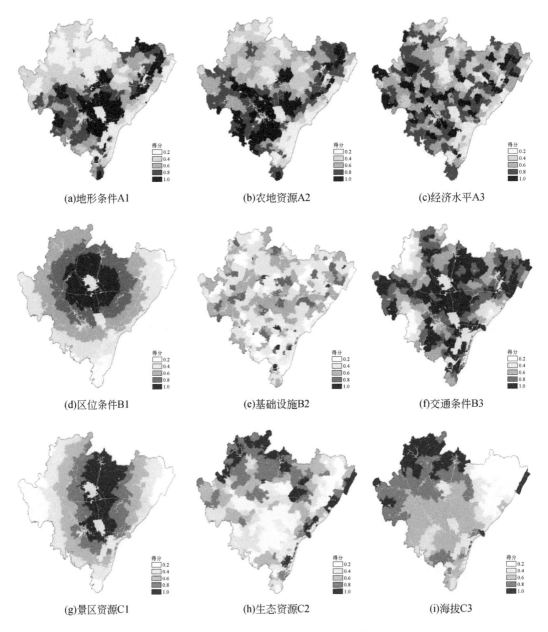

(a)地形条件A1   (b)农地资源A2   (c)经济水平A3

(d)区位条件B1   (e)基础设施B2   (f)交通条件B3

(g)景区资源C1   (h)生态资源C2   (i)海拔C3

图7.5　大足区乡村功能评价因子得分

对农业升级的地形条件、农地资源、经济水平三项评价因子进行加权叠加，形成农业升级功能评价指数，其值在0.2~1.0，说明不同单元的农业功能潜力相差较大。例如，位于大足区中部粮油基地的黄泥村，三项赋值均为1.0，而北部山地条件下的冒咕村三项得分则均为0.2。整体来看，农业升级的高值区域主要位于大足区的东侧，该区域也是大足区传统的种植优势区，具有良好的地形条件和耕地资源（图7.6）。

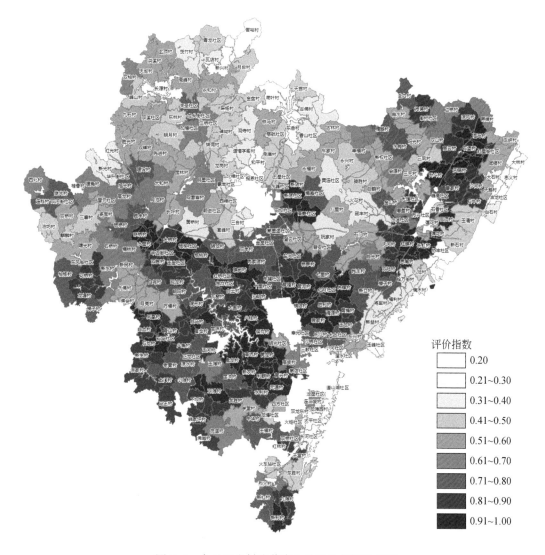

评价指数

- 0.20
- 0.21~0.30
- 0.31~0.40
- 0.41~0.50
- 0.51~0.60
- 0.61~0.70
- 0.71~0.80
- 0.81~0.90
- 0.91~1.00

图 7.6　大足区乡村聚落农业升级功能评价指数

　　对产品加工的区位条件、基础设施、交通条件三项功能评价指数进行叠加，得到 287 个聚落单元的产品加工功能评价指数，分值在 0.29~1.00。高值区域主要位于中部，该地区拥有良好的基础设施条件，渝蓉高速、广沪高速、南渝泸高速三条高速围绕中心城区，奠定了该地区产品加工的优势基础（图 7.7）。

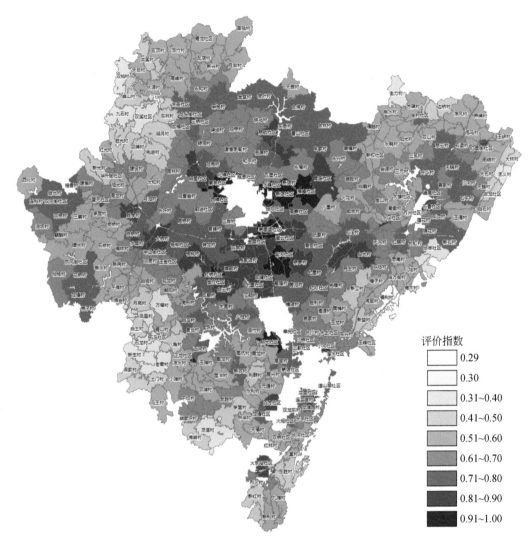

评价指数

- 0.29
- 0.30
- 0.31~0.40
- 0.41~0.50
- 0.51~0.60
- 0.61~0.70
- 0.71~0.80
- 0.81~0.90
- 0.91~1.00

图 7.7　大足区乡村聚落产品加工功能评价指数

　　对旅游发展的景区资源、生态资源和海拔三项因子进行加权叠加，得到旅游发展的功能评价指数，分值位于 0.2~1.0，表明大足区的聚落单元的旅游发展功能与农业升级的功能评价类似，具有较大的差异。旅游发展的高值区域主要位于北侧，由于该地区集中了大足石刻 5A 级景区，以及荷花山庄、海棠香国历史文化风情城、大有田园等 3A 级景区，同时北部区域的林地资源、海拔同样具有优势；而东部和南部区域缺乏乡村旅游的基本要素条件，即良好的生态环境、景区资源和优越的海拔条件，导致旅游发展的动力较为薄弱（图 7.8）。

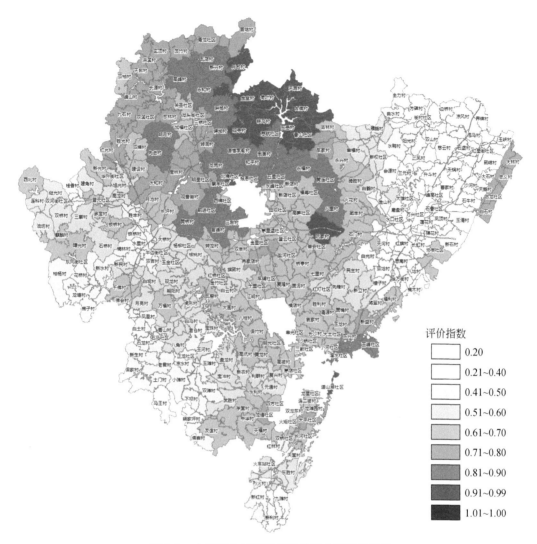

图 7.8 大足区乡村聚落旅游发展功能评价指数

将三项动力得分进行，提取三个类型中的最高值作为主导动力。最终确定农业升级主导动力的行政村 145 个，占比 50.5%；产品加工主导动力的行政村 57 个，占比 19.9%；旅游发展主导动力的行政村 85 个，占比 29.6%（表 7.2）。

表 7.2 大足区不同功能类型乡村数量

类型	数量/个	占比/%
农业升级	145	50.5
产品加工	57	19.9
旅游发展	85	29.6
总计	287	100.0

从空间分布上，不同类型主导的乡村基本以片区的形式进行了空间划分。可以看出，农业升级型村庄主要聚集在南部和东北部，占据大部分空间；旅游发展驱动的乡村主要集中在西北部，而东侧紧邻巴岳山也有少量旅游发展驱动类型的乡村；产品加工驱动的乡村主要在县域中部、工业园区和交通要道附近（图7.9）。

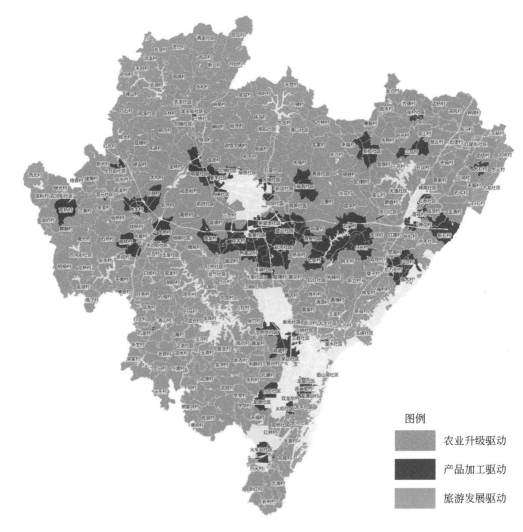

图例

    农业升级驱动

    产品加工驱动

    旅游发展驱动

图7.9　大足区乡村聚落分类结果

7.2　农业升级型聚落：高效提升乡村的生产功能

成渝地区大部分的乡村聚落从事传统农业，因此农业升级的聚落转型成为该地区乡村发展的主要方向。规划工作首先在于对生活空间进行格局体系的调整，形成较为集约式的居民点布局结构。同时，工作重点应集中在生产空间的质量提升，以满足基本的农业生产需求，注重规模化生产的空间需求，形成规模化的农业生产空间，以达到耕地规模化和居民点集约化的目标。然而,这将在一定程度上破坏原有生态空间布局,因此需要在更宏观的范围内进行整体平衡。

7.2.1 生活空间:以集聚提升为导向进行布局调整

从生活空间的规划上,农业升级的乡村聚落较多对原有用地格局、聚落结构、设施配套等方面进行全方位的规划重组,从整体功能提升角度对原村庄聚落空间布局进行调整,按照合理的聚落空间布局进行规划(图 7.10)。一般是在尊重村民意愿的前提下对零散宅基地进行腾退,并依托优越的交通条件,对生活空间进行集聚式、集约化布置,并配置相应规模的公共基础设施及服务设施,提升便捷性,改善生活质量,形成配套完善、功能丰富的现代型乡村社区。从操作方式上,生产空间与生活空间的联动变化是同时发生的,由于城镇建设用地指标的紧缺,成渝地区大力推进建设用地增减挂钩政策,而传统农业型村庄受该政策影响最为剧烈。在城乡建设用地指标的流通下,一方面小型的乡村聚落斑块数量减少,单一斑块通过整合进行扩张,促使空间更加集约、有序,利于基础设施和公共服务设施的布局;另一方面,腾退分散、零碎的建设用地,通过"复耕"对农业用地的规模进行补充、质量进行提升,复垦腾退的建设用地指标优先满足公共服务设施与基础设施等建设需求。

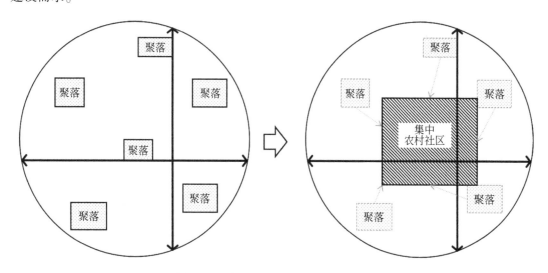

图 7.10 农业升级的生活空间重构策略

其中,建设用地的整合集聚主要有整合新建和用地扩张两种方式。以尤安村为例,一种是以用地扩张为主,在原有较为成熟或条件较好的用地斑块周围,对外部空间进行拓展,形成较为集中的居民点;另一种则是综合考虑全村区位交通、用地条件、辐射范围等情况,对居民点重新选址、集中布局,形成新型现代化乡村聚落(图 7.11)。

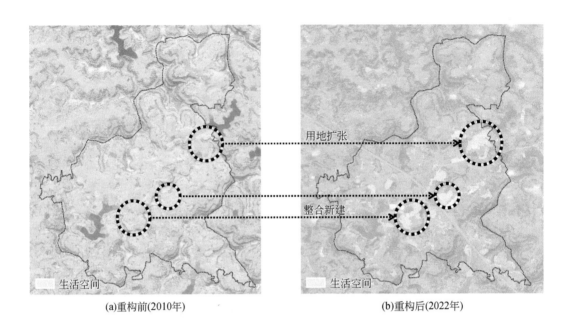

(a)重构前(2010年)　　　　　　　　　　　(b)重构后(2022年)

图7.11　尤安村生活空间优势度提升的具体措施

在生活空间"精明收缩"的过程中，通过规划与村民选择实现人口转移和就地城镇化。在尤安村的实践中，通过进城、进镇、乡村聚居、乡村散居四种方式对人口进行安排。其中，分别有25%的人口转移到城区和镇区，实现城镇化；通过扩大现状公共服务设施所在的聚居点规模和依托境内177个乡道便捷的交通条件新增新型社区安置点，实现40%的人口在7个新型社区的聚居；剩余10%的人口综合林盘现状条件和村民意愿，保留为散居状态（表7.3）。

表7.3　尤安村村民转移情况

转移方式	转移比例/%	转移人数/人	备注
进城	25	1229	进入简阳城区、天府雄州新城、空港新城
进镇	25	1229	规划进入平武镇区、禾丰镇区、安兴老街
留居乡村（聚居）	40	1967	进入农村新型社区
留居乡村（散居）	10	492	留居在保留林盘中
合计	100	4917	

7.2.2　生产空间：以效率提升为目标进行规整合并

为优化生产空间，提升耕作条件和效率，需适度进行整理并提升规整度。由于成渝地区的农业生产空间长期采用家庭承包的生产方式，长期处于生产规模小、经济效益低、散乱分布的状态，因此需要适当调整成渝地区原始的生产格局，整合耕地资源，优化农业种植条件，实现规模化种植，并建立配套的生产性服务设施，转向规模经济[197]。在高标准农田建设的政策支持下，对耕作条件良好、连续成片的生产空间进行升级改造，提升播种、灌溉、收割效率（图7.12）。同时，从农业生产方式角度，通过提高土地流转率、机械化率、规模经营率，提高土地产出与经营效益。除了提升空间规模，还可对生产空间进行复合利用，结合不同作物的生长特性，充分运用土地地上、地下空间，以及作物和禽类之间物质能量流动等方式进行复合生产和养殖，如立体种植、种养结合等模式，从而实现"一地多产"。

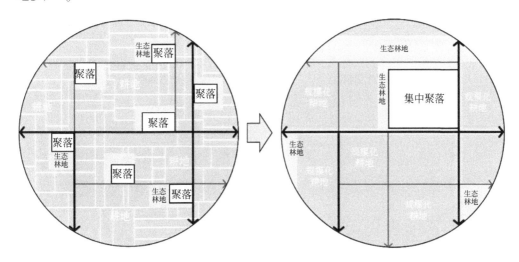

图 7.12　农业升级的生产空间重构策略

以简阳市荷桥村为例，在重构优化中通过生产格局优化、高标准农田建设、规模化种植、标准化栽植等措施，提升生产空间的种植效率。首先，重点利用坡耕地、荒地及退耕还林，按照种植要求开展土地整理工程、改土工程，调整土壤酸碱度，标准化建设油橄榄基地；其次，进行高标准农田建设，推进田改土工程，放干田中积水，改造成旱作土，为发展中草药产业奠定基础；最后，利用现有林地大力发展林下中药材种植，推广"油橄榄+金丝皇菊"复合种植模式，每亩可产干花50kg，亩产值1.0万～1.5万元，该模式不仅可增加油橄榄基地收益，而且可为园区营造良好的花田景观（图7.13）。

7.2.3　生态空间：以保障生产为主导进行适当转移

在重点发展现代农业、以生产功能为主导的模式下，乡村聚落的产业发展工作集中在生产空间，而生态空间的优化调整需要根据村庄实际情况进行适当腾挪转移，形成连片生态空间（图7.14）。在操作上，需要落实区域生态红线，保护自然水域、规模林地等生态空间，对传统用地格局中散落在生产空间内部及外围的小型林地进行置换整理，以利于形成连片的生产空间。此外，对于宅基地复垦后的用地，根据其所在区位，将靠近河流水域、大型林地周边的宅基地进行生态修复，适地种树，提高生态空间的规模与

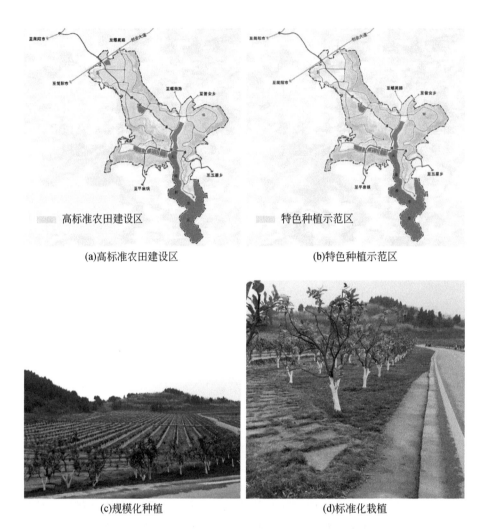

(a)高标准农田建设区   (b)特色种植示范区

(c)规模化种植   (d)标准化栽植

图 7.13　简阳市荷桥村的生产空间优化措施

资料来源：（a）、（b）来源于《汇众同方智慧扶贫产业示范园总体规划》；（c）、（d）自摄

连续性。同时，需要提升与生活空间相关的生态空间品质，重点强化核心聚落周边的生态空间质量。

从月湾村产业发展的过程中可以看出，生态空间为了产业的规模化效益不断进行"退让"。在丘陵的台地之间，原有不便耕作的林地空间在基础设施建设完善过程中，对小规模的林地和台地进行了整理，形成更为连片发展的种植用地（图 7.15）。这样的适当改造有利于道路设施、灌溉设施、劳动效率得到充分发挥，促使产业的经济增长，但一定程度牺牲了生态空间。

7.2.4　聚落形态：以品质提升为核心进行肌理重塑

农业升级型聚落的空间形态整体以品质提升为主，进行肌理重塑。由于成渝地区传统

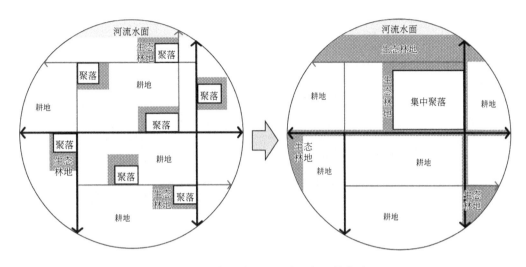

图 7.14 农业升级的生态空间重构策略

(a)2014年　　　　　　　(b)2018年　　　　　　　(c)2021年

图 7.15 月湾村生态空间"让渡"与生产空间连片种植

农耕习惯下的散居聚落布局方式难以满足现代化农业和生活需求,所以在空间格局调整的基础上,分散式的小型聚落逐渐转变为配套设施完善的集中式乡村社区,在社区内部按照新的发展要求与规范导则进行布局设计。在成渝地区,针对传统农业型聚落的形态设计,已在实践中摸索出一条具有良好示范效应的路径,即乡村社区"小、组、微、生"的建设理念:"小"即控制建设规模,小规模打造;"组"即采用组团式布局,组团之间与自然相结合,保持一定距离;"微"即在组团与建筑之间营造微田园风光,保持乡村的田园趣味;"生"即生态化,建设时注重保护生态环境,采用适宜于乡村地域的生态建设方式。在组团内部注意控制肌理的密度,营造良好的乡村生活景观,避免丧失宜居的生活空间。此外,在形态把控的基础上,对公共服务设施和农业生产设施进行配套完善,补齐传统乡村的短板。

以菠萝村、尤安村为例,在农业升级下,两村分别在 2013 年和 2017 年针对用地空间的高效提升,规划设计采用"小、组、微、生"的布局方式,对居民点进行整合,使其核心聚落的集中程度明显上升，同时提升道路密度和通达性，打造聚落环境景观，形成全村的生活、服务中心（图7.16）。

(a)尤安村居民点规划设计图　　　　　　(b)尤安村居民点现状航拍

(c)菠萝村居民点规划设计图　　　　　　(d)菠萝村居民点现状航拍

图7.16　菠萝村、尤安村的居民点规划建设

资料来源：规划设计图来源于简阳市农业农村局；航拍照片为作者自摄

在聚落的空间形态重塑时，重点考虑功能设施的布局、道路交通的设置、建筑肌理的疏密安排以及环境景观的营造四个方面。

1）设施布局

遵循设施均等化、便捷化的原则，重新布局的聚落建筑需要充分考虑功能混合和空间融合。一般以交通节点为中心，用地功能上主要呈现出圈层式布局。首先，在交通节点附近的内圈层，主要布局生活性公共服务功能与集中式公共空间，满足村民日常生活需求与节日聚会，如村民广场、村民服务中心、老年活动中心、文化活动站等设施；其次，中外圈层则主要布局生产性服务功能，包括农机存放、合作社、土地承包企业等，就近为生产及管理活动提供便利。以简阳市荷桥村为例，围绕公共服务中心（村委会、党群服务中心）布置服务于村民的公共服务设施，其余在聚落非核心区增设生产服务中心、家风文化展示馆、公共卫生间等服务设施，提升功能混合度，提高聚落的生活品质（图7.17）。

2）道路交通

按照便利可达的原则，新建聚落的选址一般位于主要对外交通道路附近。因此，其外部道路以区域性的省道、乡道为主，与外界或其他聚落交流相对便捷。农业升级型聚落一

(a)党群服务中心

(b)生产服务中心

(c)家风文化展览馆

(d)公共卫生间

图 7.17　简阳市荷桥村的设施功能混合提升

般以居住功能为主，因此内部道路组织较为纯粹，在吸收成渝地区传统聚落的营建方式基础上，根据聚落的规模，按照通畅高效的原则，合理组织组团主路、支路和入户道路，主路主要以划分串联组团为目的进行设计，支路和入户小道则在主路基础上进行补充，完善不同等级的交通体系，达到集约、便捷的目的。另外，由于乡村停车空间的需求不断提升，可在靠近居住功能、对外便捷的区域设置停车场，以满足一定的停车需求。同时，应尽可能完善公共交通体系，方便村民出行和市民入村（图 7.18 和图 7.19）。

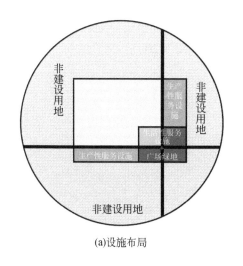

(a)设施布局

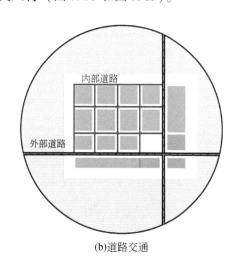

(b)道路交通

图 7.18　农业升级的设施布局与道路交通优化

(a)对外主干道路

(b)串接组团的主路

(c)联系建筑的次路

(d)公共交通设施

图 7.19　荷桥村的道路交通体系优化

3）建筑肌理

在住房布局的方式上，成渝地区没有严格的"坐南朝北"的采光需求，因此布局方式相对比较自由。首先，依据当下成渝地区农村"一户一宅"的政策要求，根据不同人数、户数确定村庄聚落宅基地规模，划定聚落单体范围内每户宅基地的建设范围，在其内部对建筑的布局进行一定的空间组合与改变，形成有机变化的空间形态。其次，建筑高度基本不超过三层，建筑大多依托内部道路，并对主要道路进行合理退让，按照"微田园、生态化"的建设要求，预留适宜的楼间距与宅前绿化空间（图 7.20）。

(a)尤安村建筑肌理

(b)菠萝村建筑肌理

(c)荷桥村建筑肌理

图 7.20　农业升级型聚落的"小、组、微、生"建筑肌理

4）环境景观

农业升级型聚落的环境景观建立在整体重构的基础上，因此需要对乡村景观与环境进行适应性设计。景观环境的优化需要充分结合功能设施的布局与公共空间的利用，从建设效率与实用性角度考虑，将环境景观的打造与核心广场、公共服务设施结合布局，形成聚落的几何中心和活动中心。同时，依托道路两侧，形成线性的公共空间体系，并与出入口处的集散广场进行衔接，重点提升沿路绿化及景观设施。道路两侧绿化自然式种植，还原乡村自然景观风貌。街旁路灯、景观小品等设施符合村庄整体风貌，不能过度采用城市的设施风格与设计。居住功能外围设置景观绿化带，既能延续引入田园景观风貌，又能与生产空间起到一定的隔离作用（图7.21）。

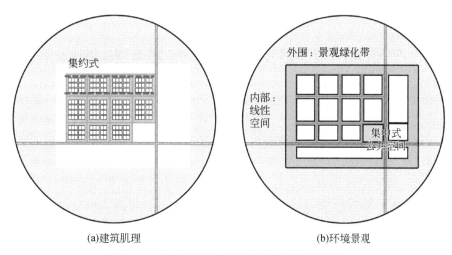

(a)建筑肌理　　　　　　　(b)环境景观

图 7.21　农业升级的建筑肌理与环境景观优化

以荷桥村为例，在小规模、组团化布局的基础上，组团之间以及组团内部形成了良好的环境景观，极大地提升了乡村人居环境品质。在三个居住组团之间形成外部景观的"大环境"，同时通过宅前屋后的环境营造，形成聚落生活的景观"小环境"（图7.22）。

图 7.22　荷桥村的环境景观营造

7.3　产品加工型聚落：适度激发乡村的经济功能

产品加工型的乡村聚落在成渝地区相对农业升级型少，是一种对于乡村整体功能提升较为显著的类型。在政策不断刺激下，乡村经济功能的提升极大限度地依赖于第二产业的植入与链条化发展，因此需要在汲取典型案例重构规律的基础上，对产品加工型乡村聚落的规划策略进行总结归纳。在加工转型升级路径下，乡村建设参与主体逐渐多元化，在产业升级、人口迁移和空间集聚的作用下，产生居住集中、空间集约和设施多样的综合效果，其中生活空间以建设用地为载体，实现产居协调发展的组团化布局，生产空间则为保障基本生产功能而进行空间整合提升，生态空间在底线控制的要求下进行整体保护，适当提升。

7.3.1　生活空间：以产居协调为导向进行组团分布

从前文分析规律来看，产品加工型聚落同样需要对生活空间进行整合，规整用地格局，并采用组团化的方式进行发展。同时，与农业升级型聚落相比较而言，产品加工型乡村由于发生了"农业生产"向"农业+非农生产"的转变，村民生产活动不限于农业生产，而是与非农生产活动联系紧密。因此，该类型聚落生活空间用地功能的组团分化是该类型聚落空间布局的一大特色，优化布局重点应该以产居协调为导向进行组团分布，生活组团与加工组团联动化发展（图 7.23）。针对生活组团，对成渝地区原有的小型聚落进行空间归并整合，形成更为集中的聚居组团；针对加工组团，根据产业需求，配套完善农产品加工、仓储保鲜、电子商务等功能用地，同时适当增设农村金融点、科技服务站等产业服务设施，形成功能完善的组团集群。

以成都市战旗村为例，该村在产业升级的需求引导下，在空间上首先进行了农村居民点的整合。优化前的战旗村是典型的川西林盘式农村居民点，每个林盘内都有十几户人家，是一种较为分散的聚居模式，土地利用不够集约。优化时将原先约 35 个小型的林盘聚落整合为一个占地约 16hm² 的集中式新农村社区，整体重塑了原有的村庄结构体系（图 7.24）。

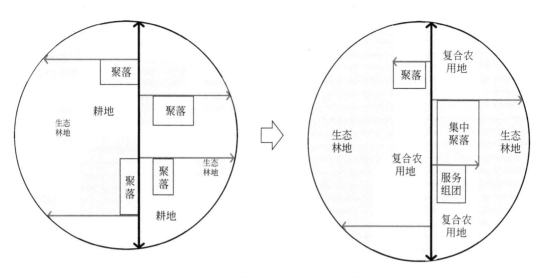

图 7.23　产品加工的生活空间重构策略

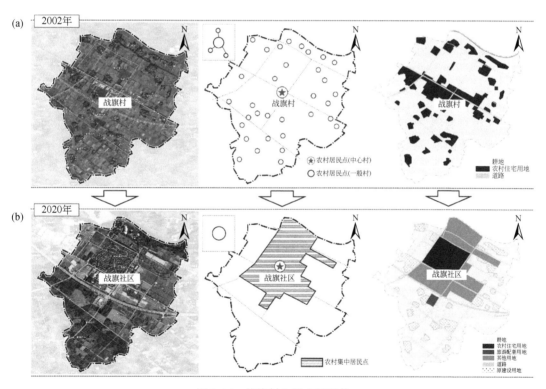

图 7.24　战旗村生活空间重构

7.3.2　生产空间：以联动发展为牵引进行空间整合

生产空间主要是为了配套加工产业而进行优化，整体以第一、第二产业联动、空间整合升级为原则，对生产空间进行规模化、高效化升级。发展加工产业需要高效的农用地作为保障，所以根据加工业的产业类型和产能，对农产品的类型、产量和所需的农用地空间规模进行估计，进行有目的的整合，一般是将耕地、园地、其他农用地等不同功能的用地空间进行统一整合、流转，根据产品加工的需求进行转变升级，并以规模化、集聚性的生产基地的方式保障供给。在第一产业和第二产业有机协调下，提升乡村整体的生产效率，实现生产的最大效益，充分发挥乡村的经济功能（图7.25）。

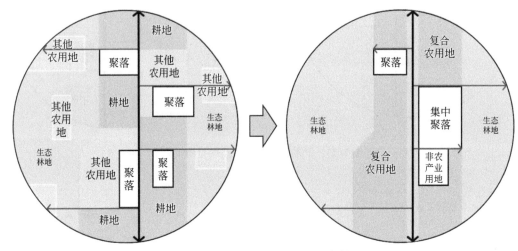

图7.25　产品加工的生产空间重构策略

以战旗村为例，为了保障加工产业，该村对农业空间进行了规整化和高效化的转型升级。由于平原的地形条件，优化前战旗村的生产空间具有良好的耕作基础，但基本耕作单元在20~60m，仍然是以小农经济的发展模式进行耕作，划分斑块数量多且权属复杂，同时还在生产空间中穿插着大小各异的林盘聚落，导致难以投入生产机械进行规模化生产。当村集体决定走现代农业发展道路后，对农业用地和建设用地进行统一整理，将权属复杂的农地进行统一流转、种植与管理，形成了大致11片更为规整、完整的生产空间片区，其农产品以加工产业所需豆瓣原料为主，辅以高经济价值的苗木栽培，整体生产效率提升显著，为加工产业提供高效的支撑（图7.26）。

7.3.3　生态空间：以整体保护为原则进行底线管控

采用产品加工模式转型升级的乡村聚落生态空间一般规模较小，多分布在林盘周边、溪流沿岸或是丘陵台上，与居住、农地交织分布，因此规划时一般以"底线管控，整合保护"为优化原则。首先，在划定生态保护红线的基础上，优先将具有优良生态服务功能的重要河流沿岸和连片山体确定为生态功能区，并根据管控范围确定管控措施；提质优化生态空间，对局部分布散落、生态效益不佳的生态林地进行置换、整合，生态空间由原来零碎的分布状态变得集中成片，主要分布在村庄外围（图7.27）。

以战旗村为例，优化前生态空间与生活空间有机融合，散布在村域空间中。然而，分散小型生态林地并不能完全满足产业发展的需求，也不能有效发挥生态价值。因此，随着

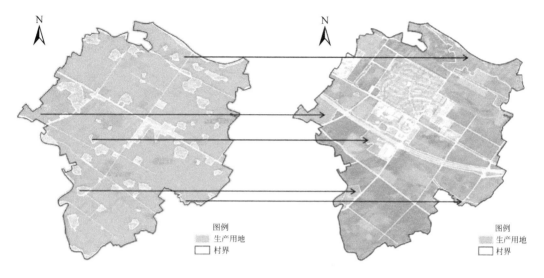

图 7.26 战旗村生产空间重构

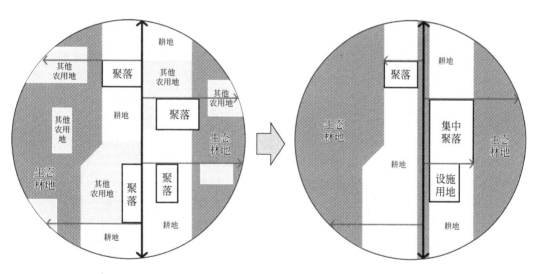

图 7.27 产品加工的生态空间重构策略

居民点整合与耕地整理，生态空间也得到了规整化。从单独观察村庄内的生态空间变化可以发现，在保证北部河流沿岸生态空间不减少的前提下，生态空间由原来零碎的分布状态变得集中成片，主要分布在村庄外围，整体村庄生态空间规模并未大量减少（图7.28）。

7.3.4 聚落形态：以宜居宜业为目标进行有机融合

产品加工型乡村聚落空间需要兼顾居住和产业两方面的功能，因此以宜居宜业为目标，按照相应功能对聚落的空间形态进行有机融合成为关键。随着产业发展，乡村的功能混合度提高是一个总体趋势，除了基本的居住建筑外，还需要根据产业链对不同类型产业

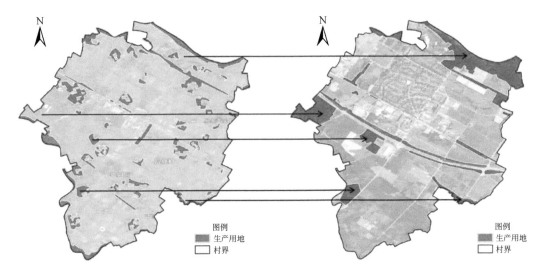

图7.28 战旗村生态空间重构

建筑进行合理组织。以成渝地区典型的茶叶加工为例，从种植、采摘到晒青、发酵、摇青、走水等，再到仓储、包装、运输，对应的生产、加工、运输建筑有序安排成为乡村转型升级的关键。因此，该类型的聚落形态需要充分考虑不同功能建筑的合理布局，建筑与乡村非农生产需要多个环节相配合，将生产环节有前后承接关系的建筑关联布置，形成过渡有序的空间形态。

1）设施布局

从设施组成看，产品加工型聚落可以分为公共服务设施与生产性服务设施两类进行布局。首先，对于乡村基础服务设施和公共服务设施，可基于农村居民的出行距离、使用频率、设施服务半径，统筹配置教育、文体科技、医疗保健、社会福利设施，满足农村居民基本使用需求。其次，对于乡村生产基础设施和运输设施，按照按需布设、合作共享的方式进行布局。建筑功能与产品生产类型高度关联，按照相应的需求布局相关生产设施；同时通过政府和村集体的统筹协调，将可以合作共享的设施进行统一布局，集中规划供不同加工企业共享使用。此外，在对外物流方面，可建立多层次的物流服务体系，如在城镇布置物流集散中心进行整体物流配送、打包转运，在中心村可布置物流转运基地，结合一般村的物流点打造完善的物流运输体系，让乡村农产品方便快捷运输至市场。

以战旗村为例，集约、合理的功能设施布局极大地提升了乡村产出效率和产品的竞争力，整体上形成了服务设施、加工建筑、居住建设的有机融合与过渡，达到空间集约、设施完善、方便快捷的新型农业加工型聚落。在聚落内部，通过加工建筑的集中布局，设施配套的合理组织，乡村的加工产业效益得到有效提升；此外，通过设置一定的商业功能建筑，产销一体化发展，进一步提升了该村的经济功能；同时还对公共服务设施、公共空间进行完善，使村民的生活、生产得到平衡（图7.29）。

图 7.29　战旗村的建筑与设施布局

2）道路交通

产品加工型聚落的交通可以从外部和内部两个方面进行优化。对外交通是衔接内外的主要方式，因此交通量往往较大、车辆类型复杂，需要考虑如何减少对村庄生活的影响，从运输功能角度，需要考虑当地农产品运输、冷链物流的快速运输。对于村内道路而言，应注重经济适用、简单有效，道路线形顺应地形地貌以及原有肌理形态，有机串联周边山水环境、农田景观，同时强化组团间的串联，增大聚落内部公共服务设施的服务覆盖面积，为聚落间的有机联系打好基础（图 7.30）。

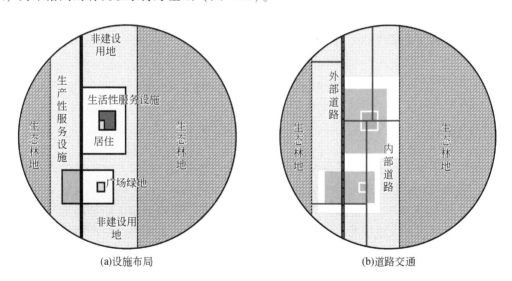

图 7.30　产品加工的设施布局与道路交通优化

3）建筑肌理

产品加工型的乡村聚落一般存在居住与产业两种空间肌理，分片独立设置。针对住宅而言，由于该类型对于建设用地的需求较高，因此需要对居住单元进行更为紧凑集约的布局，以保障用地的多种用途发挥，在规划时可引导新建住宅集聚建设，形成联排住宅以节约土地资源；在生产空间组团，建筑肌理通常与产业需求相匹配，尺度相对较大，以地块为单位进行建筑的功能组合，但不宜采用大规模厂房的形式，致使乡村聚落丧失了乡村的特性（图7.31）。

(a)灵活布置的居住建筑肌理

(b)集约高效的产业建筑肌理

图7.31　战旗村的居住建筑和产业建筑肌理

4）环境景观

从村民生活角度，乡村社区既是生产场所也是生活场所，需要充分平衡产业发展和农户生活，需要对环境景观进行较为细致的考虑。为了避免加工产业的接入导致乡村生活环境的恶化，因此规划中在考虑常住人口、就业人口增长趋势的基础上增加用地规模，增设绿地空间和公共服务设施用地，提升乡村环境品质和设施服务水平。生产用地和生活用地间需要一定绿化隔离，可设置街边小绿地或景观隔离区域，村庄聚落内以宅前绿化或小组团空地等增加村民活动空间和提高村民生活品质。在聚落外围，布局绿化景观带，既能起到一定的隔离作用，控制生活用地扩张；又能充分引入特有的林木景观，提升村庄整体人居环境品质（图7.32）。

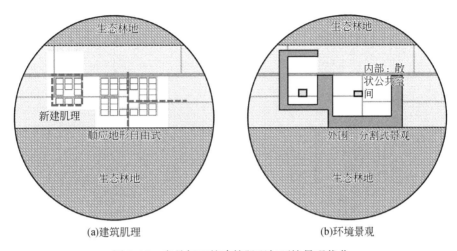

图 7.32 产品加工的建筑肌理与环境景观优化

7.4 旅游发展型聚落：合理挖潜乡村的消费功能

旅游发展是成渝地区乡村聚落转型的重要趋势，随着人们的生活水平不断提升，以及城市空间的压抑和快节奏的生活，人们通常会在周末选择近郊的乡村体验不同的生活节奏与景观环境，因此也对该类型聚落的发展模式与规划设计提出更高的要求。从典型案例的数据挖掘和模式总结来看，旅游转型的乡村聚落的原始空间特色以及良好的自然生态环境成为关键，因此生活空间一般会延续传统结构布局，生态空间的保护与利用是乡村旅游发展成功的关键因素，对应的生产空间会伴随旅游产业的介入而进行旅游主题化转型。

7.4.1 生活空间：以存量优化为前提进行空间更新

从典型案例的重构规律可以发现，旅游发展下的乡村生活空间优化强调点状优化、存量挖掘。该类型聚落整体以分散化、低建设为主要特征，打造山清水秀的生态空间是乡村的亮点和核心竞争力。在分散优化的前提下，生活空间的发展依赖于建设用地的"精明增长"与存量挖潜（图 7.33）。首先，针对外来城市居民对农村生活体验的需求，在坚守基本农田红线的前提下，为农村新兴产业发展提供建设用地，一般是在农村现有的建设用地范围内增加旅游住宿及相关配套功能，如增加停车场、集散场地和特色酒店。其次，在新时代居民生活需求和产业发展需要之下，激活存量空间，高效集约利用生活空间是发展的重要保障，该类型乡村不再以传统农业、生活生产功能为主，而是功能分化、混合发展，乡村聚落内部居住功能与旅游、观光、体验等进行混合，同时将非农地与闲置未利用的建设用地征收并重新规划建设，为乡村聚落空间内部新增配套设施、公共空间等，整体推动乡村聚落空间功能复合化。整体来讲，人居生活空间提质为导向，合理扩张，通过集聚建设、内嵌缝合等方式实现集约发展，同时满足居民生活和旅游发展需求，保障空间平衡效益最大化。

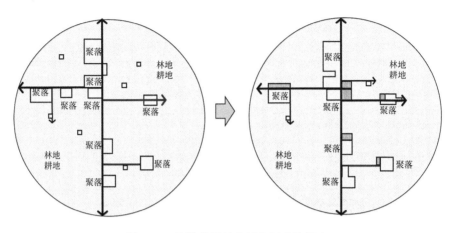

图 7.33　旅游发展的生活空间重构策略

为满足城市居民对农村生活体验的需求，乡村倾向采用增设旅游服务设施、停车场、公共服务设施来对乡村产业发展所缺乏的功能进行织补，乡村旅游开发项目也较多采用点状式建设的模式。同时，充分利用存量空间，通过挖掘、整理现有存量用地，将部分旅游功能与原始乡村聚落空间内部进行混合。以铜梁区六赢村为例，该村在旅游发展过程中不断通过生活空间的点状式更新与插缝式建设，对所需的功能进行补足（图7.34）。

图 7.34　铜梁区六赢村的建设空间功能更新

7.4.2 生产空间：以主题植入为手段进行农旅融合

生产空间在规划优化中，强调功能融合和复合，同时适当地进行主题植入。如今，在政策的引导下，乡村聚落发展不断强调"一二三产融合"，所以生产空间除了保持其传统农耕、种植养殖的功能外，还可以适当结合旅游发展需求，对其进行功能复合，从而提升乡村整体的趣味性与吸引力。在功能融合的同时，对农业空间进行适当规整，并升级其道路游线、休憩平台、景观小品等休憩设施，形成农业生产空间与乡村旅游融合的空间布局（图7.35）。此外，可以分片划定乡村旅游单元，打造核心主题式、乡村体验式旅游产品，每个片区可设独立的核心旅游点，如葡萄农场、蓝莓乐园等独立运营的体验单元；同时强化生产空间与生活空间关联，农业生产布局与传统乡村生活紧密结合，提升乡村生活产品体验。

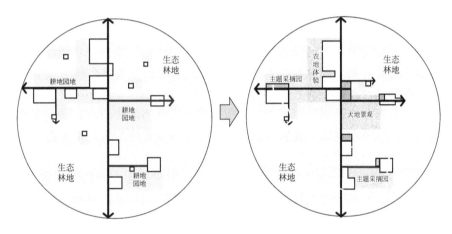

图 7.35 旅游发展的生产空间重构策略

在挖掘农用地潜力时，通过采用农业景观化、农旅融合的方式进行发展。在旅游发展过程中，较少对农业空间进行大规模整理，反而是充分利用现有农业资源，进行休闲化、体验化升级，实现功能的复合。以六赢村为例，在旅游转向的同时，对农业空间进行景观改造，提升空间观赏与游览的质量，并将其作为吸引游客、增加可游面积的重要手段，同时还可以与休闲观光、农耕体验等活动相结合（图7.36）。

图 7.36 六赢村的生产空间景观化

7.4.3 生态空间：以价值挖掘为主导进行保护发展

在成渝地区，旅游发展型的聚落承担了乡村地区重要的生态保护功能，此外，挖掘生态空间价值成为提升乡村经济效益的重要手段。因此，旅游发展型乡村生态空间以"保护主导，价值挖掘"为优化原则，在提供生物多样性维育、乡村生态环境支持与改善等生态价值的同时，通过对生态景观资源的合理利用，提升乡村的消费功能。绿色发展是休闲旅游产业介入下乡村聚落空间发展的核心，优化生态空间的整体结构，保护提升、活化乡村优质生态资源，促进空间功能复合化是乡村旅游发展的重要要求（图 7.37）。从规划措施来看，保证整体生态规模，合理进行土地整理，适当减少生态空间内部零散分布的生产、生活空间，保持生态空间的完整性和连续性，提高生态空间质量，有利于生态维育和景观丰富度提升，促进乡村生态发展。

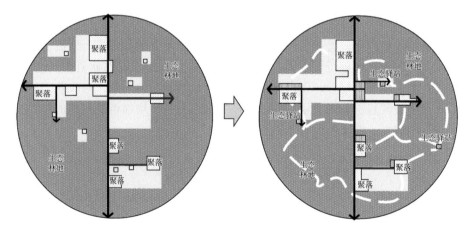

图 7.37 旅游发展的生态空间重构策略

八角寺村的生态空间修复、旅游景观开发较为典型。在优化时通过水体整治、林地修复等，使破碎的生态景观进行串接、缝合，形成较为连续、聚集的生态空间，同时通过景观的打造、活动的引入，提升整体的空间（图 7.38）。

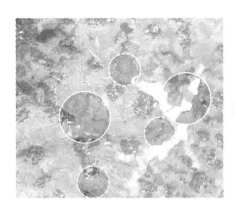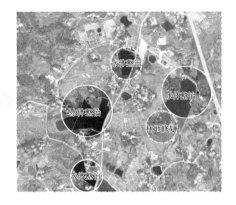

图 7.38　永川区八角寺村生态空间联系性提升

7.4.4　聚落形态：以适应旅游为契机进行功能完善

旅游发展型乡村聚落空间具有自下而上的内向型生长特征。对于旅游发展来说，聚落内部空间结构是打造乡村聚落特色空间体验的基础，其本身具有特色性，所以在规划中，一般不对原有空间结构进行大的调整，而是注重对空间肌理的维护，甚至会对原有空间肌理进行修复与强化。

1）设施布局

在旅游发展型的聚落中，设施往往包含村民公共服务设施和对外旅游服务设施两种。由于乡村的公共服务设施与旅游服务设施所需要的规模往往较小，从方便村民与游客的共享与节约用地需求的角度考虑，两者通常采用合并设置，空间上表现为较为突出的单核心建筑。在对服务设施进行升级或新建时，依托对外交通节点，设置公共服务或旅游核心，聚落内部其他建筑则顺应旅游发展，其功能也融合旅游进行发展，开展商业服务、住宿接待及少量休闲娱乐等各项功能（图 7.39 和图 7.40）。

2）道路交通

为了激发旅游产业发展与方便游客的旅游体验，旅游型乡村聚落的交通组织一般依赖于对外交通主干道，存在较强的集散特征。一般将集散区放置于村域旅游综合服务或商业休闲娱乐集聚区，将其作为对外交通衔接的节点。同时，为了保持乡村的空间特性，综合服务区的集中停车规模不宜过大，而采用在聚落内部合理设置临时停车场地的方式进行补充，同时设置交通驿站和多样交通模式，通过步行栈道、观光车道、自行车线等丰富游线将全域衔接，形成覆盖全域的旅游发展格局（图 7.41）。

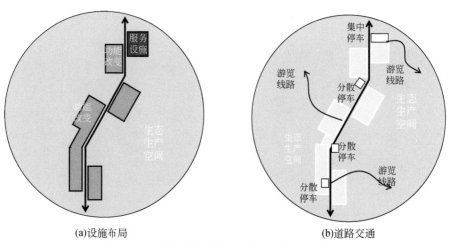

(a)设施布局   (b)道路交通

图7.39   旅游发展的设施布局与道路交通优化

图7.40   六赢村的建筑功能混合

图7.41   六赢村的道路交通体系建设

3）建筑肌理

旅游发展的聚落应保持原有建筑分散特征。基于游客对住宿产品的体验需求与对生态景观环境的要求，依据不同乡村的地形条件，采取符合原有空间肌理的自由布局模式。在对少量新建的服务设施建筑和居住建筑肌理塑造时，也会避免采用过大的建筑体量，而是采用符合原有乡村尺度的建筑形制进行组合。针对原有居住建筑的更新改造，需要根据游客接待情况进行合理优化，但需满足经营用客房不超过4层、建筑面积不超过800m²的规范要求。此外，建筑空间功能上，旅游发展的聚落建筑常采用典型空间复合形式，即"居住+民宿或居住+民宿+餐饮"。部分定位较为高端的建筑也可根据居民意愿和村域整体建设情况，将村民迁出，实现民宿功能的独立（图7.42和图7.43）。

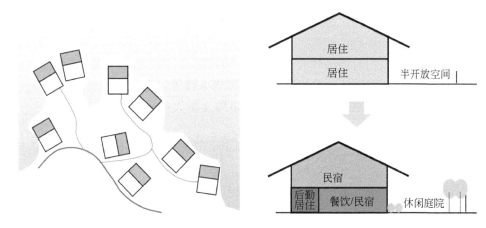

图7.42　旅游发展的建筑功能复合

4）环境景观

旅游型的乡村聚落将环境景观作为重要的建设内容，采用景观串联乡村整体空间。在必要时可以打造一个公共服务中心或旅游服务核心，以线性延伸或小型组团的形式与生态景观空间进行紧密结合，内部其他聚落以住宿接待及少量休闲娱乐功能为主。整理优化原有公共空间环境，分散优化沿路、沿边界景观，注重保持其生态性、原生性特征，不做过

图7.43 六赢村的建筑功能复合

多人工性开发，注重与外部生态环境结合，通过景观视线、景观游憩道路等与村域生态休闲游线相连接，使得整体聚落建筑空间、公共空间与外部生态空间形成相互交融过渡的嵌合结构，实现景观内嵌，内外联动。在用地合理的情况下，宅基地范围内配置有一定私密性的庭院，构造庭院景观空间。院内增设休闲游憩桌椅等，注重休闲功能和生态性打造，与聚落周边生态环境相呼应，整体沿路庭院式布局（图7.44和图7.45）。

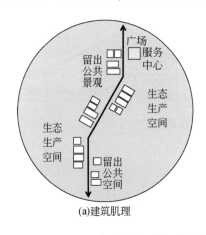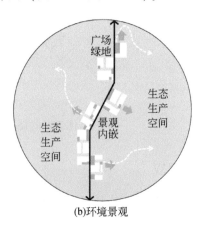

图7.44 旅游发展的建筑肌理与环境景观优化

图7.45　六赢村的建筑空间营造

7.5　转型重构思维下的乡村规划衔接

7.5.1　提供乡村类型的界定依据

乡村类型划分是关于构建安全、高效与可持续国土空间的重要前提，但目前仍然存在划分标准不一、科学性不足等问题。《国家乡村振兴战略规划（2018—2022年）》中，根据乡村的发展方式与规划手段，提出了包括集聚提升、城郊融合、特色保护、搬迁撤并在内的4种村庄类型，但对于如何进行村庄分类，缺乏较为明确的原则与方法[198]。从各地实践来看，各省市县均是以这4种类型为基本依据，根据各地实际情况进行分类落实，但如何确定村庄类型，各地方法千差万别，且多为定性描述（表7.4），即使部分地区通过"潜力评估"的定量方式确定乡村类型[199]，但其中的关联性仍然较为薄弱，特别是缺乏产业与功能的发展指导，导致"分类指导"的科学性大打折扣（图7.46）。因此，需要从分类原理层面探索村庄分类基本原则与标准，以有效支撑村庄分类工作、服务乡村振兴重大战略。

表7.4　部分省关于乡村类型的划分及依据

省份	导则	划分及依据
山东省	《山东省村庄规划编制导则（试行）》	（1）集聚提升类。现有规模较大的中心村和其他仍将存续的一般村庄，结合山东省村庄的现实情况，分为集聚发展类和存续提升类两个小类。 （2）城郊融合类。城市近郊区以及县城所在街道内的村庄和农村新型社区。 （3）特色保护类。历史文化名村、传统村落、少数民族村落、特色景观旅游名村，以及自然风景、村落风貌、非物质文化要素等特色资源丰富的村庄。 （4）搬迁撤并类。位于生存条件恶劣、生态环境脆弱、自然灾害频发或存在重大安全隐患等地区的村庄，人口流失特别严重或重大项目建设需要搬迁的村庄。 （5）其他类。暂时看不准、发展前景不明确的村庄可暂列为此类

省份	导则	划分及依据
河北省	《河北省村庄规划编制导则（试行）》	（1）城郊融合类。城郊融合类村庄是指市县中心城区（含开发区、工矿区，以下同）建成区以外、城镇开发边界以内的村庄。 （2）集聚提升类。集聚提升类村庄是指乡（镇）政府驻地的村庄；上位规划确定为中心村的村庄。 （3）特色保护类。特色保护类村庄是指已经公布的省级以上历史文化名村、传统村落、少数民族特色村寨、特色景观旅游名村，以及未公布的具有历史文化价值、自然景观保护价值或者具有其他保护价值的村庄。 （4）搬迁撤并类。搬迁撤并类村庄是指上位规划确定为整体搬迁的村庄。 （5）保留改善类。保留改善类村庄是指除上述类别以外的其他村庄
甘肃省	《甘肃省村庄规划编制导则（试行）》	（1）集聚提升类。集聚提升类村庄是指现有规模较大的中心村和其他仍将存续的一般村庄，占乡村类型的大多数，是乡村振兴的重点。 （2）城郊融合类。城郊融合类村庄指城镇开发边界以内，或城市近郊区以及县城所在地的村庄。 （3）特色保护类。特色保护类村庄是指已经公布的历史文化名村、传统村落、少数民族特色村寨、特色景观旅游名村，以及未公布的具有历史文化价值、自然景观保护价值或者具有其他保护价值的村庄，是彰显和传承中华优秀传统文化的重要载体。 （4）搬迁撤并类。搬迁撤并类村庄是指因各种原因需要搬离原址撤并至其他地区的村庄，包括生态保护红线、自然保护地核心区内的村庄。 （5）其他类。其他类村庄是指目前暂无法确定类别、看不准、需进一步观察和论证的村庄

资料来源：根据各省公开资料整理。

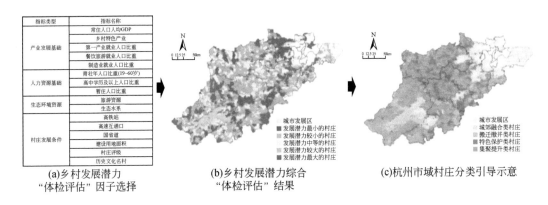

指标类型	指标名称
产业发展基础	常住人口人均GDP
	乡村特色产业
	第一产业就业人口比重
	餐饮旅游就业人口比重
	制造业就业人口比重
人力资源基础	青壮年人口比重(19~60岁)
	高中学历及以上人口比重
	暂住人口比重
生态环境资源	旅游资源
	生态水系
村庄发展条件	高铁站
	高速互通口
	国省道
	建设用地面积
	村庄评级
	历史文化名村

(a)乡村发展潜力"体检评估"因子选择　(b)乡村发展潜力综合"体检评估"结果　(c)杭州市域村庄分类引导示意

图7.46　杭州市村庄分类方式及结果[199]

因此，基于乡村多功能理论，从乡村地域生产、经济、消费、生态等多元功能发展的基本原理出发，来构建乡村分类的依据具有较强的科学性与实践意义。从理论角度，已有的中西方研究与实践证明乡村多功能发展是未来乡村演化的主要方向，其功能分化而衍生出的乡村类型客观存在且具有"类型共性"[200]，从相同类型中总结的功能转型、空间重构、规划优化规律可以相互参考与借鉴，形成普适性的方法；从实践角度，功能类型与乡村产业关联紧密，当前乡村类型研究的主流之一便是依据乡村产业进行划分的，同时"产业兴旺"是乡村振兴的重要基础，所以对乡村进行产业类型划分，进而引导乡村多功能转型,指导产业差异化发展,根据功能需求重构乡村聚落空间,是当前实现"分类指导"的有效方式。

需要说明的是,根据功能转型与空间重构角度进行划分的乡村类型与国家宏观政策《乡村振兴战略规划(2018—2022年)》提出的四种乡村类型并不相违背,而是相互补充与协调的关系,可以更好地服务于乡村振兴战略(图7.47)。其中,农业升级型聚落可以与集聚提升类、城郊融合类和特色保护类结合,进行农业现代化升级;产品加工型聚落则主要是与集聚提升类和城郊融合类一并考虑,依托集聚、城郊的优势,发展农产品加工、物流、手工艺品制作等;旅游发展型聚落则更多的是依托自身资源,如近郊旅游市场优势、特色文化优势,或是生态环境资源优势等,与城郊融合类、特色保护类、搬迁撤并类等类型融合发展。

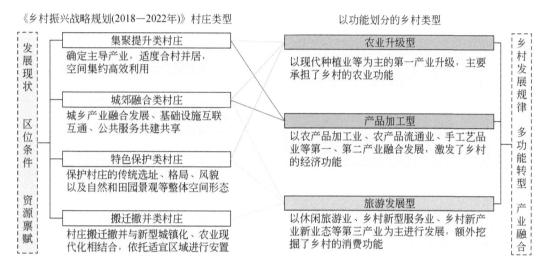

图7.47 以功能划分的乡村类型与《乡村振兴战略规划(2018—2022年)》的对应关系

7.5.2 优化乡村空间的功能适应性

由于不同类型聚落所在区域发展目标的多元性、自身发展条件与过程的差异性、社会发展需求的多样性等,采用传统"模式化"的空间规划理论和方法解决乡村多功能转型与空间优化问题存在较大缺陷,在当前乡村功能分化、产业异化发展理论的指导下,规划的思路与方法会有所改变。在保持传统的农业生产功能的基础上进一步突出生态环境、加工升级、文化科普、旅游休闲等功能。尽管农业生产仍然是成渝地区乡村最为重要的基础功能,但在多功能转型的趋势下,部分乡村的生产功能将逐渐退出主导地位,使得分化出来的加工业、服务业等满足城乡其他非农需求的功能提升。在乡村规划中,考虑不同类型乡村的动力机制与重构规律,提出适应不同功能类型的空间规划优化策略,引导乡村可持续发展,需要针对不同乡村类型,通过土地利用规划统筹安排各类空间用地,适应其功能特点,形成合理用地结构和空间形态,以提高乡村空间土地利用效率,提升人居环境。

因此，需要从功能类型角度增强乡村"三生"空间与聚落形态的功能适应性。乡村蕴含了农业功能、经济功能、消费功能、生活功能和生态功能，进而由于地形条件、资源禀赋、区位交通、经济社会等情况的不同，可以转型发展为农业功能为主、经济功能为主和消费功能为主3种类型；结合第一产业升级、第二产业延伸和第三产业介入，形成农业升级型、产品加工型和旅游发展型3种聚落类型；通过生产、生态、生活的"三生"空间重构和建筑、道路、设施的聚落形态重构，构建乡村空间优化路径；最终助推实现乡村空间集约、经济高效、生活宜居、环境友好和社会繁荣的发展目标（图7.48）。

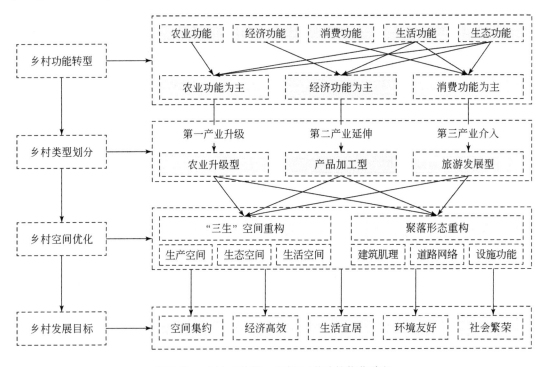

图 7.48 乡村"功能—空间"联动的优化路径

7.5.3 补充全域全要素管控方法

村庄规划为当下国土空间规划体系中乡村地区的详细规划，曾经被忽视或消极对待的非建设空间成果现在为村庄规划的主要任务之一，所统计梳理的省级村庄规划编制技术导则中大多涉及耕地保护、土地整治与生态修复，以及将原来村庄土地利用规划调整为国土空间布局。因此，在全域、全要素国土空间用途管控的前提下，与原传统村庄规划相比，当前村庄规划弱化了建设空间的规划管控，增加了非建设空间的规划治理，从而优化了村庄规划的主要要素。

2019年，自然资源部发布《关于加强村庄规划促进乡村振兴的通知》后，从国家政策层面明确要求各地编制"多规合一"的实用性村庄规划，主要任务包括统筹村庄发展目标、生态保护修复、耕地和永久基本农田保护、产业发展空间、基础设施和基本公共服务设施布局、农村住房布局等。随即各省市积极响应，以地方村庄特色编制国土空间规划背景下的村庄规划编制技术导则，从规划编制层面总结归纳了村庄规划的主要要素（表7.5）。

表 7.5 国土空间规划下的乡村规划内容

乡村规划导则	规划内容
《四川省村规划编制技术导则（试行）》（2019年5月）	①分析评价；②目标定位与规模确定；③村域国土空间总体布局规划；④自然生态保护与修复规划；⑤耕地与基本农田保护规划；⑥产业与建设用地布局规划；⑦土地整治与土壤修复规划；⑧基础设施与公服设施规划
《湖南省村庄规划编制技术大纲（修订版）》（2021年7月）	①基础分析；②功能定位与发展目标；③国土空间布局；④耕地与生态红线保护；⑤住房布局；⑥产业发展；⑦公共服务设施；⑧基础设施；⑨乡村风貌管控与引导；⑩生态保护修复和土地综合整治；⑪历史文化保护与自然遗迹保护；⑫防灾避险；⑬近期建设方案
《浙江省村庄规划编制技术要点（试行）》（2021年5月）	①目标定位；②空间控制底线和强制性内容；③用地布局；④公共服务设施与基础设施布局；⑤景观风貌与村庄设计要求；⑥区块管控；⑦地块法定图则；⑧实施项目；⑨规划实施保障
《广东省村庄规划编制基本技术指南（试行）》（2019年5月）	①村庄发展目标；②生态保护修复；③耕地和永久基本农田保护；④历史文化传承与保护；⑤产业和建设空间安排；⑥村庄安全和防灾减灾；⑦近期建设行动
《天津市村庄规划编制导则》（2023年9月）	①村庄现状分析；②目标定位；③规划指标；④空间约束性要求；⑤用地布局及规划管控；⑥村庄安全与防灾减灾；⑦历史文化保护与乡村风貌塑造；⑧国土综合整治与生态修复；⑨近期实施项目；⑩实施保障

资料来源：根据各省公开资料整理。

因此，总结出当前乡村规划的主要工作可以分为"三生"空间优化、产业发展引导、国土空间布局、公服配置优化和聚落单体提升共计五项规划内容。结合本研究成果，将乡村规划的研究内容与之对应，可以进一步将研究成果一一落实，以提升乡村规划编制的科学性。其中，首先，根据功能转型理论总结而来的类型划分结果，是乡村规划各项内容的前提，与当前通用的编制方法相比较，农业升级、产品加工和旅游发展三种不同类型乡村的划分可以有效提升乡村规划各项要素编制的针对性；其次，根据典型样本总结而来的"三生"空间重构响应模式及其规划策略，可以有效指导不同类型乡村的产业发展、"三生"空间优化、国土空间布局，以及合理布局公共服务设施；此外，根据建筑肌理、街巷网络和公服设施重构规律总结而来的空间响应模式，以及归纳总结的道路系统、功能结构、住房布局、公共空间与景观系统、配套设施等多方面的规划模式，来对公共服务设施的布点优化和聚落形态规划设计两项规划要素进行补充和完善（图7.49）。

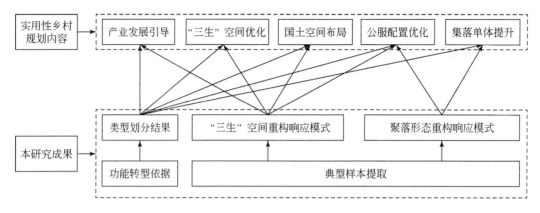

图 7.49 研究成果与乡村规划内容的对应与衔接

7.6 本章小结

本章首先针对当前成渝地区乡村数量多、个体情况复杂、规划任务重，难以针对所有乡村进行功能类型识别的现状情况，构建流程化功能类型识别方法。基于功能评价的乡村类型识别方法是，通过功能评价模型定量化分析成渝地区不同动力作用下的转型发展类型，具体分为四个步骤：数据库构建、指标体系遴选、综合功能评价模型、计算与识别，并以大足区为例，对识别方法进行实证检验，最终确定农业升级型的行政村 145 个，占比 50.5%；产品加工型的行政村 57 个，占比 19.9%；旅游发展型的行政村 85 个，占比 29.6%。

不同类型聚落的优化措施。农业升级型聚落整体以保护提升乡村的生产功能为主要原则，生活空间以集聚提升为导向进行布局调整，生产空间以效率提升为目标进行规整合并，生态空间以保障生产为主导进行适当转移，聚落形态以品质提升为核心进行肌理重塑；产品加工型聚落整体以适度激发乡村的经济功能为原则，生活空间以产居协调为导向进行组团分布，生产空间以产业联动为牵引进行空间整合，生态空间以整体保护为原则进行底线管控，聚落形态以宜居宜业为目标进行肌理拓展；旅游发展型聚落整体以合理利用乡村的生态功能为指导，生活空间以存量优化为前提进行空间更新，生产空间以主题植入为手段进行农旅融合，生态空间以价值挖掘为主导进行保护发展，聚落形态以适应旅游为契机进行功能完善。

最后，将本书研究成果与当前国土空间规划以及实用性乡村规划的编制内容与方法相衔接，以期提供乡村类型的界定依据、补充全域全要素管控方法和增强乡村空间功能适应性，为乡村规划和乡村振兴提供可行的路径。

第8章 | 结论与展望

8.1 研 究 结 论

8.1.1 成渝地区乡村聚落从自发演变到剧烈重构

（1）1980年以来的自发演变、转型重构起步与品质提升三个阶段特征。

1980年以来，成渝地区乡村聚落经历了从自发演变到剧烈重构的阶段转型。研究发现，2000年以前成渝地区的乡村聚落发展缓慢，在传统农业背景下进行自发建设，呈现出"小、散、乱"的空间格局特征，居民选址近田、近路的趋势明显；2000年以后空间快速发展，在外力介入下呈现出剧烈重构的态势，进一步划分出成渝地区乡村聚落发展演变的三个阶段：2000年以前的自由发展阶段、2000~2010年的重构起步阶段以及2010年以后的重构提升阶段。

在自由发展阶段，整体变化较为缓慢，空间变化不显著，1980~1990年，建设用地增长主要集中于成都平原地区，包括成都市、德阳市、绵阳市等地县（市、区），1990~2000年，除成都市周边依然是建设的重点地区外，重庆市周边，以渝北区、万州区为代表的川东地区开始逐步发展，由原来的成都首府单核逐渐扩展为成渝双核；在重构起步阶段，"三生"空间发生了剧烈变化，不同类型的空间变化幅度均呈明显上升趋势，形成了更加明显的成都市、重庆市主城区两大用地增长的空间核心；在2010年后的重构提升阶段，空间变化的幅度减小，更加注重重构的质量，在"成渝双城经济圈"的带动下，成都市逐渐向东、重庆市逐渐向西的建设态势开始显现。

（2）以两大中心城区为核心的圈层式重构特征。

重构特征方面，成渝地区乡村聚落重构体现出空间和时间的差异性特征。通过2000~2020年的重构指数测度，社会重构特征是外围县（市、区）重构程度高于地市中心，成都平原、川南与渝西重构剧烈，经济重构特征是成渝连线上的县（市、区）经济重构幅度明显高于其他地区，空间重构特征是以成渝两大核心为主，其他地市则以中心城区为主，产生较为剧烈的重构特征。综合社会、经济和空间特征来看，成渝核心城区发生了剧烈变化，基本实现了城镇化，此外，主城区周边的县（市、区）高于边缘的县（市、区）。从2000~2010年、2010~2020年两个时段的特征来看，进入21世纪的前十年，成渝地区发生剧烈重构的地区主要是围绕成渝两大城市中心圈层展开的，之后的十年态势逐渐向两个核心圈层外围蔓延，转向绵阳市、达州市、宜宾市、乐山市、万州区等地共同推进，从"以点带面"向"从试点到推广"转变，并将重构变化划分为重构减缓状态［28个县

（市、区）]、重构平稳状态 [60 个县（市、区）] 和重构加剧状态 [53 个县（市、区）]。发展趋势上，成都市在 2010 年后的核心带动作用更强，形成了外围二圈层的发展（简阳市、新津区、都江堰市、彭州市等），同时带动了北部区域"成德绵都市圈"、南部区域"成眉乐都市圈"。

8.1.2　乡村聚落多功能转型存在类型分化

（1）成渝地区乡村聚落转型重构的四种类型：城镇化发展、农业升级、产品加工与旅游发展。

在自然地理环境、空间资源禀赋与经济社会发展等内部影响因素，以及公共政策引导、区位交通条件和旅游资源带动等外部影响因素的作用下，成渝地区 141 个县（市、区）分为三类或四类都是比较合适的。当分组数为三类时，分组 1 包含 30 个盆地周边的县（市、区）；分组 2 包含 92 个盆地中部大部分县（市、区）；分组 3 包含 19 个成渝两个中心城区所在的县（市、区）范围。当分组数为四类时，分组 1 包含盆地中部 65 个县（市、区）；分组 2 包含两大核心主城区 17 个县（市、区）；分组 3 包含两个中心城区周边以及其他部分地级市主城区的 31 个县（市、区）；分组 4 包含 28 个盆地周边县（市、区）。在此基础上，根据乡村的农业、经济、消费、生态、生活五个方面功能内涵，将成渝地区县（市、区）多功能转型的主导功能归纳为城镇化发展、农业升级、产品加工、旅游发展四种主要类型。

（2）县（市、区）主导功能识别：农业升级主导 59 个、产品加工主导 18 个和旅游发展主导 48 个。

构建优势功能评价模型对 125 个县（市、区）功能进行定量化评价。评价得分均值中农业升级功能评分最高，反映了成渝地区的县（市、区）仍然以农业升级功能为主。农业升级功能评价值较高的区域集中在成渝地区中部，产品加工功能优势区主要围绕成渝两大核心都市区展开，旅游发展功能优势区分布在山体林地资源较为突出的盆地周边，最终确定农业升级功能主导包含 59 个县（市、区），主要分布在盆中农业优势地区；产品加工功能主导包含 18 个县（市、区），主要分布在成渝核心都市区周边，以及部分加工产业相对具有优势的县（市、区）；旅游发展功能主导共有 48 个县（市、区），主要分布在盆地周边生态环境优越的地区。

（3）乡村聚落个体类型：农业功能为主的农业升级型、经济功能为主的产品加工型和消费功能为主的旅游发展型。

结合乡村转型的多功能性，将乡村聚落个体类型细化为农业升级型乡村，其是以现代种植业等为主的第一产业升级，承担了乡村的农业功能；产品加工型乡村以农产品加工业、农产品流通业、手工艺品业等第一、第二产业融合发展，发挥乡村的经济功能；乡村旅游发展型乡村以休闲旅游业、乡村新型服务业、乡村新产业新业态等第三产业为主进行发展，提供了乡村的消费功能。成渝地区的县（市、区）主导功能和聚落个体功能类型存在一定的相关性与关联性，县（市、区）主导功能的有效发挥依赖于不同个体单元的发展融合，两者相互支撑与促进。成渝地区的每个县域单元内部乡村由于资源禀赋差异形成现代种植业、产品加工业、乡村休闲旅游业等不同发展导向，而不同类型县（市、区）的差异体现在不同类型聚落个体的数量比例不同、转型阶段不同以及功能成熟度不同。

8.1.3　乡村聚落多功能转型动力作用机制存在类型分异

（1）"人为因素"在乡村聚落功能转型过程中的作用程度大于"自然因素"。

从选取的 795 个乡村聚落分析样本中标记，共标记出农业升级型聚落 434 个、产品加工型聚落 206 个、旅游发展型聚落 155 个，采用 GBDT 模型对其进行动力机制探测，发现聚落的设施水平是影响一个聚落发展导向最为重要的因素，贡献达到 21.1%；其次为经济水平、耕地资源、生态资源和交通条件，特征重要性从 14.7% 到 12.1%，前五项评价因子累计贡献率超过 75%；因此，将聚落重构导向的动力因素划分为设施水平、经济水平和交通条件构成的"人为因素"（特征重要性总和为 47.9%）及耕地资源、生态资源和海拔（特征重要性总和为 34.6%）构成的"自然因素"两类，人为因素占据了主导地位。

（2）不同类型乡村聚落转型的影响因素作用存在显著的差异性。

农业升级型驱动因子的主要特征为坡度平缓、海拔最低、耕地占比最高、生态占比最低、经济收入最低、景区资源最差；产品加工型驱动因子的主要特征为设施水平最高、经济收入最高、区位条件最好、交通最为便利；旅游发展转型驱动因子的主要特征为地形丰富、海拔最高、耕地资源较少、生态资源丰富、设施水平较差、区位条件较差、交通条件不佳，以及景区条件最好。

（3）不同类型乡村聚落转型动力机制存在分异情况。

将三种类型聚落的转型动力机制进行总结。农业升级的动力作用机制可以分为四个部分：耕地资源富集、地形条件良好、海拔较低等，为农业升级奠定了良好的基础；由于传统农业导致的人均收入不足，进一步刺激了农业升级转型；由于生态资源和景区资源的不足，限制了聚落的旅游发展；基本农田保护、农用地整治、高标准农田建设等政策和现代化种养殖技术的提升，进一步为农业升级提供了保障。产品加工型聚落的动力作用机制从四个方面进行解析：靠近消费市场是加工产业选址的重要维度，所以良好的区位条件是产品加工的主要动力之一，收入水平较高也是产品加工型聚落的重要支撑因素；良好的基础设施和便利的交通是乡村与城市要素流动的重要保障，是带动聚落加工转型最为重要的驱动因素；政府的政策倾斜、基础设施投资，以及外来资本的市场运作，是产品加工聚落得到资金与技术支持的外部驱动因素；其他因素共同刺激乡村的产品加工转型，如周边工业园区的配套需求，或是外部消费市场的产品需求等。旅游发展型聚落的动力作用机制从四个方面进行解析：地形丰富、海拔较高、生态环境良好等起到了一定的支撑作用；由于靠近 A 级景区，得到一定的辐射带动作用，于是可引导聚落发展旅游相关产业；耕地不足、设施水平不高，一定程度上限制了农业升级和产品加工的转型方向；其他外部条件的刺激，如远离城市的区位条件、城市人群乡村体验的需求、政府旅游发展增长的政策倾斜以及旅游相关公司和个人的市场化运作等，共同推动乡村聚落的旅游发展。

8.1.4　不同类型乡村聚落空间重构规律具有差异性

（1）"三生"空间重构规律：农业型优先保障生产空间，加工型高效利用生活空间，旅游型保护挖掘生态空间。

以 15 个案例为研究对象，揭示不同类型乡村聚落空间重构规律的差异性。从总体用地变化可以总结得到，15 个案例总体的农业空间和生活空间的比例下降，生态空间和其他空间的比例上升，其中变化较为显著的是农业空间比例下降了近 3 个百分点，同时其他空间的比例约上升了 3 个百分点。其中，农业升级型以生产空间增加、保障农业功能为主要特征，产品加工型以建设空间增加、保障加工功能为主要特征，旅游发展型以生活生态增长、保障旅游功能为主要特征。采用最大斑块指数（LPI）分析生活空间优势度，生活空间和生态空间的用地比例呈现了上升的趋势，平均值从重构前的 0.84 上升到 1.29，在重构中不断呈现整合集聚的态势，三个类型分别提升 0.45、0.79 和 0.10，产品加工类型的生活空间集聚程度上升趋势较为明显，形成了大型用地斑块，两种主要措施是用地扩张和选址集中布局，相较于农业升级型和产品加工型，旅游发展型案例的最大斑块指数上升幅度不大。生产空间规整度采用景观形状指数（LSI）测度，发现整体均值从 14.34 下降到 13.21，生产空间逐步规整化，生产空间的规整化程度从高到低分别为农业升级型、产品加工型和旅游发展型。生态空间采用边缘密度（ED）测度生态空间的连续性，15 个村的 ED 平均值从 67.57 下降至 64.39，生态空间质量趋向良好质量提升最显著的是旅游发展型，其次是产品加工型，最后为农业升级型乡村。

（2）聚落形态重构规律：农业升级型拆并整合，产品加工型组团发展，旅游发展型更新优化。

对形态重构典型的 9 个案例进行测度，发现建筑聚散特征是农业升级型拆并整合，产品加工型组团发展，旅游发展型更新优化，聚落整体在不断集中，形成更为紧凑的聚落形态。其中，农业升级型下降幅度最为明显，平均距离从 213.5m 下降至 163.3m，相对而言，旅游发展型的聚落形态变化则不大，保持了原有的特征。道路网络密度的规律是加工旅游次级路升级，农业型支路织密，9 个案例总体路网的平均密度从 54m/hm² 上升到 97m/hm²，表明成渝地区在最近 10 年基础设施建设成效显著，以农业升级型的聚落变化最大，从重构前的 58.6m/hm² 上升到重构后的 111.7m/hm²，农业升级型聚落主要是对支路进行了加密，增加了"毛细血管"的密度，产品加工型和旅游发展型的聚落则是针对次级道路进行了提升。从不同功能类型的建筑构成来看，重构前三种类型的居住建筑占比均值都达到了 85% 及以上，是典型的传统乡村，重构后建筑功能出现了分化，农业升级型聚落的居住建筑面积下降到 69.3%，服务建筑和生产建筑分别提升至 15.4% 和 15.3%，功能逐步完善，产品加工型聚落的居住建筑占比下降到 45.5%，同时生产建筑面积大幅度提升至 46.6%，而旅游发展型聚落功能更为融合；通过功能混合度计算发现，9 个案例功能混合度均发生了较为显著的提升，三个类型的均值分别从 0.10、0.10 和 0.08 上升至 0.36、0.35 和 0.34，都是从低混合度上升至较为理想的功能混合状态。

（3）不同类型聚落空间重构响应模式的差异总结。

农业升级型聚落是以适当提升农业空间的规模与质量，集约化、核心式布局乡村生活空间为主要空间响应模式；产品加工型整体上遵循集约高效、组团发展的重构原则，提高农用地产出效率，将原有散乱布局的居民点进行整合，同步对非农建设用地进行组团化发展；旅游发展带动的乡村聚落以建设用地略微集聚、生态功能修复、完善配套设施为主要响应模式，保障聚落的生态空间整体性，交通不便、过于分散、破坏生态的宅基地逐步退出，退变为林地，形成连续成片、生物友好的生态环境景观。

8.1.5 不同功能的乡村聚落可以采用适应类型的规划优化策略

（1）建立了乡村聚落功能类型识别的流程化方法。

针对当前成渝地区乡村数量多、个体情况复杂、规划任务重，难以针对所有乡村进行功能类型识别的现状情况，可以构建流程化功能类型识别方法。基于功能评价的功能类型识别方法建构具体分为四个步骤：数据库构建、指标体系遴选、综合功能评价模型、计算与识别，从大足区的试验来看，类型识别方法具有一定的效果，通过该方法最终确定农业升级主导动力的行政村为 145 个，占比为 50.5%；产品加工主导动力的行政村为 57 个，占比为 19.9%；旅游发展主导动力的行政村为 85 个，占比为 29.6%。

（2）不同类型聚落可以采用适应其类型的优化措施。

农业升级型聚落整体以保护提升乡村的生产功能为主要原则，生活空间以集聚提升为导向进行布局调整，生产空间以效率提升为目标进行规整合并，生态空间以保障生产为主导进行适当转移，聚落形态以品质提升为核心进行肌理重塑；产品加工型聚落整体以适度激发乡村的经济功能为原则，生活空间以产居协调为导向进行组团分布，生产空间以产业联动为牵引进行空间整合，生态空间以整体保护为原则进行底线管控，聚落形态以宜居宜业为目标进行肌理拓展；旅游发展型聚落整体以合理利用乡村的生态功能为指导，生活空间以存量优化为前提进行空间更新，生产空间以主题植入为手段进行农旅融合，生态空间以价值挖掘为主导进行保护发展，聚落形态以适应旅游为契机进行功能完善。

8.2 创 新 点

8.2.1 建构了功能适应性乡村聚落空间重构的理论分析框架

第一，本书建立了功能转型导向下的乡村聚落空间重构的研究路径，即功能适应性空间重构的分析框架。西方国家从 20 世纪 80 年代开始由乡村的"生产主义"转向"后生产主义"，我国从 21 世纪初开始关注乡村的多功能转型，形成了一定的理论基础，但无论是理论还是实践，我国乡村聚落转型发展的研究仍然相对滞后。本研究立足于乡村聚落的功能转型与空间重构两个维度，通过"功能定类、空间定形"的两个切入角度对乡村聚落的转型与重构进行分析，"功能定类"奠定了类型划分的基础，"空间定形"剖析了空间重构的特征规律以及响应模式，为我国本土化的乡村聚落功能转型与空间重构提供了理论支撑。

第二，拓宽了当前功能转型与空间重构的研究视角。乡村聚落空间最初由地理学开始研究，逐渐拓展到生态学、经济学、社会学、规划学、建筑学等研究领域。针对现有研究聚焦于单一维度的现状，即演变规律、重构特征、驱动因素、动力机制、优化模式、规划策略等单一维度，本书立足于城乡规划学的理论研究视角，从地理学关于乡村聚落空间的解构认知出发，融合土地资源管理学、景观生态学等不同学科的基础理论与分析方法，特别是衔接了地理学侧重于规律机制剖析与规划学模式策略总结的研究范式，拓展了当前乡村聚落空间重构与乡村空间优化的研究范式，为相关研究提供了一个可以实证操作的视角与路线。

第三，划分了乡村聚落转型功能与空间重构的类型。针对当前乡村类型研究聚焦于静态特征的主要思路，本书提出从乡村聚落重构的动力视角进行类型划分，并依据聚类分析、功能评价等数据挖掘的方式，总结出成渝地区在宏观层面把握县（市、区）整体的优势，可以从农业升级、产品加工与旅游发展进行主导转型，在微观层面结合自身资源禀赋与外在优势条件，选择农业、加工与旅游的不同路径进行实操，为当前我国分区分类的乡村规划思路提供借鉴参考。

8.2.2 实现了成渝地区乡村聚落功能转型与空间重构的系统性实证

成渝地区作为国家发展大局中独特而重要的地理区域，其乡村空间占比超过96%。在转型发展与乡村振兴背景下，乡村聚落正经历前所未有的剧烈重构变化，就目前的研究现状而言，理论体系初步搭建，而实证研究仍旧相对匮乏，特别是地处内陆、经济社会发展较为落后的成渝地区。本书以乡村多功能理论为依据，系统性实证了成渝地区乡村聚落空间重构的阶段判定、类型划分、机制解析、模式提取、规划优化等一系列工作，总结了成渝地区乡村聚落重构的历史规律、现时类型和未来策略的研究结论。

本书将实证尺度的宏观与微观相结合，揭示了成渝地区乡村聚落转向重构的内在规律。针对现有成渝地区的研究侧重县（市、区）行政区与乡村聚落个体，缺乏整体性分析研究与跟踪的问题，本书首次针对成渝地区乡村聚落的宏观整体和微观个体发展与重构进行分析，架构了宏观层面141个、微观层面3个典型县（市、区）中的795个聚落个体样本，以及15个深入剖析的典型案例的分析对象。两者的结合对数据收集、理论建构以及总体的工作量都提出了较高的要求。本次研究将两个尺度有机结合起来，较为全面地分析了成渝地区乡村空间重构的特征与机制。

8.2.3 集成了多源数据挖掘、多模型运用的聚落重构分析技术体系

传统乡村聚落发展与规划设计方法多依托定性分析，偏重物质空间规划手段，难以与村镇体系的社会经济发展目标相协调。本书在多源数据、GIS技术、统计分析、机器学习模型等支撑下，建构了一套宏观、微观相结合的乡村聚落空间分析技术手段。在宏观区域

层面，引入乡村聚落重构测度模型、空间聚类模型、优势功能评价模型对成渝地区整体进行空间重构特征测度、动力机制剖析和空间聚类分区；在微观个体层面，集成运用遥感影像、土地利用转译、GIS 空间分析、景观格局指数、建筑节点网络分析、路网密度统计、功能混合度、GBDT 机器学习模型等多种定量分析方法，建构了乡村聚落的重构类型划分、作用机理、模式提取和规划优化的技术方法体系。

8.3 研究的不足之处

8.3.1 乡村重构的规律差异化导致研究的局限性

本书以成渝地区为例，探索了特定地域条件下的乡村聚落功能转型与空间类型特征、动力机制、重构规律与空间优化方法，这得益于成渝地区的经济社会情况、地理气候环境、人文风俗习惯呈现一定的相似性，能形成有效的研究路径。但全国其他地区因经济、文化、地理等差异化所呈现的重构特征具有其自身的特点，若采用完全一致的分析思路、方法或数据会导致结论的偏差，如不同地理环境下的西北干旱地区、华北平原、华东水乡等地区的差异会导致截然不同的重构规律，使本书的研究方法与规划优化思路应用于其他地区时存在一定适应性不足的问题。此外，针对具体规划项目时，除了与国家层面《乡村振兴战略规划（2018—2022 年）》提出的集聚提升、城郊融合、特色保护、搬迁撤并四类村庄相结合，还需结合地区上位规划中的规划方式，进一步分析综合重构动力与特征，将村庄规划尽量科学化。

8.3.2 跨学科、技术积累不足导致分析手段有待完善

聚落空间研究涉及大量的空间计算，依赖于算法与计算机硬件的不断更新迭代，且与传统规划学科的知识体系存在一定的跨度。所以，本书建构的实证研究方法尚处于探索阶段，虽然融合了多学科的相关理论与技术手段，但仍较为基础。在当前大数据挖掘、人工智能、深度学习等概念层出不穷，三维表达与交互方式等新兴技术日新月异的时代，通过多源数据的分析挖掘、定量分析模型的构建来剖析乡村聚落空间重构的客观规律与动力机制仍有较大的完善空间。

8.4 研究展望

由于乡村振兴战略的大力推动，围绕乡村聚落功能转型、空间重构、规划优化等议题的讨论如火如荼。笔者认为，乡村聚落转型重构的理论与实践都经历了长足的进步，目前已经在思辨中形成了具有一定共识性的、符合乡村可持续发展的研究思路。但从整体进展上讲，我国的乡村聚落多功能转型、空间重构的理论与实践相较于西方国家起步较晚，无论是政策引导还是地方实践，均处于起步探索阶段，全面铺开实现乡村振兴的整体目标依

然任重道远。例如，2021 年 5 月我国才提出浙江省作为我国共同富裕的示范区，对于全国广袤的乡村地域而言，振兴工作和共同富裕目标仍然还要继续快速推进，所以乡村聚落转型重构及规划优化的研究方兴未艾。本书建构的研究思路、方法与优化措施仅仅作为一次探索性的尝试，以期为我国乡村振兴、共同富裕等宏观目标贡献绵薄之力。所以在未来，考虑到乡村研究是一项综合性的工作，除了城乡规划学研究力量的加强，还需要融合社会学、行为学、生态学、景观学等其他学科的丰富研究手段与成果，加强学科之间的交流，从中吸收借鉴，构建乡村聚落转型与重构的理论方法，并指导综合性的实践。本书虽然尝试将地理学、规划学、建筑学的研究方法和研究对象相结合，以综合解决乡村聚落规划设计存在的问题，但由于方法体系的庞大，难以在短时间融会贯通，在未来的研究中还需要不断吸收其他学科的精华，建构更为科学合理的研究与实践体系。

参 考 文 献

[1] 李强. 影响中国城乡流动人口的推力与拉力因素分析 [J]. 中国社会科学, 2003, (1): 125-136, 207.

[2] 张小林. 乡村概念辨析 [J]. 地理学报, 1998, 53 (4): 365-371.

[3] 韩非, 蔡建明. 我国半城市化地区乡村聚落的形态演变与重建 [J]. 地理研究, 2011, 30 (7): 1271-1284.

[4] 冯应斌, 龙花楼. 中国山区乡村聚落空间重构研究进展与展望 [J]. 地理科学进展, 2020, 39 (5): 866-879.

[5] 金其铭. 我国农村聚落地理研究历史及近今趋向 [J]. 地理学报, 1988, 43 (4): 311-317.

[6] 李红波, 胡晓亮, 张小林, 等. 乡村空间辨析 [J]. 地理科学进展, 2018, 37 (5): 591-600.

[7] 龙花楼. 论土地整治与乡村空间重构 [J]. 地理学报, 2013, 68 (8): 1019-1028.

[8] 张小林. 乡村空间系统及其演变研究: 以苏南为例 [M]. 南京: 南京师范大学出版社, 1999.

[9] 扈万泰, 王力国, 舒沐晖. 城乡规划编制中的"三生空间"划定思考 [J]. 城市规划, 2016, 40 (5): 21-26, 53.

[10] 黄安, 许月卿, 卢龙辉, 等. "生产-生活-生态"空间识别与优化研究进展 [J]. 地理科学进展, 2020, 39 (3): 503-518.

[11] 李红波, 张小林, 吴启焰, 等. 发达地区乡村聚落空间重构的特征与机理研究——以苏南为例 [J]. 自然资源学报, 2015, 30 (4): 591-603.

[12] 杨忍, 刘彦随, 龙花楼, 等. 中国村庄空间分布特征及空间优化重组解析 [J]. 地理科学, 2016, 36 (2): 170-179.

[13] 杨凯悦, 宋永永, 薛东前. 黄土高原乡村聚落用地时空演变与影响因素 [J]. 资源科学, 2020, 42 (7): 1311-1324.

[14] 吴江国, 张小林, 冀亚哲, 等. 县域尺度下交通对乡村聚落景观格局的影响研究——以宿州市埇桥区为例 [J]. 人文地理, 2013, 28 (1): 110-115.

[15] 王新歌, 席建超, 孔钦钦. "实心"与"空心": 旅游地乡村聚落土地利用空间"极化"研究——以河北野三坡旅游区两个村庄为例 [J]. 自然资源学报, 2016, 31 (1): 90-101.

[16] 周扬, 郭远智, 刘彦随. 中国乡村地域类型及分区发展途径 [J]. 地理研究, 2019, 38 (3): 467-481.

[17] 李和平, 池小燕, 肖竞, 等. 基于 RSSRI 测度的乡村聚落空间重构研究——以重庆市为例 [J]. 城市规划, 2023, 47 (6): 68-79.

[18] 张坤. 乡村振兴背景下县域村庄分类评价与发展策略研究 [D]. 合肥: 合肥工业大学, 2020.

[19] 宿瑞, 王成. 基于网络中心点辐射导向的农村居民点体系重组与优化——以重庆市江津区燕坝村为例 [J]. 资源科学, 2018, 40 (5): 958-966.

[20] 李红波, 张小林, 吴江国, 等. 苏南地区乡村聚落空间格局及其驱动机制 [J]. 地理科学, 2014, 34 (4): 438-446.

[21] 宋晓英, 李仁杰, 傅学庆, 等. 基于 GIS 的蔚县乡村聚落空间格局演化与驱动机制分析 [J]. 人文地理, 2015, 30 (3): 79-84.

[22] 席建超，王首琨，张瑞英. 旅游乡村聚落"生产-生活-生态"空间重构与优化——河北野三坡旅游区苟各庄村的案例实证 [J]. 自然资源学报，2016，31（3）：425-435.

[23] 范少言，陈宗兴. 试论乡村聚落空间结构的研究内容 [J]. 经济地理，1995，15（2）：44-47.

[24] 李伯华，曾灿，窦银娣，等. 基于"三生"空间的传统村落人居环境演变及驱动机制——以湖南江永县兰溪村为例 [J]. 地理科学进展，2018，37（5）：677-687.

[25] 周国华，戴柳燕，贺艳华，等. 论乡村多功能演化与乡村聚落转型 [J]. 农业工程学报，2020，36（19）：242-251.

[26] OECD. Multifunctionality：Towards an Analytical Framework [M]. Paris：Organization for Conomic Cooperation and Development，2001.

[27] 李传健. 农业多功能性与我国新农村建设 [J]. 经济问题探索，2007，（4）：19-22，36.

[28] 房艳刚，刘继生. 基于多功能理论的中国乡村发展多元化探讨——超越"现代化"发展范式 [J]. 地理学报，2015，70（2）：257-270.

[29] 胡书玲，余斌，王明杰. 乡村重构与转型：西方经验及启示 [J]. 地理研究，2019，38（12）：2833-2845.

[30] 屠爽爽，龙花楼. 乡村聚落空间重构的理论解析 [J]. 地理科学，2020，40（4）：509-517.

[31] 王勇，李广斌. 苏南乡村聚落功能三次转型及其空间形态重构——以苏州为例 [J]. 城市规划，2011，35（7）：54-60.

[32] 袁源，张小林，李红波，等. 西方国家乡村空间转型研究及其启示 [J]. 地理科学，2019，39（8）：1219-1227.

[33] 金利霞，文志敏，范建红，等. 乡村空间重构的理论研究进展与理论框架构建 [J]. 热带地理，2020，40（5）：765-774.

[34] Wilson O J, Wilson G A. Common cause or common concern? The role of common lands in the post-productivist countryside [J]. Area, 1997, 29（1）：45-58.

[35] Mitchell C J A. Creative destruction or creative enhancement? Understanding the transformation of ruralspaces [J]. Journal of Rural Studies, 2013, 32：375-387.

[36] Cloke P, Marsden T, Mooney P. Handbook of Rural Studies [M]. London：Sage, 2006.

[37] Wilson G A, Rigg J. 'Post-productivist' agricultural regimes and the South：Discordant concepts? [J]. Progress in Human Geography, 2003, 27（6）：681-707.

[38] Potter C, Burney J. Agricultural multifunctionality in the WTO—legitimate non-trade concern or disguised protectionism? [J]. Journal of Rural Studies, 2002, 18（1）：35-47.

[39] Holmes J. Impulses towards a multifunctional transition in rural Australia：Gaps in the research agenda [J]. Journal of Rural Studies, 2006, 22（2）：142-160.

[40] Wilson G A. The Australian Landcare movement：Towards 'post-productivist' rural governance? [J]. Journal of Rural Studies, 2004, 20（4）：461-484.

[41] McCarthy J. Rural geography：Multifunctional rural geographies- reactionary or radical? [J]. Progress in Human Geography, 2005, 29（6）：773-782.

[42] Floor B, Martijn C H D V. Multifunctional Rural Land Management：Economics and Policies [M]. London：Taylor and Francis, 2012.

[43] Hibbard M, Senkyr L, Webb M. Multifunctional rural regional development：Evidence from the john day watershed in oregon [J]. Journal of Planning Education and Research, 2015, 35（1）：51-62.

[44] Fagerholm N, Eilola S, Kisanga D, et al. Place-based landscape services and potential of participatory spatial planning in multifunctional rural landscapes in Southern highlands, Tanzania [J]. Landscape

Ecology, 2019, 34 (7): 1769-1787.

[45] 刘玉, 刘彦随, 郭丽英. 乡村地域多功能的内涵及其政策启示 [J]. 人文地理, 2011, 26 (6): 103-106, 132.

[46] 李平星, 陈诚, 陈江龙. 乡村地域多功能时空格局演变及影响因素研究——以江苏省为例 [J]. 地理科学, 2015, 35 (7): 845-851.

[47] 徐凯, 房艳刚. 乡村地域多功能空间分异特征及类型识别——以辽宁省 78 个县区为例 [J]. 地理研究, 2019, 38 (3): 482-495.

[48] 汪勇政, 孙小涵, 余浩然, 等. 山区乡村地域多功能评价及其类型划分 [J]. 合肥工业大学学报 (社会科学版), 2022, 36 (1): 100-107.

[49] 刘自强, 李静, 鲁奇. 乡村空间地域系统的功能多元化与新农村发展模式 [J]. 农业现代化研究, 2008, 29 (5): 532-536.

[50] 李婷婷, 龙花楼. 基于 "人口—土地—产业" 视角的乡村转型发展研究——以山东省为例 [J]. 经济地理, 2015, 35 (10): 149-155, 138.

[51] 李智, 张小林, 李红波, 等. 基于村域尺度的乡村性评价及乡村发展模式研究——以江苏省金坛市为例 [J]. 地理科学, 2017, 37 (8): 1194-1202.

[52] 李红波, 张小林. 国外乡村聚落地理研究进展及近今趋势 [J]. 人文地理, 2012, 27 (4): 103-108.

[53] Oncescu J. Rural restructuring: The impact of a pulp and paper mill closure on rural community recreation services andamenities [J]. World Leisure Journal, 2016, 58 (3): 207-224.

[54] Hedlund M, Lundmark L, Stjernström O. Rural restructuring and gendered micro-dynamics of the agricultural labour market [J]. Fennia: International Journal of Geography, 2017, 195 (1): 25.

[55] Tian Y, Kong X, Liu Y. Combining weighted daily life circles and land suitability for rural settlement reconstruction [J]. Habitat International, 2018, 76: 1-9.

[56] 周心琴. 西方国家乡村景观研究新进展 [J]. 地域研究与开发, 2007, 26 (3): 85-90.

[57] 詹贤武. 海南村落文化的传统特质及重构 [J]. 新东方, 2005, (Z2): 27-31.

[58] 雷振东, 刘加平. 整合与重构 陕西关中乡村聚落转型研究 [J]. 时代建筑, 2007, (4): 22-27.

[59] 杨忍, 刘彦随, 龙花楼, 等. 中国乡村转型重构研究进展与展望——逻辑主线与内容框架 [J]. 地理科学进展, 2015, 34 (8): 1019-1030.

[60] 李红波, 张小林. 城乡统筹背景的空间发展: 村落衰退与重构 [J]. 改革, 2012, (1): 148-153.

[61] 龙花楼. 乡村重构专辑序言 [J]. 地理科学进展, 2018, 37 (5): 579-580.

[62] 李和平. 转型重构背景下村镇聚落空间重构数字化模拟及评价方法 [J]. 西部人居环境学刊, 2022, 37 (4): 4.

[63] 左力, 滕祥成. 全域旅游背景下西南山地休旅介入型乡村聚落空间重构——以重庆永川区黄瓜山村为例 [J]. 华中建筑, 2022, 40 (10): 99-105.

[64] 郭晓东, 马利邦, 张启媛. 基于 GIS 的秦安县乡村聚落空间演变特征及其驱动机制研究 [J]. 经济地理, 2012, 32 (7): 56-62.

[65] 屠爽爽, 龙花楼, 张英男, 等. 典型村域乡村重构的过程及其驱动因素 [J]. 地理学报, 2019, 74 (2): 323-339.

[66] 李小建, 许家伟, 海贝贝. 县域聚落分布格局演变分析——基于 1929~2013 年河南巩义的实证研究 [J]. 地理学报, 2015, 70 (12): 1870-1883.

[67] 任平, 洪步庭, 刘寅, 等. 基于 RS 与 GIS 的农村居民点空间变化特征与景观格局影响研究 [J]. 生态学报, 2014, 34 (12): 3331-3340.

［68］ 席建超，王新歌，孔钦钦，等. 旅游地乡村聚落演变与土地利用模式——野三坡旅游区三个旅游村落案例研究 ［J］. 地理学报，2014，69（4）：531-540.

［69］ 刘瑜，郭浩，李海峰，等. 从地理规律到地理空间人工智能 ［J］. 测绘学报，2002，51（6）：1062-1069.

［70］ 林凌，刘世庆. 西部大开发战略与成都改革和发展的思路 ［J］. 中共成都市委党校学报（综合性思想理论），2000，（1）：4-12.

［71］ 周汝杰. 成渝两地乡村规划对比浅析及编制思考 ［J］. 城市地理，2021，10（10）：56-65.

［72］ 何建武. 成渝地区一体化的突出问题和政策建议 ［EB/OL］.（2021-05-17）［2023-03-22］. https://www. thepaper. cn/newsDetail_forward_12655054.

［73］ 石璐言. 四川省出台农产品加工业发展实施意见 ［N］. 四川日报，2017-08-14，3 版.

［74］ 程轲峥. 城乡统筹下乡村旅游中的村镇公共空间研究 ［D］. 重庆：重庆大学，2013.

［75］ 周玲强，黄祖辉. 我国乡村旅游可持续发展问题与对策研究 ［J］. 经济地理，2004，24（4）：572-576.

［76］ 王丽丽，张绍钦，胡志宏，等. 国外多功能乡村转型研究进展与启示——基于大数据视角的综述分析 ［J］. 安徽农业科学，2021，49（4）：51-57.

［77］ Halfacree K，Boyle P. Migration，Rurality and the Post- productivist Countryside ［M］. Hoboken：Wiley，1998.

［78］ Gómez-Sal A，Belmontes J A，Nicolau J M. Assessing landscape values：A proposal for a multidimensional conceptual model ［J］. Ecological Modelling，2003，168（3）：319-341.

［79］ Ralle P. The multifunctionality of rural areas ［J］. Nonwood Forest Products，1995，（7）：1-12.

［80］ Holmes J. Impulses towards a multifunctional transition in rural Australia：Interpreting regional dynamics in landscapes，lifestyles andlivelihoods ［J］. Landscape Research，2008，33（2）：211-223.

［81］ 钱慧，张博，朱介鸣. 基于乡村兼业与多功能化的城乡统筹路径研究——以舟山市定海区为例 ［J］. 城市规划学刊，2019（S1）：82-88.

［82］ Romstad E. Multifunctional rural land management：Economics and policies ［J］. Journal of Agricultural Economics，2010，61（1）：202-204.

［83］ 芦千文，姜长云. 欧盟农业农村政策的演变及其对中国实施乡村振兴战略的启示 ［J］. 中国农村经济，2018，（10）：119-135.

［84］ 张驰，张京祥，陈眉舞. 荷兰乡村地区规划演变历程与启示 ［J］. 国际城市规划，2016，31（1）：81-86.

［85］ 李依浓，李洋. "整合性发展"框架内的乡村数字化实践——以德国北威州东威斯特法伦利普地区为例 ［J］. 国际城市规划，2021，36（4）：126-136.

［86］ 李明烨，汤爽爽. 法国乡村复兴过程中文化战略的创新经验与启示 ［J］. 国际城市规划，2018，33（6）：118-126.

［87］ van der Ploeg J D，Roep D. Multifunctionality and rural development：The actual situation in Europe ［J］. Multifunctional Agriculture：A New Paradigm for European Agriculture and Rural Development，2003，3：37-54.

［88］ BMEL. Agrarpolitischer Bericht der Bundesregierung 2019 ［EB/OL］. 2019 ［2023-05-20］. https://www. bmel. de/SharedDocs/Downloads/DE/_ Landwirtschaft/Agrarbericht2019. pdf？ _ blob = publication File&v = 5.

［89］ BMEL. Zweiter Bericht der Bundesregierung zur Entwicklung der ländlichen Räume ［EB/OL］. 2016 ［2023-05-20］. https://dserver. bundestag. de/brd/2016/0687-16. pdf.

［90］冯奔伟，王镜均，王勇．新型城乡关系导向下苏南乡村空间转型与规划对策［J］．城市发展研究，2015，22（10）：14-21.

［91］孙明芳，翁一峰．苏南乡村工业的空间演进及发展对策研究——以无锡市锡山区为例［J］．现代城市研究，2018，（1）：59-66，77.

［92］袁源，张小林，李红波，等．西方国家乡村空间转型研究及其启示［J］．地理科学，2019，39（8）：1219-1227.

［93］雷振东．整合与重构［D］．西安：西安建筑科技大学，2005.

［94］朱炜．基于地理学视角的浙北乡村聚落空间研究［D］．杭州：浙江大学，2009.

［95］钱学森，许国志，王寿云．组织管理的技术——系统工程［J］．上海理工大学学报，2011，33（6）：520-525.

［96］坚毅．要素-结构-功能——唯物辩证法范畴立体化之八［J］．学术研究，1999，（7）：18-21.

［97］龙花楼，屠爽爽．论乡村重构［J］．地理学报，2017，72（4）：563-576.

［98］拉维Z，莱伯曼AS，李团胜．景观及景观生态学的定义［J］．地理译报，1988，7（2）：28-31.

［99］肖笃宁，布仁仓，李秀珍．生态空间理论与景观异质性［J］．生态学报，1997，17（5）：453-461.

［100］邬建国．景观生态学——格局、过程、尺度与等级［M］．北京：高等教育出版社，2000.

［101］李哈滨，王政权，王庆成．空间异质性定量研究理论与方法［J］．应用生态学报，1998，9（6）：93-99.

［102］Conzen M R G. Alnwick, Northumberland：A study in town-plan analysis［J］．Transactions & Papers，1960，27：iii，ix-xi，1，3-122.

［103］谷凯．城市形态的理论与方法——探索全面与理性的研究框架［J］．城市规划，2001，25（12）：36-42.

［104］Long H L, Liu Y S. Rural restructuring in China［J］．Journal of Rural Studies，2016，47B：387-391.

［105］何峰．湘南汉族传统村落空间形态演变机制与适应性研究［D］．长沙：湖南大学，2012.

［106］徐新良，刘纪远，张树文，等．中国多时期土地利用土地覆被遥感监测数据集（CNLUCC）［EB/OL］．中国科学院资源环境科学数据中心数据注册与出版系统（http://www.resdc.cn/DOI），2018.

［107］刘剑锋．从"三集中"到城乡统筹的精细化与升级提档——成都案例中的研究与思考［C］//转型与重构——2011中国城市规划年会论文集．南京：东南大学出版社，2011：791-802.

［108］黄奇帆．地票制度实验与效果［N］．学习时报，2015-05-04，8版.

［109］四川大学成都科学发展研究院，中共成都市委统筹城乡工作委员会．成都统筹城乡发展年度报告（2015）［M］．成都：四川大学出版社，2016.

［110］黄奇帆．结构性改革：中国经济的问题与对策［M］．北京：中信出版社，2020.

［111］陈爽．城乡统筹背景下重庆市新农村规划编制体系的构建研究［D］．重庆：重庆大学，2011.

［112］高峻．基于汶川地震重建的农居建造范式及其策略研究［D］．杭州：浙江大学，2012.

［113］重庆市人民政府．重庆市人民政府办公厅关于做好2010年巴渝新居建设和农村危旧房改造工作的通知［J］．重庆市人民政府公报，2010，（10）：32-33.

［114］杨杰．四川成都："五朵金花"这样绽放［J］．当代党员，2017，（17）：39.

［115］常征征．成都周边农事生态乡村旅游农居衍生空间研究［D］．成都：西南交通大学，2008.

［116］重庆市农业农村委员会．重庆市农业农村委员会关于印发重庆市农产品加工业发展"十四五"规划（2021—2025年）的通知［EB/OL］．2021［2023-05-06］．http://nyncw.cq.gov.cn/zwxx_161/tzgg/202201/t20220121_10328904.html.

［117］重庆市农业农村委员会．《重庆市乡村休闲旅游业"十四五"规划》解读［EB/OL］.2021［2023-

05-06］. http://nyncw. cq. gov. cn/xxgk_161/zfxxgkml/zcwjjd/wzjd/202112/t20211224_10229276. html.

［118］四川省文化和旅游厅. 2021 年四川省乡村旅游经济大幅增长［EB/OL］. 2022［2023-05-06］. https://www. ytta. cn/voices/7869743763281399781/national.

［119］张瑛. 诗划乡村：成都乡村规划实践［M］. 北京：中国建筑工业出版社，2018.

［120］基础司. 科学把握成渝地区特点、构建现代综合交通运输体系［EB/OL］.（2021-06-29）［2022-03-22］. https://www. ndrc. gov. cn/xxgk/jd/jd/202106/t20210623_1283804. html.

［121］刘想，李晓东，马晨. 日流量视角下铁路客运网络时空格局演变——以成渝地区双城经济圈为例［J］. 地理科学，2022，42（5）：810-819.

［122］孙昇，李书亭，孙洪庆. 乡村聚落空间重构的测度与评价研究［J］. 山西建筑，2021，47（5）：22-24.

［123］屠爽爽，郑瑜晗，龙花楼，等. 乡村发展与重构格局特征及振兴路径——以广西为例［J］. 地理学报，2020，75（2）：365-381.

［124］刘彦随，刘玉，陈玉福. 中国地域多功能性评价及其决策机制［J］. 地理学报，2011，66（10）：1379-1389.

［125］石忆邵. 中国乡村地区功能分类初探——以山东省为例［J］. 经济地理，1990，10（3）：20-26.

［126］龙花楼，屠爽爽. 土地利用转型与乡村振兴［J］. 中国土地科学，2018，32（7）：1-6.

［127］姚龙，刘玉亭. 基于聚类分析的城郊地区乡村发展类型——以广州市从化区为例［J］. 热带地理，2015，35（3）：427-436.

［128］杨水根. 资本下乡支持农业产业化发展：模式、路径与机制［J］. 生态经济，2014，30（11）：89-92.

［129］张京祥，姜克芳. 解析中国当前乡建热潮背后的资本逻辑［J］. 现代城市研究，2016，31（10）：2-8.

［130］四川大学成都科学发展研究院，中共成都市委统筹城乡工作委员会. 成都统筹城乡发展年度报告. 2007—2008［M］. 成都：四川大学出版社，2009.

［131］重庆市乡村振兴局. 重庆市易地扶贫搬迁工作扎实有效推进.［EB/OL］.（2018-01-31）［2023-12-18］. http://www. gov. cn/xinwen/2018-01/31/content_5262551. html.

［132］何景明. 国外乡村旅游研究述评［J］. 旅游学刊，2003，18（1）：76-80.

［133］朱杰，孙毅中，李吉龙. 面向属性空间分布特征的空间聚类［J］. 遥感学报，2017，21（6）：917-927.

［134］焦利民，洪晓峰，刘耀林. 空间和属性双重约束下的自组织空间聚类研究［J］. 武汉大学学报（信息科学版），2011，36（7）：862-866.

［135］柯新利，边馥苓. 基于空间数据挖掘的分区异步元胞自动机模型研究［J］. 中国图象图形学报，2010，15（6）：921-930.

［136］黄金川，林浩曦，漆潇潇. 空间管治视角下京津冀协同发展类型区划［J］. 地理科学进展，2017，36（1）：46-57.

［137］金贵，邓祥征，张倩，等. 武汉城市圈国土空间综合功能分区［J］. 地理研究，2017，36（3）：541-552.

［138］Duque J C，Ramos R，Suriñach J. Supervised regionalization methods：Asurvey［J］. International Regional Science Review，2007，30（3）：195-220.

［139］Assunção R M，Neves M C，Câmara G，et al. Efficient regionalization techniques for socio-economic geographical units using minimum spanning trees［J］. International Journal of Geographical Information Science，2006，20（7）：797-811.

[140] 李因果，何晓群．面板数据聚类方法及应用［J］．统计研究，2010，27（9）：73-79.

[141] 武鹏，李同昇，李卫民．县域农村贫困化空间分异及其影响因素——以陕西山阳县为例［J］．地理研究，2018，37（3）：593-606.

[142] 董光龙，许尔琪，张红旗．华北平原不同乡村发展类型农村居民点的比较研究［J］．中国农业资源与区划，2019，40（11）：1-8.

[143] 白丹丹，乔家君．服务型专业村的形成及其影响因素研究——以河南省王公庄为例［J］．经济地理，2015，35（3）：145-153.

[144] 龙花楼，刘彦随，邹健．中国东部沿海地区乡村发展类型及其乡村性评价［J］．地理学报，2009，64（4）：426-434.

[145] 戈大专，周礼，龙花楼，等．农业生产转型类型诊断及其对乡村振兴的启示——以黄淮海地区为例［J］．地理科学进展，2019，38（9）：1329-1339.

[146] 杨忍，张菁，陈燕纯．基于功能视角的广州都市边缘区乡村发展类型分化及其动力机制［J］．地理科学，2021，41（2）：232-242.

[147] 何仁伟．城乡融合与乡村振兴：理论探讨、机理阐释与实现路径［J］．地理研究，2018，37（11）：2127-2140.

[148] 沈剑波，王应宽，朱明，等．乡村振兴水平评价指标体系构建及实证［J］．农业工程学报，2020，36（3）：236-243.

[149] 钟源，刘黎明，刘星，等．农业多功能评价与功能分区研究——以湖南省为例［J］．中国农业资源与区划，2017，38（3）：93-100.

[150] 钱磊，党明．西安市农业多功能评价及功能分区研究［J］．中国农业资源与区划，2023，44（9）：203-211.

[151] 包雪艳，戴文远，刘少芳，等．城乡融合区乡村地域多功能空间分异及影响因素——以福州东部片区为例［J］．自然资源学报，2022，37（10）：2688-2702.

[152] 段德罡，刘嘉伟．中国乡村类型划分研究综述［J］．西部人居环境学刊，2018，33（5）：78-83.

[153] 叶红，唐双，彭月洋，等．城乡等值：新时代背景下的乡村发展新路径［J］．城市规划学刊，2021，（3）：44-49.

[154] 张京祥，申明锐，赵晨．乡村复兴：生产主义和后生产主义下的中国乡村转型［J］．国际城市规划，2014，29（5）：1-7.

[155] 陈晨，杨贵庆，徐浩文，等．地方产业驱动乡村发展的机制解析及规划策略——以浙江省三个典型乡村地区为例［J］．规划师，2021，37（2）：21-27.

[156] 赵霞，韩一军，姜楠．农村三产融合：内涵界定、现实意义及驱动因素分析［J］．农业经济问题，2017，38（4）：49-57，111.

[157] 农业农村部．农业农村部关于印发《全国乡村产业发展规划（2020—2025 年)》的通知［J］．中华人民共和国农业农村部公报，2020，（8）：63-73.

[158] 农业农村部．农业部关于实施农产品加工业提升行动的通知［J］．中华人民共和国农业农村部公报，2018，（4）：22-25.

[159] 袁悦．陕北·郝家桥乡村旅游发展模式及规划设计策略研究［D］．西安：西安建筑科技大学，2020.

[160] 张树民，钟林生，王灵恩．基于旅游系统理论的中国乡村旅游发展模式探讨［J］．地理研究，2012，31（11）：2094-2103.

[161] 吴晋峰．旅游吸引物、旅游资源、旅游产品和旅游体验概念辨析［J］．经济管理，2014，36（8）：126-136.

［162］叶红，魏立华，阮宇超，等．湾区乡村角色地位与突围策略研究［J］．上海城市规划，2019，(5)：16-21.

［163］陈磊，曲文俏．解读日本的造村运动［J］．当代亚太，2006，(6)：29-35.

［164］韩炜，蔡建明．乡村非农产业时空格局及其对居民收入的影响［J］．地理科学进展，2020，39 (2)：219-230.

［165］屠爽爽，周星颖，龙花楼，等．乡村聚落空间演变和优化研究进展与展望［J］．经济地理，2019，39 (11)：142-149.

［166］黄亚平，郑有旭．江汉平原乡村聚落形态类型及空间体系特征［J］．地理科学，2021，41 (1)：121-128.

［167］史焱文，李小建，张少楠，等．农业产业化典型区聚落空间演变及驱动机理——基于河南省鄢陵县的案例研究［J］．地域研究与开发，2022，41 (1)：139-144，161.

［168］单卓然，李鸿飞．人工智能影响下城乡规划机构、技术与职业新态势及应对策略［J］．规划师，2018，34 (11)：20-25.

［169］刘东杰．基于三种机器学习算法的面向对象土地覆被分类［J］．科学技术创新，2022，(1)：57-60.

［170］Jun M J. A comparison of a gradient boosting decision tree, random forests, and artificial neural networks to model urban land use changes：The case of the Seoul metropolitan area［J］. International Journal of Geographical Information Science, 2021, 35 (11)：2149-2167.

［171］Yang L B, Mansaray L R, Huang J F, et al. Optimal segmentation scale parameter, feature subset and classification algorithm for geographic object-based crop recognition using multisource satellite imagery［J］. Remote Sensing, 2019, 11 (5)：514.

［172］丁鹏，徐爱俊，周素茵．基于梯度提升决策树多特征结合的茶叶产量预测［J］．西南农业学报，2021，34 (7)：1556 -1563.

［173］Wang Q , Xiong M , Li Q , et al. Spatially explicit reconstruction of cropland using the random forest：A case study of the Tuojiang River Basin, China from 1911 to 2010［J］. Land, 2021, 10 (12)：1338.

［174］Ethem A. 机器学习导论［M］．范明，昝红英，牛常勇译．北京：机械工业出版社，2009.

［175］Breiman L. Random forests［J］. Machine Learning, 2001, 45 (1)：5-32.

［176］姜棪峰，龙花楼，唐郁婷．土地整治与乡村振兴——土地利用多功能性视角［J］．地理科学进展，2021，40 (3)：487-497.

［177］乔伟峰，戈大专，高金龙，等．江苏省乡村地域功能与振兴路径选择研究［J］．地理研究，2019，38 (3)：522-534.

［178］邬建国．景观生态学——概念与理论［J］．生态学杂志，2000，19 (1)：42-52.

［179］刘红梅，廖邦洪．国内外乡村聚落景观格局研究综述［J］．现代城市研究，2014，29 (11)：30-35，74.

［180］刘莹，何艳芬，马超群．1990—2020 年攀枝花市乡村聚落格局动态研究［J］．建筑与文化，2021，(12)：235-237.

［181］吴健生，罗可雨，赵宇豪．深圳市近 20 年城市景观格局演变及其驱动因素［J］．地理研究，2020，39 (8)：1725-1738.

［182］何鹏，张会儒．常用景观指数的因子分析和筛选方法研究［J］．林业科学研究，2009，22 (4)：470-474.

［183］王挺．浙江省传统聚落肌理形态初探［D］．杭州：浙江大学，2011.

［184］董一帆．传统乡村聚落平面边界形态的量化研究［D］．杭州：浙江大学，2018.

［185］ 浦欣成 . 传统乡村聚落二维平面整体形态的量化方法研究［D］. 杭州：浙江大学，2012.

［186］ 浦欣成，王竹，高林，等 . 乡村聚落平面形态的方向性序量研究［J］. 建筑学报，2013，（5）：111-115.

［187］ 帕特里克·舒马赫，郑蕾 . 从类型学到拓扑学：社会、空间及结构［J］. 建筑学报，2017，（11）：9-13.

［188］ Hillier B. Space is the Machine：A Configurational Theory of Architecture［M］. Cambridge：UK Cambridge University Press，1996.

［189］ 王翼飞 . 黑龙江省乡村聚落形态基因研究［D］. 哈尔滨：哈尔滨工业大学，2021.

［190］ 朱东风 . 1990 年代以来苏州城市空间发展［D］. 南京：东南大学，2006.

［191］ 胡畔，谢晖，王兴平 . 乡村基本公共服务设施均等化内涵与方法——以南京市江宁区江宁街道为例［J］. 城市规划，2010，34（7）：28-33.

［192］ 李苗裔，马妍，孙小明，等 . 基于多源数据时空熵的城市功能混合度识别评价［J］. 城市规划，2018，42（2）：97-103.

［193］ 李广斌，王勇，谷人旭 . 农地制度变革与乡村集中居住模式演进——以苏南为例［J］. 城市规划，2019，43（1）：109-116.

［194］ 中共中央 国务院 . 中共中央 国务院印发《乡村振兴战略规划（2018—2022 年)》［N］. 人民日报，2018-09-27，1 版 .

［195］ Jenks G F, Caspall F C. Error on choroplethic maps：Definition，measurement，reduction［J］. Annals of the Association of American Geographers，1971，61（2）：217-244.

［196］ Fisher W D. On grouping for maximum homogeneity［J］. Journal of the American Statistical Association，1958，53（284）：789-798.

［197］ 朱介鸣，裴新生，朱钊，等 . 城市化欠发达地区的城乡统筹规划：乡村非农发展与农业发展的互动关系［J］. 城市规划学刊，2018，（3）：24-32.

［198］ 李裕瑞，卜长利，曹智，等 . 面向乡村振兴战略的村庄分类方法与实证研究［J］. 自然资源学报，2020，35（2）：243-256.

［199］ 赵佩佩，胡庆钢，吕冬敏，等 . 东部先发地区乡村振兴的规划研究探索——以杭州市为例［J］. 城市规划学刊，2019，（5）：68-76.

［200］ 龙花楼，邹健，李婷婷，等 . 乡村转型发展特征评价及地域类型划分——以"苏南–陕北"样带为例［J］. 地理研究，2012，31（3）：495-506.